짜릿짜릿
전자부품 백과사전
3
Encyclopedia of
Electronic Components
Volume 3

Making
Insight

Encyclopedia of Electronic Components Volume 3

by Charles Platt

ⓒ 2024 Insight Press

Authorized Korean translation of the English edition of **Encyclopedia of Electronic Components Volume 3**,
ISBN 9781449334314 ⓒ 2016 Helpful Corporation

This translation is published and sold by permission of O'Reilly Media, Inc., which owns or controls
all rights to publish and sell the same.

짜릿짜릿 전자부품 백과사전 3: 방대하고, 간편하며, 신뢰할 수 있는 전자부품 안내서
초판 1쇄 발행 2024년 4월 22일 **지은이** 찰스 플랫, 프레드릭 얀슨 **옮긴이** 배지은, 이하영 **펴낸이** 한기성 **펴낸곳** ㈜도서출판인사이트 **편집** 신승준 **영업마케팅** 김진불 **제작·관리** 이유현 **용지** 월드페이퍼 **인쇄·제본** 천광인쇄사 **등록번호** 제2002-000049호 **등록일자** 2002년 2월 19일 **주소** 서울특별시 마포구 연남로5길 19-5 **전화** 02-322-5143 **팩스** 02-3143-5579 **이메일** insight@insightbook.co.kr **ISBN** 978-89-6626-423-0 **SET ISBN** 978-89-6626-420-9 책값은 뒤표지에 있습니다. 잘못 만들어진 책은 바꾸어 드립니다. 이 책의 정오표는 https://blog.insightbook.co.kr에서 확인하실 수 있습니다.

찰스 플랫·프레드릭 얀손 지음
배지은·이하영 옮김

짜릿짜릿
전자부품
백과사전
3

인사이트

차례

옮긴이의 글

《짜릿짜릿 전자부품 백과사전》이 복간되어 다시 독자 앞에 선보이게 되어 무척 기쁩니다. 번역할 때 공을 많이 들였고 책이 가진 의미도 좋아서 개인적으로 애착이 많이 가던 책이라 절판 소식이 못내 아쉬웠는데, 이번에 새롭게 단장한 모습으로 출간된다니 역자로서 설레는 마음을 누를 수 없습니다. 새로운 《짜릿짜릿 전자부품 백과사전》은 기존의 소소한 오역을 바로잡고, 새로 정리된 용어를 반영하고 문장을 정리하여 조금 더 현대적인 모습을 갖추었습니다. 이를 위해 애써 주신 인사이트 편집부에 감사 드립니다.

서문에서 저자도 말했듯이, 인터넷에 온갖 정보가 넘치는 이 시대에도 신뢰할 수 있는 정보를 집약적으로 담은 책의 존재 가치는 결코 사라지지 않는 것 같습니다. 특히 동영상 자료의 경우 이해하기 쉽다는 장점은 분명히 있지만, 막상 나에게 꼭 필요한 정보를 찾기는 생각처럼 쉽지 않습니다. 게다가 글자로 휙 읽으면 그만일 내용을 말로 설명하려면 쓸데없이 길어지게 마련이어서 동영상 자료는 오히려 시간이 더 걸리기도 합니다. 어렵게 찾은 자료가 과연 정확한 내용인지는 또 다른 문제입니다. 그에 비해 책은 옆에 두고 언제든 펼쳐볼 수 있고 앞뒤로 뒤적거리며 내게 꼭 필요한 정보를 정확히 찾아 확인할 수 있다는 고유의 장점이 있습니다. 다양한 미디어가 등장해 책을 소홀히 하는 이 시대에도 책만이 해줄 수 있는 역할이 있다는 점에서, 이번 《짜릿짜릿 전자부품 백과사전》의 재출간은 뜻깊은 일임에 틀림없습니다.

각자의 취향이 존중되고 다양성이 늘어나는 오늘날은 특히 메이커 정신이 빛나는 시대입니다. 개인의 만족과 취미로 시작했던 제품들이 주목을 받으며 산업으로 이어지는 사례도 심심치 않게 볼 수 있습니다. 그런 흐름에 발맞추어 3D 프린터나 아두이노 같은 도구도 비약적으로 발전해 이제 개인의 창의성을 가로막는 문턱은 한층 더 낮아졌습니다. 그러나 대단한 것을 만들겠다는 거창한 무언가가 없어도, 그냥 만드는 행위 자체도 즐거운 일입니다. 예전 책 서문에도 썼지만, "무언가를 만든다는 것은 인간의 원초적인 본능을 만족시키는 동시에 사람을 건강하게 만드는 행위"라고 생각합니다.

이제 반짝이는 아이디어로 스스로 필요한 것을 만들고, 그 과정에서 세상을 이롭게 하는, 즐거움과 성취를 추구하는 메이커들 곁에 이 책이 오래오래 든든한 참고서적으로 자리 잡길 진심으로 바랍니다.

이 책의 사용법

《짜릿짜릿 전자부품 백과사전》 시리즈의 3권이자 마지막 권인 이 책은 오롯이 센서만을 다룬다.

1980년대 이후로 두 가지 요인이 센서 분야의 판도를 크게 바꾸었다. 먼저 자동차에서 미끄럼 방지 장치, 에어백, 배출 가스 제어 장치 등을 사용하면서 저렴한 자동차 전장용 센서의 개발을 촉발했다. 개발된 수많은 센서는 MEMS microelectro-mechanical system(미세전자기계 시스템) 장치로 사용하기 위해 실리콘으로 제작되었다.

다음으로 2007년, MEMS 센서를 아이폰에 내장하면서 시작되었다. 최신 휴대전화는 서로 다른 유형의 센서를 10개 정도 내장하고 있는데, 크기와 가격도 20년 전에는 상상할 수 없을 정도로 줄어들었다.

현재의 대다수 MEMS 센서는 전압 조정기나 논리 칩과 같은 반도체 부품과 맞먹을 정도로 저렴하며, 마이크로컨트롤러와 함께 사용하기도 쉽다. 본 백과사전은 상당한 분량을 센서 제품을 소개하는 데 할당한다. 그 과정에서 선택된 제품들이 적어도 향후 10년 동안은 꾸준히 사용되고 판매되기를 희망한다.

그 외에 내구성이 증명된 구형 제품들도 소개한다.

목적

3권의 많은 정보는 데이터시트, 개론서, 인터넷 사이트, 제조사가 발간한 기술 요약서 등에 흩어져 있는 내용들이다. 하지만 이 책은 다른 곳에서는 쉽게 찾을 수 없는 내용을 포함하고 관련 데이터를 한곳에 모아 적절히 구성하고 검증했기에, 오랫동안 소장하면서 참고하길 원하는 독자의 요구에 부응하리라 기대한다.

3권에서는 혼란스러운 분야의 부품들을 범주화하고 분류하기 때문에 이 책이 특별히 유용할 것이다. 예를 들어, 물체 감지 센서object presence sensor와 근접 센서proximity sensor는 차이가 있을까 없을까? 있다고 생각하는 제조사도 있고, 아닌 제조사도 있다. 센서를 구분하고 기본 원리를 이해하는 일은 어떤 센서를 사용할지 결정하는 데 중요하다.

센서 관련 용어 역시 혼동될 수 있다. 다른 예를 들어 보자. 반사식 인터럽터reflective interrupter와 반사식 물체 감지 센서reflective object sensor, 반사식 광센서reflective optical sensor, 반사식 포토인터럽터reflective photointerrupter, 옵트패스 센서opt-pass sensor 간의 차이점은 무엇일까? 이 용어들은 데이터시트에서 모두 역반사 센서retroreflective sensor를 설명할 때 사용한다. 날로 확장되는 다양한 용어를 이해하는 일은 제품 목록에서 단순히 원하는 부품을 찾는 경우라도 꼭 필요하다.

구성

1권과 2권처럼, 3권도 주제별로 구성되어 있다. 예를 들어, 온도를 측정한다면 서로 이어져 있는 서미스터thermistor와 열전대thermocouple 장을 찾아보면 된다. 두 장은 모두 열 감지에 관한 내용을 다룬다. 이 구성 방식은 부품 간의 성능을 비교하고 원하는 응용 방식에 가장 적합한 부품을 선택하는 데 도움이 될 것이다.

각 센서를 찾아가는 주제 경로는 각 장의 첫 페이지 상단에 표시했다. 예를 들어 기체 유속gas flow rate을 찾으려면, 다음 경로를 따라가면 된다.

유체 > 기체 > 기체 유속

'유체fluid'라는 단어는 바르게 사용할 경우 액체뿐 아니라 기체도 포함한다는 사실에 주의하자.

예외 및 상충되는 사항

안타깝지만 쉽게 분류하기 어려운 센서도 있다. 분류와 관련해 다음과 같은 네 가지 문제점이 발생한다.

1. 센서가 실제로 감지하는 대상이 무엇인가?

GPS 칩은 무선 수신기로, 인공위성에서 전송되는 신호를 포착한다. 그렇다고 해서 GPS를 전파 센서로 분류해야 하는가? 그렇지 않다. GPS의 목적은 위치를 알려 주는 일이다. 따라서 위치 센서로 분류해야 한다. 이는 "센서는 주된 목적에 따라 분류해야 한다"라는 첫 번째 일반 원칙으로 귀결된다. 부차적인 목적은 인덱스에서 찾아도 된다.

2. 센서 내부에는 얼마나 많은 센서가 있는가?

여러 표면 장착형 칩이 하나 이상의 감지 기능을 수행한다. 예를 들어 관성 측정 장치inertial measurement unit(IMU)는 자이로스코프 3개, 가속도계 3개를 내장할 수 있으며, 심지어 지자계도 3개 포함할 수 있다. 이런 부품은 어떻게 분류해야 하는가?

본 백과사전에서는 IMU가 한 가지 이상의 기능을 수행하기 때문에 여러 장에서 이 부품에 대해 언급할 예정이다. 하지만 본 백과사전의 각 장은 하나의 주요 감지 기능만을 다루므로, IMU를 별도의 장으로 분리하지는 않는다.

멀티센서 칩의 이름은 인덱스에 수록했다.

3. 하나의 센서로 몇 개의 자극을 감지할 수 있는가?

단일 감지 소자는 여러 유형의 센서에서 사용할 수 있다. 가장 대표적인 예가 홀 효과Hall-effect 센서인데, 이 센서는 지자계magnetometer, 물체 감지 센서, 속도 센서, 전류 센서 등 여러 센서에서 사용한다. 현대의 자동차에서도 홀 효과 센서는 점화 시스템부터 트렁크 잠금 장치에 이르기까지 쓰이지 않는 곳이 없을 정도다. 회전 플래터rotating platter가 있는 하드 드라이브를 사용한다면, 회전 속도를 모니터링하는 데 홀 효과 센서를 사용할 수 있다. 범용 컴퓨터 키보드를 사용한다면, 키 눌림도 홀 효과 센서로 감지할 수 있다.

이를 염두에 둔다면 홀 효과 센서는 어떻게 분류할 수 있을까? 그리고 사용법을 알고 싶다면 어디를 찾아보아야 할까?

이런 의문을 가질 독자를 위해 동일한 감지 소자가 서로 다른 장의 부품에 사용되는 경우, 교차 참조할 수 있도록 각 장의 시작 부분에 해당 감지 소자를 상세히 설명한 장을 따로 표시해 두었다.

이 위치는 관련성을 기준으로 선택했다. 따라서, 홀 효과 센서는 주된 기능이 물체 감지이기 때문에 이에 대한 자세한 설명은 물체 감지object presence 센서 장에 수록했다. 홀 효과 센서가 자기장을 감지해 작동하기는 하지만, 자기장 감지가 홀 효과 센서의 가장 일반적인 응용 방식은 아니다.

4. 센서가 너무 많다

위키피디아는 일반적인 유형의 센서만 100개 이상 수록하고 있는데, 아마 그 목록도 완벽하지 않을 것이다. 그래서 선택이 필요했다. 임의로 선택한 것처럼 보이는 센서도 있겠지만, 모든 선택은 실용성을 기준으로 했다.

어떤 센서를 포함하고, 어떤 센서를 제외할지 결정하는 세 가지 원칙이 있다.

1. 부품으로 사용하는가? 이 책에서는 센서가 내장된 패키지 제품보다는 보드에 탑재할 수 있는 부품에 조금 더 주목했다. 예를 들어, 열전대는 관 모양의 강철 탐침에 둘러싸여 있고, 전선은 온도를 표시하는 특수하게 고안된 계측기와 연결하는 경우가 대부분이다. 탐침 사진을 수록하기는 하지만, 이 책의 주된 관심사는 탐침 내부에 있는 열전대의 전선이다.
2. 가격이 얼마인가? 공장에서 컨베이어 벨트를 지나가는 물건을 점검하는 산업 초음파 센서는

모듈 내부에 밀폐되어 있으며, 방수 처리된 이 모듈의 그로밋grommet은 차폐된 케이블 주위를 둘러싸고 있다. 여기까지는 모든 게 아주 훌륭하지만, 가격은 그다지 저렴하지 않다. 이 책을 집필하는 과정에서 나는 이 금액의 1/10 정도 가격으로, 기판에 탑재할 수 있는 부품에 더 많은 관심을 기울였다.
3. 얼마나 많은 이들이 사용하려고 하는가? 센서의 각 유형별로 부품 판매자 사이트에서 재고를 확인했다. 센서가 목록에 없거나 몇 가지 유형만 재고가 있는 경우, 그 정도의 한정된 수요로는 이 책에 실을 수 없다고 판단했다. 예를 들어, 페라리스Ferraris의 가속 센서는 회전하는 모터 축의 진동을 측정하는 방식으로 축의 맴돌이 전류eddy current에 반응하지만, 이 센서가 사람들의 쇼핑 목록에 오를 일은 거의 없어 보인다.

각 권의 내용

이 책의 구성과 부품 수록 여부의 결정에 대해서는 앞에서 이미 설명했기 때문에 여기서는 본 백과사전 세 권의 내용을 간단히 요약하고 넘어가겠다.

1권

전력, 전자기 부품, 개별 반도체 소자

전력에서는 전원, 전원의 분배, 저장, 전력 차단, 변환 등의 내용을 다룬다. 전자기 부품에서는 전력을 선형적으로 처리하는 부품과 회전력을 만들어 내는 부품을 다룬다. 개별 반도체 소자discrete semiconductor에서는 다이오드와 트랜지스터의 주요 유형을 다룬다. 1권의 부품 목록은 [그림 P-1]에서 확인할 수 있다.

2권

사이리스터(SCR, 다이액, 트라이액), 집적회로, 광원, 인디케이터, 디스플레이, 음원

집적회로integrated circuit는 아날로그와 디지털 부품으로 나뉜다. 광원, 인디케이터, 디스플레이는 반사형 디스플레이reflective display, 단일 광원, 발광 디스플레이로 나뉜다. 음원은 소리를 생성하는 음원과 재생하는 음원으로 나뉜다. 2권의 부품 목록은 [그림 P-2]에서 확인할 수 있다.

3권

감지 장치

감지 장치의 가장 일반적인 유형인 위치, 물체, 거리, 방위, 진동, 힘, 부하, 인간 입력, 액체의 성질, 기체 유형과 농도, 압력, 유량, 열, 소리, 전기 등의 감지를 모두 포함한다. 3권의 부품 목록은 [그림 P-3]에서 확인할 수 있다.

방법

참고 자료 vs. 교재

제목이 암시하듯 이 책은 교재가 아닌 참고 서적이다. 다시 말하면 기초 지식에서 출발해 점차 복잡한 개념으로 발전해 나가는 형식을 따르지 않는다. 참고 서적을 읽을 때는 자신에게 흥미로운 주제를 찾아 아무 본문이나 펼쳐 읽고 원하는 내용을 습득한 다음 책을 내려놓으면 된다. 책을 처음부터 끝까지 독파하려는 이들은 반복되는 내용이 많다는 사실을 알게 될 것이다. 각 장은 다른 장을 가급적 참고하지 않고, 장 그 자체로 충분한 설명

일차 분류	이차 분류	부품 형태
전력	전원	배터리
	연결	점퍼
		퓨즈
		푸시 버튼
		스위치
		로터리 스위치
		로터리 인코더
		릴레이
	완화 장치	저항
		포텐셔미터
		커패시터
		가변 커패시터
		인덕터
	변환	AC-AC 변압기
		AC-DC 전원 공급기
		DC-DC 컨버터
		DC-AC 인버터
	조정	전압 조정기
전자기 부품	선형 출력	전자석
		솔레노이드
	회전 출력	DC 모터
		AC 모터
		서보 모터
		스텝 모터
개별 반도체 소자	단일 접합	다이오드
		단접합 트랜지스터
	다중 접합	양극성 트랜지스터
		전계 효과 트랜지스터

그림 P-1 본 백과사전 1권에서 사용한 주제 중심 구조 분류 및 장 구분

을 제공하기 때문이다.

일차 분류	이차 분류	부품 형태
개별 반도체 소자	사이리스터	SCR
		다이액
		트라이액
집적회로	아날로그	무접점 릴레이
		옵토 커플러
		비교기
		op 앰프
		디지털 포텐셔미터
		타이머
	디지털	논리 게이트
		플립플롭
		시프트 레지스터
		카운터
		인코더
		디코더
		멀티플렉서
광원, 인디케이터, 디스플레이	반사형	LCD
	단일 광원	백열등
		네온전구
		형광등
		레이저
		LED 인디케이터
		LED 조명
	다중 광원 또는 패널	LED 디스플레이
		진공 형광 조명
		전기장 발광
음원	경고음 발생 장치	트랜스듀서
		오디오 인디케이터
	재생 장치	헤드폰
		스피커

그림 P-2 2권에서 사용한 주제 중심 구조 분류 및 장 구분

1차 분류	감지되는 속성	센서 유형
공간	위치	GPS
		지자계
	감지	물체 감지
		수동 적외선
	거리	물체 근접
		선형 위치
		회전 위치
	방위	기울기
		자이로스코프
		가속도계
기계식	발진	진동
	힘	힘
	인간 입력	싱글 터치
		터치 스크린
유체	액체	수위 측정
		유량
	기체/액체	압력
	기체	기체 농도
		기체 유속
복사	빛	포토레지스터
		포토다이오드
		포토트랜지스터
		NTC 서미스터
		PTC 서미스터
	열	열전대
		RTD
		반도체 온도
		적외선 온도
	소리	마이크로폰
전기	계측	전류
		전압

그림 P-3 3권에서 사용한 주제 중심 구조 분류 및 장 구분

이론과 실재

이 책은 이론보다는 실질적인 내용을 다루는 데 초점이 맞춰져 있다. 나는 이 책의 독자들이 가장 알고 싶어하는 게 전자부품의 사용법이지 부품의 작동 원리는 아니라고 생각한다. 따라서 이 책에서는 공식의 증명이나 전기 이론에 기반을 둔 정의, 또는 역사적 배경 같은 내용은 다루지 않는다. 단위는 혼란을 피할 필요가 있을 때에 한정해 다루었다.

센서 출력

본 백과사전의 1권과 2권의 각 장은 부품을 사용하는 방법에 대한 힌트를 담고 있다. 그러나 대다수 센서는 비슷하게 처리되는 동일한 형식의 출력을 생성한다. 따라서, 반복을 피하기 위해 센서 출력의 아홉 가지 주요 유형을 이용하는 일반적인 지침을 3권 말미에 부록 A로 정리해 수록했다.

예를 들어, 많은 센서에서 아날로그 전압을 출력하는데, 이 전압값은 감지하는 현상에 따라 다양할 수 있다. 부록 A에서는 필요하다면 출력 범위를 조정하는 법이나 이를 아날로그-디지털 변환기로 디지털화하는 방법 등을 제시한다.

또, I2C, SPI 같은 직렬 프로토콜에 대한 비교도 수록했다. 이 두 프로토콜은 마이크로컨트롤러와 디지털 센서 간의 통신이 버스를 통해 이루어질 때 흔하게 사용한다.

용어 사전

센서의 세계에서는 많은 용어들이 반복되는 느낌을 받는다. 대표적인 용어가 히스테리시스hysteresis와 MEMS이다. 용어는 반복해서 정의하기보다

이 책 말미 부록 B에 용어 사전이라는 이름으로 간단하게 정리해 두었다. 익숙하지 않은 용어를 보았을 때, 용어 사전의 존재를 기억해 주면 좋겠다. 용어 사전을 참조하자.

본문에서 영어로 병기한 용어는 많은 경우 부록 B의 용어 사전에 수록했다.

일러두기

하나의 장에서 단독으로 등장하는 전자 용어나 부품명은 최초로 나올 때 영어를 병기했다.

부품 명칭과 부품이 속해 있는 분류는 모두 소문자로 표시했으며, 예외적으로 약어나 상표일 때는 대문자로 표시했다. 예를 들어 홀 효과Hall effect에서 홀은 사람의 이름이고, GPS는 약어이므로 모두 대문자로 표시한다. psi(제곱인치당 파운드를 뜻함)는 약어지만 소문자로 쓰는 게 더 일반적이므로 소문자로 표시했다.

전기 분야 선구자들의 이름을 딴 단위를 표기할 때는 상황에 따라 표기법이 달라진다. 단위를 풀어서 사용할 때는 모두 소문자로 표기해야 한다. 따라서, 힘의 국제 표준(SI) 단위를 풀어서 사용할 때는 소문자 'newton(뉴턴)'으로 표기한다. 그러나 사람의 이름을 딴 단위를 약어로 쓸 때는 대문자를 써서, 뉴턴(newton)은 N, 헤르츠(hertz)는 Hz, 파스칼(pascal)은 Pa, 암페어(ampere)는 A로 표기한다.

수식 표현

수식이 사용된 경우는 보통 컴퓨터 프로그래머들이 쓰는 기호를 사용하므로 일반인에게는 낯설 수 있다. 곱하기 부호는 애스터리스크(*)를, 나누기

부호는 슬래시(/)를 사용했다. 괄호가 있으면, 가장 안쪽의 괄호 연산을 먼저 처리한다.

$$A = 30 / (7 + (4 * 2))$$

이 식은 먼저 4와 2를 곱해 나온 값인 8에 7을 더해 15를 만들고, 30을 이 값으로 나누므로 A의 값은 2가 된다.

시각 자료 규칙

[그림 P-4]는 이 책 회로도에서 사용된 규칙을 보여 준다. 검은 점은 모호함을 최소화하기 위해 사용할 때 빼고는, 항상 연결을 나타낸다. 그림 윗부분 오른쪽보다는 주로 왼쪽 회로도를 사용한다. 검은 점 없이 교차하는 도체는 서로 연결되어 있지 않다. 오른쪽 아래와 같은 회로도를 사용하는 곳도 있지만, 이 책에서는 사용하지 않는다.

모든 회로도는 연한 파란색 박스로 구분했다.

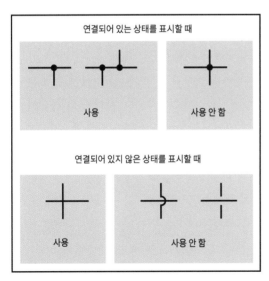

그림 P-4 이 책의 회로도에서 사용하는 시각 자료 규칙

이렇게 하면 스위치, 트랜지스터, LED 같은 부품이 흰색에 대해 부각될 수 있어, 주목도가 높아지고 부품 경계가 분명해진다. 흰색 영역은 그 밖의 다른 의미가 없다.

단위와 배경

미국이 인치 단위로 치수를 표기하는 방식을 끈질기게 고수하는 한, 미국 독자를 대상으로 하는 책에서 이 관습을 따라야 한다는 주장은 설득력이 있다. 1권과 2권을 집필할 때는 이 점을 염두에 두고 가급적 미터 단위를 사용하지 않았다. 그러나 시간이 흘러 이 책들은 인치 단위를 시대착오적인 방식이라 생각하는 전 세계 여러 나라에서 번역 출간되었다.

그래서 여러 국가의 독자들이 이 책을 읽는다는 사실을 고려해, 3권에서는 전반적으로 미터법을 사용했다(3/4″ 파이프에 맞게 설계된 미국 배관 기구의 사진 등 일부 예외도 있다). 미터법에 익숙하지 않은 독자를 위해 몇 가지 길이 단위와 약어를 소개한다.

- 1나노미터(nm)
- 1마이크로미터(μm) = 1,000nm
- 1밀리미터(mm) = 1,000μm
- 1센티미터(cm) = 10mm
- 1미터(m) = 100cm = 1,000mm

마이크로미터는 미크론micron이라고도 한다.

미터에서 인치로의 기본 환산 계수는 0.0254이다. 따라서 다음이 성립한다.

- 1인치(″) = 2.54cm = 25.4mm
- 1/1000인치(″) = 25.4μm

1/1000인치는 밀mil이라고도 한다.

부품 사진 중 다수는 배경에 격자무늬가 그려져 있다. 배경 눈금의 크기는 한 칸이 1mm이다.

혼란을 피하기 위해 미리 알려 주자면 이 사진 중 일부는 《짜릿짜릿 전자회로 DIY 플러스》(인사이트, 2016)에도 같이 실었지만, 그 책에 실린 사진의 배경 격자 눈금은 한 칸이 0.1″이다. 3권에서는 사진에 밀리미터 단위를 사용했음을 상기하도록, 이 내용을 캡션에 명시했다.

사진의 배경색은 눈으로 보았을 때 쉽게 구별할 수 있게 부품의 색과 대조되는 색으로 골랐다. 그 이외에 특별한 이유는 없다.

부품 구입

부품이 언제까지 생산될지 알 수 없기 때문에 본 백과사전에서는 특정 부품 번호를 밝힐 때는 신중하고자 노력했다. 기능이 한정된 부품을 찾으려면 공급업체의 홈페이지를 찾아 보아야 한다. 다음의 공급업체는 이 책을 준비하면서 자주 확인한 곳이다.

- *http://www.mouser.com*
- *http://www.jameco.com*
- *http://www.sparkfun.com*
- *http://www.adafruit.com*

오래된 제품이거나 판매를 곧 중단할 부품을 구입할 때는 이베이eBay 사가 도움이 된다. 구형 제품을 대신할 수 있는 신제품이 종종 *http://www.mouser.com*에 등록되기도 한다.

문제점과 오탈자

독자와 필자가 서로 대화하고 싶은 상황은 대체로 3가지 정도일 것이다.

- 이 책에 심각한 실수가 있다면, 독자에게 이를 알려 주고 싶을 수 있다. 이를 '저자가 독자에게 공지' 피드백이라고 하자.
- 독자가 이 책에서 실수를 찾았다면 알려 주고 싶을 수 있다. 이를 '독자가 저자에게 알림' 피드백이라고 하자.
- 뭔가를 작동하는 데 문제가 생겼는데 저자의 실수인지 본인의 실수인지 모를 수 있다. 이런 경우에 도움을 받고 싶을 수 있다. 이를 '독자가 저자에게 질문' 피드백이라고 하자.

이제 각 상황에서 어떻게 할지 알려 주겠다.

저자가 독자에게 공지

《짜릿짜릿 전자회로 DIY 3판》(인사이트, 2023)이나 《짜릿짜릿 전자회로 DIY 플러스》와 관련해 이미 연락처를 등록한 독자라면 본 백과사전에 관한 내용이 업데이트되었다는 공지를 받기 위해 연락처를 다시 등록할 필요가 없다. 그러나 아직 등록하지 않았다면 어떤 식으로 공지가 이루어지는지 알려 주겠다.

내 책에 오류가 있을 때 이 사실에 대해 공지를 받을 수 있는 유일한 길은 연락처를 등록하는 방법뿐이다. 이메일 주소를 등록하면 다음과 같은 이점이 있다.

- 이 책에서 심각한 오류가 발견되면 그에 대한 공지와 정정 내용을 받을 수 있다.
- 이 책이나 《짜릿짜릿 전자회로 DIY》 등 찰스 플랫의 책이 완전히 새롭게 개정되면 이를 공지한다. 이러한 공지는 매우 드물 것이다.

등록한 이메일은 다른 목적으로 사용하지 않는다. 이메일 등록은 본문 내용을 입력하지 말고 *make.electronics@gmail.com*으로 메일을 보내기만 하면 된다(원한다면 뭔가 의견을 남겨도 된다). 제목에 'REGISTER'라고 표시해 주기 바란다.

독자가 저자에게 알림

오탈자를 알려 주고 싶다면 출판사에서 관리하는 '오탈자' 등록 웹사이트를 활용하는 편이 낫다. 출판사에서 등록한 '오탈자' 정보를 바탕으로 오류를 수정해서 개정판을 발간한다.

오탈자를 발견했다면 다음 링크에 등록하기 바란다.

http://bit.ly/encyclopedia_electronic_components_v3

사이트에 오탈자 등록 방법을 설명했다.

독자가 저자에게 질문

시간은 분명 한정되어 있지만 질문한다면 아주 짧게 답변해줄 수 있다. 이 경우 *make.electronics@gmail.com*으로 메일을 보내면 된다. 단, 잊지 말고 제목에 'HELP'라고 달자.

공개 게시판에 게시

이 책에 대해 이야기 나누거나 문제점을 토로할 수 있는 인터넷 포럼이 많이 있지만 독자의 권력을 충분히 인식하고 공정하게 사용해 주기를 바란다. 부정적인 의견 하나가 생각보다 큰 영향을 미칠 수 있다. 분명, 하나만으로도 여러 긍정적인 의견을 이길 수 있다.

보통 긍정적인 의견들이 올라오지만, 인터넷에서 부품을 찾지 못하겠다든가 하는 소소한 이유로 짜증난 독자의 글도 한두 건 있다. 원한다면 이 문제에 대해 도움을 줄 수 있다. 요청 내용을 메일로 써서 *make.electronics@gmail.com*으로 보내면 된다.

감사의 말

부품 제조업체의 데이터시트와 사용 안내서는 인터넷에서 얻을 수 있는 정보 중에서는 가장 믿을 만하다. 또, 부품 판매업체, 대학 교재, 크라우드 소싱을 통해 구축된 자료, 취미 공학자의 홈페이지 등도 참고했다. 다음 도서들도 유용한 정보를 제공해 주었다.

- Robert L. Boylestad, Louis Nashelsky 《Electronic Devices and Circuit Theory, 9th edition》 (Pearson Education, 2006)(국내에 《전자회로 실험》(ITC, 2009)이라는 이름으로 번역 출간됨 - 옮긴이)
- Newton C. Braga 《CMOS Sourcebook》(Sams Technical Publishing, 2001)
- Stuart A. Hoenig, 《How to Build and Use Electronic Devices Without Frustration, Panic, Mountains of Money, or an Engineering De

gree, 2nd edition》(Little, Brown, 1980)

- Delton T. Horn, 《Electronic Components》(Tab Books, 1992)

- Delton T. Horn, 《Electronics Theory, 4th edition》(Tab Books, 1994)

- Paul Horowitz, Winfield Hill, 《The Art of Electronics, 2nd edition》(Cambridge University Press, 1989)(국내에 《전자공학의 기술》(에이콘출판, 2020)이라는 이름으로 번역 출간됨 - 옮긴이)

- Dogan Ibrahim, 《Using LEDs, LCDs, and GLCDs in Microcontroller Projects》(John Wiley & Sons, 2012)

- A. Anand Kumar, 《Fundamentals of Digital Circuits, 2nd edition》(PHI Learning, 2009)

- Don Lancaster, 《TTL Cookbook. Howard W》(Sams & Co, 1974)

- Ron Lenk, Carol Lenk, 《Practical Lighting Design with LEDs》(John Wiley & Sons, 2011)(국내에 《LED를 사용한 실용적인 조명 설계》(아진, 2013)라는 이름으로 번역 출간됨 - 옮긴이)

- Doug Lowe, 《Electronics All-in-One for Dummies》(John Wiley & Sons, 2012)

- Forrest M. Mims III, 《Getting Started in Electronics》(Master Publishing, 2000)

- Forrest M. Mims III, 《Electronic Sensor Circuits & Projects》(Master Publishing, 2007)

- Forrest M. Mims III, 《Timer, Op Amp, & Optelectronic Circuits and Projects》(Master Publishing, 2007)

- Mike Predko, 《123 Robotics Experiments for the Evil Genius》(McGraw-Hill, 2004)

- Paul Scherz, 《Practical Electronics for Inventors, 2nd edition》(McGraw-Hill, 2007)(국내에 《모두를 위한 실용 전자공학》(제이펍, 2018)이라는 이름으로 번역 출간됨 - 옮긴이)

- Tim Williams, 《The Circuit Designer's Companion, 2nd edition》(Newnes, 2005)

이 외에 특별한 도움을 준 이들도 있다. 편집자인 브라이언 제프슨은 이 책의 집필에 큰 도움을 주었으며, 필립 마렉은 본문의 오류를 검토해 주었다. 에리코 나리타와는 포토샵 작업을 함께 했다.

1장

GPS

GPS는 위성 위치 확인 시스템global positioning system의 약어로, 여기에는 위성과 지상에 있는 모든 장치가 포함된다. 반면 GPS 센서GPS sensor는 보통 GPS 칩GPS chip 위에 장착된 작은 사각형 안테나를 사용해 GPS 위성에서 수신한 신호를 처리하는 표면 장착형 칩으로 이루어져 있다.

GPS 모듈GPS module은 보통 GPS 센서와 기타 부품들이 부착된 소형 기판을 말한다. GPS 수신기GPS receiver는 GPS 모듈 외에 데이터 표시 장치와 메모리와 같은 기능을 포함하는 장치다. 사람들이 'GPS'를 언급할 때는 GPS 수신기를 뜻하는 경우가 일반적이다.

GPS는 언제나 점 없이 대문자로 표기한다.

관련 부품

· 지자계(2장 참조)

역할

위성 위치 확인 시스템(GPS)은 미 국방부와 교통부가 함께 자금을 지원해 개발한 항법 장치로, 유지와 관리는 미 공군이 담당한다. GPS 위성이 송출하는 신호는 GPS 모듈이 수신해 처리할 수 있는데, 이 모듈은 항공기부터 손목 시계에 이르는 다양한 장치에서 사용한다. 이 신호는 위치 정보를 제공하며, 정확한 기준 시간을 알려 줄 때도 사용한다.

회로 기호

GPS 칩에 사용하도록 정해진 회로 기호는 없다.

보통 다른 IC 칩과 마찬가지로 사각형 모양에 핀 기능을 정의하는 약어를 함께 표시한다.

GPS 영역

GPS는 다음과 같이 세 영역으로 이루어져 있다.

공간 영역

공간 영역에는 원래 24개의 통신 위성이 필요했지만, 2011년 지구 전체 영역을 더 잘 다룰 수 있게 27개의 위성으로 하는 개선이 이루어졌다. 2015년 8월 기준, 실제 사용 중인 위성은 31개이며, 필요하면 '여분의 위성'을 추가로 활성화할 수 있다.

위성은 지구에서 12,500마일(약 20,000km) 상공의 궤도를 회전하기 때문에, 각각의 위성은 24시간 동안 지구를 두 바퀴 돈다. 자세한 내용은 인터넷을 참조한다.

제어 영역

제어 영역에는 지상의 주 관제국 1곳, 비상용 주 관제국 1곳, 명령 및 제어 안테나 12개, 모니터링 부지 16곳으로 구성되며, 모두 미 공군에서 유지하고 관리한다.

사용자 영역

사용자 영역은 정부 또는 민간이 소유한 수신 장치로 구성된다.

작동 원리

각각의 위성은 정확한 시간을 유지해 주는 여러 개의 원자시계와 선형 피드백 시프트 레지스터 shift register(2권 참조)를 사용하는 가짜 난수 생성기를 탑재하고 있다.

GPS 수신기는 수신된 가짜 난수의 비트 배열을 비교해 적어도 4개의 위성에서 오는 신호를 구별하며, 위성 신호의 도착 시간을 비교해 수신기와 각 위성 간의 거리를 계산할 수 있다.

위성은 수평선 위로 떠오르면서 수신기에 접근하며, 수신기 위를 지나가는 순간부터 멀어지기 시작한다. 이 상대적인 움직임으로 인해 수신된 주파수frequency에서는 도플러 이동Doppler shift(도플러 효과로 인해 관측 주파수가 변하는 현상 - 옮긴이)이 발생하며, 이는 수신기 회로에서 반드시 고려해야 할 사항이다.

GPS 위성은 여러 주파수를 동시에 전송한다. 민간에서 사용하는 L1 주파수 값은 1575.42MHz이며, 군사용으로 사용하는 L2 주파수 값은 1227.6MHz이다.

다양한 유형

GPS 칩은 보통 안테나에서 입력을 받아 처리한 뒤, 이를 납땜 패드를 통해 출력한다. 칩은 보통 세라믹으로 만든 정사각형 또는 직사각형 형태의 안테나를 내장하는 경우가 많지만, 자체 안테나 없

그림 1-1 GPS 센서. 이 표면 장착형 칩의 윗면에 금속 실드가 부착되어 있다.

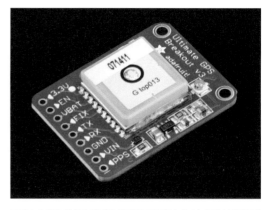

그림 1-2 GPS 센서가 탑재된 에이다프루트(Adafruit) 사의 브레이크아웃 보드

이 외부 안테나로 신호를 처리하는 칩도 많다. [그림 1-1]은 금속 실드metal shield로 덮인 GPS 칩 사진으로, 안테나로 오인하는 경우가 잦다. [그림 1-2]의 GPS 센서는 세라믹 안테나를 포함하고 있다.

일부 GPS 칩에는 내부 데이터 기록을 위한 플래시 메모리가 있는 경우도 있지만, 표준은 아니다.

에이다프루트Adafruit나 스파크펀Sparkfun 사 같은 공급업체들은 다른 부품과 연결하기 쉽게 [그림 1-2]처럼 브레이크아웃 보드breakout board에 탑재된 GPS 모듈을 판매한다. 일부 브레이크아웃 보드에는 소형 단추 전지도 있어, 예비 전원을 공급할 수 있다.

GPS는 스마트폰과 태블릿 PC 대부분이 지니고 있는 기능이다. GPS는 보행자용 소형 네비게이션 장치나 차량 탑재용 네비게이션 장치에서 사용한다. 차량에서 GPS 기능은 내장 화면을 통해 사용할 수 있다.

GPS 추적기GPS tracker는 화면 없이 단지 내부 기억 장치에 위치만 기록하며, 나중에 컴퓨터에서 데이터를 다운로드할 수 있게 해주는 장치다. 여러 휴대용 (구형) GPS 수신기에는 직렬 포트나 USB 포트와 연결할 수 있는 연결 장치가 있는데, 이후 섹션에서 설명할 GPS 모듈과 동일한 NMEANational Marine Electronics Association 포맷으로 데이터를 제공한다.

GPS를 광범위하게 사용하기 시작한 이후로 유럽의 갈릴레오Galileo, 러시아의 글로벌 항법 위성 시스템Global Navigation Satellite System(GLONASS), 중국의 바이두Beidou 등 여러 경쟁 시스템이 도입되었다. 2015년을 기준으로 GLONASS는 완전 가동 상태에 들어갔다. 휴대전화 등에 사용하는 일부 수신기는 GPS와 GLONASS 위성의 신호를 비교해 정확성을 향상시켰다.

부품값

감도

감도sensitivity는 보통 밀리와트(mW) 단위로 측정되는 전력의 출력비를 데시벨(dBm) 단위로 표현한 값이다.

초기 위치 파악 시간

초기 위치 파악 시간Time to First Fix(TTFF)은 위성으로부터 초기 위치 정보를 받을 때까지 걸리는 시간을 뜻한다.

채널 수

채널 수number of channel는 GPS 수신기가 동시에 추적할 수 있는 위성 수다. 초기 GPS 수신기는 채널을 단 4개만 감지할 수 있었던 반면, 최근의 수신기는 최대 22개까지 감지하는 제품도 있다.

소비 전력

소비 전력power consumption은 밀리와트(mW)로 측정할 수 있다. 예를 들어 글로벌톱 테크놀로지GlobalTop Technology 사의 GPS 독립형 모듈인 FGPMMOPA6H는 위성 신호를 수신하는 동안 소비되는 전력이 82mW, 이후 위성 신호를 추적하는 데 소비되는 전력이 66mW이다. 보통 4VDC 전압에서 칩셋chipset은 전자의 경우 약 20mA, 후자의 경우 약 17mA의 전류를 소비한다.

폼 팩터

폼 팩터form factor는 칩의 크기를 말하며, 보통 GPS에 부착된 세라믹 안테나의 크기에 따라 결정된다. 안테나 치수는 15mm×15mm 이상일 수 있다.

업데이트율

업데이트율update rate은 초당 위치 측정 횟수다. 업데이트 횟수는 초당 1회면 충분하지만, 업데이트를 보다 자주 하는 칩도 있다. 업데이트 주파수는 헤르츠로 나타낸다.

출력 유형

출력 유형output type은 보통 NMEA 데이터를 제공하는 TTLtransistor-transistor logic 직렬 방식을 사용한다. 보 레이트baud rate는 다양할 수 있으며 보통 선택이 가능하다.

공급 전압

공급 전압supply voltage은 5VDC 미만이 대부분이다.

소비 전류

소비 전류current consumption는 위성에서 신호를 수신할 때 더 높다.

사용법

GPS 모듈은 DC 전력 공급 장치만 있으면 되고, 현 범위 내에 위성의 존재가 확인되는 즉시 데이터를 출력한다.

GPS 모듈에서 제공하는 데이터는 NMEA 포맷을 사용한다. NMEA는 상당히 느리고 원시적이며 단순한 ASCII 프로토콜로, 미국의 선박 전자 연합National Marine Electronics Association에서 개발했다. 각 데이터 블록은 '문장sentence'이라고 하는데, 앞뒤 문장은 별도로 분석할 수 있다. 기본 전송 속도는 초당 4,800비트이며, 총 8비트를 사용해 패리티 검사 없이 ASCII 문자와 1비트의 정지 비트를 식별한다. 그러나 일부 GPS 모듈에서는 직렬 전송 속도가 9,600bps를 넘기도 한다.

문장의 처음은 문장을 출력하는 장치 유형을 정의하는 두 문자 약어로 시작한다. GPS 장치의 경우 약어는 GP이다. 그 뒤로 최소 세 문자의 약어가 이어진다. 이 문자들은 전송 데이터 유형을 알려 주는데, 전송 데이터 유형은 문장 내의 숫자를 정확히 해석할 때 필요하다.

문장의 나머지 부분은 단순한 ASCII 코드로 나타낸 문자와 숫자로 구성되며, 각각의 값은 콤마로 구별한다. 하나의 문장은 80자를 초과할 수 없다. 하나의 문장에는 GPS의 위도, 경도, 고도 및 해당 측정값을 위성 신호로부터 추출한 시간을 명시한다. 문장 데이터 구조 중에는 장치 제조사에게 저작권이 있는 것도 있는데, 그때의 문장은 문자 P로 시작한다.

GPS 장치는 서로 다른 유형의 다양한 신호를 연속으로 보내는 방식을 이용해, 80자로 한정된 문장 길이 제한을 극복할 수 있다. 각 문장은 식별자identifier로 시작한다. 문장 유형과 데이터 내용은 제조사의 데이터시트에서 정의하고 있다.

GPS 칩의 출력은 마이크로컨트롤러와 호환될 수 있다. GPS 브레이크아웃 보드는 출력이 거의 대부분 호환되며, 자체 전압 조정기를 내장할 수 있다. 마이크로컨트롤러는 GPS 칩에서 직렬 데이터를 수신하며, 활성 핀으로 GPS 칩을 정지시킬 수도 있다. 제품에서 이 기능을 지원하는 경우, 데이터를 GPS 플래시 메모리에 기록하거나 중지할 수 있다.

마이크로컨트롤러의 코드 라이브러리는 온라인에서 다운로드받을 수 있는데, 이를 사용하면 GPS 장치에서 마이크로컨트롤러로 직렬 데이터를 수신해 해석할 수 있다.

초당 펄스 신호 출력

GPS를 이용한 위치 확인은 무선 신호가 이동하는 데 걸리는 시간을 바탕으로 거리를 계산하기 때문에 시간을 정확히 유지해야 한다. GPS 수신기는 위치 정보를 받을 때, 현재의 시간값도 함께 받는다. 따라서 GPS 수신기는 기준이 되는 시간과 주파수를 제공할 때 사용되기도 한다. 대다수 수신기 모듈은 위치 정보와 함께 시간 정보도 알려 준다. 또, 포착되는 위성과 정확히 동기화되는 특별한 초당 펄스pulse per second(PPS) 신호를 출력하는 수신기 모듈도 많다. PPS 신호는 초당 하나의 펄스를 생성한다.

GPS 수신기가 제공하는 정확한 시간은 결정 진동자crystal oscillator를 제어discipline하는 데 사용할 수 있다. 이는 GPS가 제공하는 기준에 따라 결정 진동자의 주파수를 측정하고, 주파수의 안정을 위해 주파수가 지속적으로 보정된다는 것을 의미한다.

주의 사항

보통은 장치보다 칩과 모듈에서 문제가 발생한다.

정전 방전

GPS 칩의 패치 안테나는 RFradio frequency 입력을 통해 칩과 연결된다. 안테나에 정전 방전electrostatic discharge이 일어나면 칩은 영구적인 손상을 입을 수 있다. 마찬가지로 납땜인두나 다른 원인으로 RF 입력에 방전이 일어나면 손상이 발생한다. 칩은 RF 입력과 관련된 작업을 시작하기 전에 반드시 접지해야 한다.

접지 불량

칩의 접지 납땜 패드나 브레이크아웃 보드의 접지 핀은 전압을 가하기 전에 반드시 접지해야 한다.

납땜 불량

GPS 칩의 패치 안테나는 열을 흡수하는 방열판 heat sink의 역할을 하기 때문에, 이 안테나를 사용하면 칩을 보드에 설치할 때 납땜 불량이 발생할 위험이 증가한다.

판매 제한

미국 규정에 따르면 군 항공기나 미사일에 사용할 수 있도록 위치를 빠르게 업데이트하는 일부 GPS 장치는 수출을 제한한다. 그 외의 다른 제한 사항도 적용할 수 있다. 공급업체가 미국 이외에서는 사용이 제한된 GPS 장치에 대한 구입 요청을 거부하는 경우가 있는데, 그 결정에 일관성은 없다.

위성 감지 불가

GPS 장치는 하늘을 가리는 장소에서는 위성 신호를 감지하지 못할 수 있다. 신호는 일반적으로 창유리를 통과해 수신하지만, 벽이나 지붕, 두꺼운 나무와 기타 자연적인 장애물은 통과하지 못할 수 있다.

최대 속도 또는 최고 고도 초과

보안 규정에 따르면 60,000피트(약 18킬로미터) 이상의 상공이나 시간당 1,200마일(약 1,930킬로미터) 이상의 속도에서 작동하는 GPS 장치는 성능을 제한한다. 이 범위를 벗어나면, GPS 장치는 데이터를 제공하지 않는다. 이는 아마추어 로켓 공학의 응용이나 높은 고도까지 올라가는 열기구의 사용에 영향을 미칠 수 있다.

2장

지자계

이 장에서는 지구 자기장에 반응하는 자기 센서를 다룬다. 광범위하게 사용하는 홀 센서Hall sensor 같은 소형 자기 센서는 기계 부품의 위치나 회전 속도를 구하는 등 여러 목적으로 사용할 수 있다. 응용 방식 중에는 물체 감지 센서object presence sensor가 있다(3장 참조). 홀 센서에 대해서는 이 장의 '홀 효과 센서'에서 설명한다.

과거의 지자계magnetometer는 손잡이와 기타 제어 장치, 그리고 일종의 표시 장치로 구성된 커다란 측정 장치였다. 지금도 보통 이런 장치를 설명할 때 지자계라는 단어를 사용하지만, 이 장에서는 칩 기반의 자기 센서만을 다룬다.

관련 부품

· 가속도계(10장 참조)
· 자이로스코프(9장 참조)
· GPS(1장 참조)

역할

기존 나침반compass에는 중심점 위에 얇은 금속 자침이 균형을 이루고 있다. 자침은 지구 자기장과 나란한 방향이 되도록 움직인다.

스칼라 지자계scalar magnetometer는 자기장의 총 세기를 측정하는 반면, 벡터 지자계vector magnetometer는 특정 방향에서 자기장의 세기를 측정한다. 특히 벡터 지자계는 측정 장치의 방위와 지구의 자북 또는 자남 사이의 각도를 나타내는 수칫값을 출력한다.

칩 기반 지자계는 보통 벡터 유형으로, 내부에 수직으로 장착된 3개의 센서를 포함하고 있다. 다시 말해, 이는 각 센서가 나머지 두 센서와 항상 직각을 이룬다는 뜻이다. 적절한 소프트웨어를 사용하면, 측정 장치가 지면과 이루는 각도에 관계없이 센서에서 받은 아날로그 측정값을 바탕으로 자북이나 자남을 계산할 수 있다.

회로 기호

지자계를 나타내는 정해진 회로 기호는 없다.

IMU

자이로스코프gyroscope는 자이로스코프가 내장된 장치의 회전 속도, 더 정확히 말하면 각속도

angular velocity를 측정한다. 자이로스코프는 회전율의 변화에도 반응한다. 자이로스코프는 선형적인 움직임이나 정지 상태일 때의 방위각은 측정하지 않는다.

가속도계accelerometer는 선형적인 움직임의 변화를 측정하며, 중력과 비교해 정지 상태일 때의 자체 방위도 측정한다. 가속도계는 자체 축을 중심으로 회전하는데, 각속도는 측정하지 않는다.

가속도계와 자이로스코프가 하나의 패키지에 탑재되어 있고 지자계가 선택 사항으로 포함되는 경우, 이를 관성 측정 장치 즉, IMUinertial measurement unit라고 한다. IMU는 항공기, 우주선, 선박을 조작하는 데 필요한 데이터를 제공하며, 특히 GPS 신호를 사용할 수 없는 경우에 유용하다.

응용

지자계는 디지털 나침반, 카메라, 휴대전화 등 휴대용 장치에서 사용한다. 지자계는 보통 대량으로 생산되는 표면 장착형 칩으로 판매되며, 마이크로컨트롤러와 함께 사용할 수도 있다. 취미 공학 커뮤니티 또는 실험적인 제품 개발을 위해, 지자계는 쉽게 사용할 수 있도록 브레이크아웃 보드에 설치될 수 있다. [그림 2-1]은 허니웰Honeywell 사의 HMC5883L을 내장한 보드다.

작동 원리

지자계를 설명하는 데 도움이 되도록 자성의 기본 원리부터 먼저 이해하고 넘어가자.

자기장

자기장은 보통 자기장의 세기와 벡터값을 보여 주는 자기력선field line으로 나타낸다. [그림 2-2]는 단순한 영구자석의 자기력선으로, 한 점의 세기인 자속 밀도flux density는 선의 간격을 조정해 나타내며, 벡터값은 지표면과 자기력선의 접선이 이루는 각도로 표시한다(자성에 대한 자세한 내용은 1권

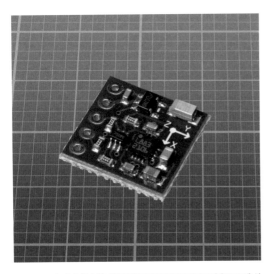

그림 2-1 3축 지자계인 허니웰의 HMC5883L을 브레이크아웃 보드에 설치한 모습. 바탕의 눈금 간격은 1mm이다.

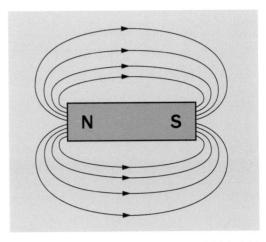

그림 2-2 막대자석이 생성하는 자속 밀도를 나타내는 자기력선. 자기력선 간의 간격은 자속 밀도와 반비례한다. 실제로 이 자기력선은 입체적인 모습으로 나타나며, 조금 더 정확하게 표현하면 자석과 자석의 축 주위로 자기력선이 돌고 있다고 생각할 수 있다.

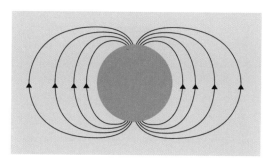

그림 2-3 지구 자기장은 막대자석 주변을 둘러싼 자기장의 모습과 닮았다.

의 전자석electromagnet 장을 참조한다).

자기장의 자속 밀도는 보통 문자 B로 표시하며, 단위로는 암페어당 뉴턴미터newton-meter per ampere(Nm/A), 또는 좀 더 일반적인 단위인 테슬라tesla(T)를 사용한다. 그 전에 사용하던 측정 단위는 가우스(G)로 1T는 10,000G와 같다. 일부 데이터시트에서는 여전히 가우스 단위를 사용한다.

지구 자기장은 지구 외핵 유체 부분에서 일어나는 대류 전류로 인해 발생한다. 이 자기장의 세기는 측정 위치에 따라 25~65μT(0.25~0.65G)의 값을 지닌다. 적절하게 비유하면 지구는 자북극과 자남극을 연결하는 커다란 막대자석이라고 볼 수 있다([그림 2-3] 참조).

자기력선은 북극과 남극 주변 위도에서 지표면을 향해 가파르게 기울어져 있는 반면, 적도 근처에서는 지표면과 거의 평행을 이룬다. 따라서, 지자계를 지구 표면과 평행하게 놓고 측정한 수평 자기장의 세기는 극지방보다 적도 근처에서 더 세다.

지표면과 자기력선의 접선이 이루는 각도는 복각inclination이라고 한다. 자기장 세기의 변화는 대략적인 위치를 구할 때 사용할 수 있지만, 위성을 사용하는 GPS가 있으면 정확도가 훨씬 높아진다.

문제는 지구의 자북극이 실제로는 S극처럼, 자남극이 N극처럼 행동하기 때문에 혼란이 발생한다. 영구자석을 자유롭게 회전하게 두었을 때, 실제 자석이라면 반대 극끼리 서로 끌어당겨야 함에도 자석의 N극은 지구의 자북극(N극)을 향해 움직인다. 그러므로 지구의 자북극(N극)은 나침반의 N극을 끌어당긴다고 생각해야 한다.

지구의 축

지구는 자전축axis of rotation이라는 가상의 선을 기준으로 자전한다. 이 선은 [그림 2-4]에서 보는 것처럼 자북과 자남을 잇는 자축magnetic axis과 거의 일치한다.

방위각magnetic declination은 외부에서 관측자가 보았을 때 자북극과 진북극이 이루는 각을 뜻한다. 이 각은 관측자가 지표면의 어디에 위치하는

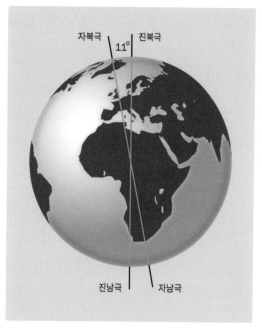

그림 2-4 지구의 자축과 자전축이 이루는 각도는 약 11°이다.

그림 2-5 빨간색 선은 나침반이 자북을 나타낼 가능성이 높은 방향을 표시한 것이다. 초록색 선은 지리학적으로 보았을 때 지구의 양 극을 연결한 것이다(출처: 위키미디어 공용).

기수 방위

그림 2-6 기수 방위(heading)는 보통 진북극과 이루는 각도를 계산한 값을 말한다.

지에 따라 달라진다.

지표면 한 점에서 자력의 방향은 방위각 때문에 [그림 2-5]에서 보는 것처럼 위도와 경도에 따라 달라진다. 이 그림에서 자기 자오선magnetic meridian은 초록색으로 나타낸 지리적 자오선geographical meridian 위에 빨간색으로 겹쳐 나타냈다. 자기 자오선은 자력의 방향을 보여 주며, 지리적 자오선은 지구 자전축의 양 끝을 이어 그려 표시한다. 일부 지역, 특히 북극과 남극 근처에서 이 둘은 약간의 상관관계를 보이기도 하지만, 둘 사이의 차이는 40° 이상이 될 수도 있다.

지구의 위치에 따른 표준 방위각을 정리한 표가 이미 작성되어 있는데, 나침반compass이나 지자계에서 읽어 들인 값에 이 값들을 더하거나 빼 진북극의 방향을 정한다. 네비게이션 시스템은 관례상 [그림 2-6]처럼 진북극에 대해 차량이나 선박이 나아가는 방위를 표시한다.

코일 지자계

전선을 통과해 흐르는 전류는 자기장을 생성하며, 이때의 자속 밀도는 전류의 세기(A)에 정비례한다. 이와 반대로, 변화하는 자기장은 전선에 전류를 유도한다. 코일 지자계coil magnetometer는 이러한 원리를 사용하며, 땅에 묻힌 물체 위를 이동할 때 이를 감지해 내는 능력이 있다. 회전 코일 지자계rotating coil magnetometer는 정지된 상태에서 자기장의 세기를 구할 수 있지만, 코일의 크기가 코일 지자계보다 상대적으로 커야 한다.

홀 효과와 자기 저항

최신 휴대용 장치에 내장된 지자계는 보통 여기에서 설명하는 홀 효과Hall effect('홀 효과 센서' 참조)나 자기 저항magnetoresistance 원리를 사용한다.

자기 저항은 물질이 자기장에 노출되었을 때 물체의 저항이 살짝 변하는 현상이다. 자기 저항은 홀 효과 센서에 비해 정확성이 훨씬 뛰어나지만 가격이 더 높을 수 있다.

센서는 표면 장착형 칩 내부에서 서로 직각을 이루도록 설치하는데, 문자 X, Y, Z로 구별되는 세 축에 맞추어 배열된다. 이 센서는 아날로그 장치며, 칩에 배치된 아날로그-디지털 변환기analog-digital converter(ADC)를 통해 아날로그 값은 디지털 값으로 변환된다. 변환된 값은 레지스터register에 저장되며, 마이크로컨트롤러에서 널리 사용하는 I2C 프로토콜을 통해 다른 장치에서도 사용할 수 있다.

일반적으로 축마다 8비트 레지스터가 2개 존재하는데, 하나는 디지털 값의 상위 바이트, 다른 하나는 하위 바이트를 정의한다. 실제로 ADC는 보통 총 16개 비트 중 10~13개 비트를 사용하며, 나머지 6~3개 비트는 사용하지 않고 그대로 둔다.

다양한 유형

프리스케일 세미컨덕터Freescale Semiconductor 사의

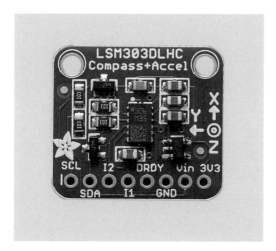

그림 2-7 LSM303은 ST마이크로일렉트로닉스 사에서 제조한 칩이다. 그림은 에이다프루트의 브레이크아웃 보드에 부착되어 있는 모습이다.

FXMS3110은 대표적인 3축 지자계 센서를 내장한 저가 칩이다. 현재 여러 칩이 3축 지자계 센서를 탑재하고 있다. 그 예가 ST마이크로일렉트로닉스 STMicroelectronics 사의 LSM303으로, 에이다프루트의 브레이크아웃 보드에 부착된 상태로 판매된다 ([그림 2-7] 참조).

가속도계의 기능 설명은 10장을 참조한다.

인벤센스InvenSense 사의 MPU-9250은 3축 지자계와 3축 가속도계 외에 3축 자이로스코프gyroscope를 포함하는 아주 정교한 IMU이다.

MPU-9250의 처리 장치는 9개의 변수를 조율하며, 여기서 출력되는 디지털 값은 I2C나 SPI 프로토콜을 통해 최대 1MHz의 속도로 내려받을 수 있다. 이 칩은 모든 기능이 $3mm^2$도 안 되는 크기의 패키지에 들어간다.

자이로스코프의 기능에 대한 자세한 설명은 9장을 참조한다.

사용법

HMC5883L 같은 기본적인 3축 지자계 센서를 테스트할 때는 I2C 프로토콜을 통해 센서의 레지스터에서 데이터를 수신하도록 마이크로컨트롤러를 사용한다. I2C를 지원하도록 설계된 아두이노를 사용하면 이러한 데이터 수신이 상대적으로 쉽다.

일부 브레이크아웃 보드는 기판에 HMC5883L을 설치해 사용할 수 있다. 브레이크아웃 보드 중에는 전압 조정기가 포함된 제품이 많아서, 칩이 일반적인 2.5VDC 공급을 위해 설계되었다고 해도 5VDC 전원 공급을 사용할 수 있다.

전원 공급 장치 외에도, 브레이크아웃 보드에

서 I2C 통신이 이루어지려면 보드를 마이크로컨트롤러의 SCL(직렬 클록 입력) 핀과 SDA(직렬 데이터 입력/출력) 핀 두 곳에 연결하면 된다. 기본 I2C 소프트웨어가 마이크로컨트롤러에 설치되어 있다면, 브레이크아웃 보드가 지자계 레지스터에서 디지털 값을 읽어올 수 있다. 그 외에 추가 소프트웨어를 사용하면 해당 디지털 값을 X, Y, Z축에 대한 마이크로테슬라 단위의 자속 밀도로 변환할 수 있다. 이를 위한 코드 라이브러리는 인터넷에서 쉽게 내려받을 수 있다.

인벤센스 사의 MPU-9250과 같이 좀 더 정교한 칩도 이와 비슷하게 사용할 수 있지만, 이 제품은 변환을 위한 데이터를 추가로 생성한다. 코드 라이브러리는 마찬가지로 인터넷에서 내려받을 수 있다. 조금 구형인 MPU-9150은 스파크펀Sparkfun 사에서 브레이크아웃 보드에 장착된 형태로 판매하며, 코드는 내려받을 수 있다.

주의 사항

왜곡

지자계는 주변 환경에 민감하며, 그로 인해 다음과 같이 두 가지 유형의 지자계 왜곡이 발생할 수 있다.

강철 왜곡

강철 왜곡hard-iron bias은 지자계를 내장한 장치에서 사용된 물질이 자성을 띨 때 주로 발생한다. 강철 왜곡으로 인한 결과는 보통 일정하기 때문에, 이를 보정하는 것은 상대적으로 쉽다.

연철 왜곡

연철 왜곡soft-iron bias은 지자계 내부의 자성 물질과 지구 자기장의 변화가 일으키는 상호작용 때문에 발생한다.

연철 왜곡의 대표적인 예가 전선이다. 전선은 자기장을 생성하기 때문에 운항 시스템으로 지자계를 사용하는 모형 비행기와 드론에 영향을 줄 수 있다.

설치 오류

칩 기반 지자계를 회로 기판에 설치하는 일은 상당히 중요하다. 이때 변압기나 릴레이의 전계 효과filed effect는 반드시 고려할 대상인데, 회로 구리선trace에 흐르는 전압과 전류가 아주 미약하더라도 칩에 방해가 될 정도의 자기장을 생성할 수 있다. 기판 위에 있는 어떤 구리선도 칩이 있는 구역을 지나가서는 안 된다. 또한 지자계는 강한 자성을 띠는 용기 내부에 설치해서도 안 된다.

3장

물체 감지 센서

물체 감지 센서object presence sensor는 물체 탐지기object detector나 탐지 센서detection sensor라고도 한다.

근접 센서proximity sensor는 일반적이라면 물체 감지 센서에 적용할 수도 있는 용어지만, 본 백과사전에서는 대상과의 거리를 추산할 수 있는 센서에 한정해 사용한다(5장 참조). 물체 감지 센서는 단순히 물체가 미리 정해 둔 범위 내에 존재하는지 여부만 감지하며, 그렇지 않은 경우 아무런 추가 정보도 제공하지 않는다.

이 장에서는 물체 감지용 광센서 및 자기 센서를 설명하고 서로 비교해 본다. 초음파 센서ultrasonic sensor는 단순한 탐지보다는 거리 측정에 사용하는 경우가 많기 때문에 근접 센서를 다룰 때 함께 설명한다. 정전 센서capacitive sensor, 도플러 센서doppler sensor, 전자기 유도 센서inductive sensor, 전파 센서radar sensor, 수중 음파 센서sonar sensor 등 기타 물체 감지 센서는 본 백과사전에서 다루지 않는다.

물체에서 반사된 빛을 수신해 물체를 감지하는 센서는 광반사 센서reflective sensor로 분류하며, 이 장에서 설명한다(모듈 내에 광센서뿐만 아니라 광원도 있다면 역반사 센서retroreflective sensor로 분류하는 것이 적절하지만 반드시 이 용어를 사용하지는 않는다).

물체가 광선을 차단할 때, 이를 통해 물체를 감지하는 센서는 투과 센서transmissive sensor라고 하며, 광선 투과 센서through-beam sensor 또는 광 스위치optical switch라고도 한다.

적외선을 복사하는 물체의 움직임에 반응하는 센서는 수동형 적외선 동작 감지 센서passive infrared motion sensor(약어로 PIR)라고 하며, 줄여서 동작 감지 센서motion sensor라고도 한다. 동작 감지 센서는 4장에서 따로 설명한다.

포토트랜지스터phototransistor와 포토다이오드photodiode는 물체 감지 센서의 감지 소자로 사용한다. 이 부품들은 광센서로 분류해 각각 22장과 21장에서 별도로 다룬다.

관련 부품

- 근접 센서(5장 참조)
- 수동형 적외선 센서(4장 참조)

역할

물체 감지 센서object presence sensor는 정해진 범위 내에 물체가 존재하는지 아닌지 확인하며, 이때 반드시 물체와의 거리나 물체의 속도를 측정하는 것은 아니다. 물체는 '대상target'이라고도 한다.

물체 감지 센서는 보통 자동화 시스템의 기능이 정상적으로 작동하는지 검증할 때 사용한다. 예를 들어, 컨베이어 벨트 위에 물체가 있는지를 확인해 정상 작동 여부를 판단할 수 있다. 물체 감지 센서는 또한 센서를 통과해 지나가는 물체의 수를 셀 때도 사용할 수 있다.

일부 보안 시스템은 물체 감지 센서를 사용해 침입자가 광선을 차단할 때 경보음이 울리도록 한다. 센서는 문이나 창문이 닫혀 있는지 확인할 때도 사용하며, 모터의 동작을 제어하는 제한 스위치limit switch의 기능도 할 수 있다.

회로 기호

회로도에서 물체 감지용 광센서는 [그림 3-1]처럼

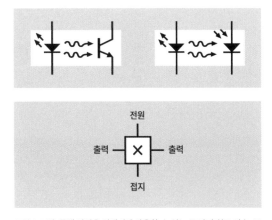

그림 3-1 위: 물체 감지용 광센서에 사용할 수 있는 두 가지 회로 기호. 포토트랜지스터(왼쪽)나 포토다이오드(오른쪽)의 기호를 사용해 나타낼 수 있다. 이 외의 다른 회로 기호도 있을 수 있다. 아래: 홀 효과 센서의 회로 기호. 보통 자기 센서에서 사용한다.

LED와 포토트랜지스터phototransistor 기호를 화살표 1개나 2개로 연결해 나타낸다. 물결 표시가 있는 화살표는 적외선 연결을 나타내는 데 사용할 수 있다.

포토다이오드photodiode는 오른쪽 위 그림처럼 포토트랜지스터를 대신해 사용할 수 있다.

자기 센서는 [그림 3-1]의 아래 그림처럼 홀 효과 센서Hall-effect sensor 기호를 사용해 나타낼 수 있다.

다양한 유형

물체 감지에 사용하는 여러 센서를 비교하는 데 도움이 되도록 여기서는 주로 사용하는 광센서optical sensor와 자기 센서magnetic sensor를 살펴볼 예정이다.

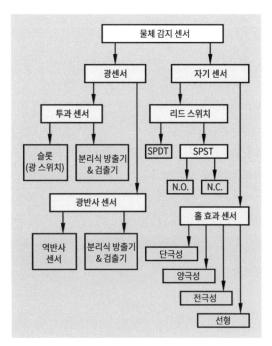

그림 3-2 이 장에서 다루는 물체 감지 센서의 범주. 다른 유형의 물체 감지 센서도 있지만 여기서는 다루지 않는다.

광센서는 투과 센서transmissive sensor와 광반사 센서reflective sensor(역반사 센서retroreflective sensor 포함)로 나눈다. 자기 센서는 리드 스위치reed switch와 홀 효과 센서Hall effect sensor로 나눈다. [그림 3-2]는 이러한 범주와 하위 범주를 나타낸 도표다.

광 검출 센서

투과형 광센서transmissive optical sensor, 또는 광선 투과 센서through-beam sensor는 실제로는 한 쌍의

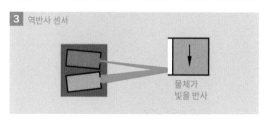

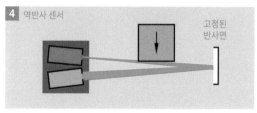

그림 3-3 광학적으로 물체 감지 센서를 활성화하는 여러 방식. 자세한 내용은 본문 참조.

부품으로 이루어진 장치로, 한쪽은 빛을 방출하고 다른 쪽은 방출되는 빛을 수신한다. 물체가 [그림 3-3]처럼 방출된 광선을 차단하거나 반사하면 센서가 활성화한다.

광 방출기light emitter와 광 검출기light detector가 사이를 두고 서로 마주 보고 있을 때, 이 두 장치가 [그림 3-3]의 두 번째 방식처럼 하나의 모듈(보통은 사이에 슬롯이 있다)에 탑재되어 있을 수 있다. 이를 보통 광 스위치optical switch라고 한다(통신에서 사용하는 무접점 스위치 방식과 혼동하지 않도록 한다). 광 스위치는 포토인터럽터photointerrupter라고도 한다.

광반사 센서 중에는 광 방출기와 광 검출기로 이루어져 있지만, 이 장치들이 가까운 위치에서 서로 같은 방향을 향하도록 나란히 놓인 센서도 있다. 이 장치들은 모두 하나의 모듈에 탑재한 경우가 많은데, 이는 엄밀히 말해 역반사 센서로 분류한다. 역반사 센서는 다음 두 가지 중 한 가지 방식으로 활성화된다.

• 광선을 통과해 지나가는 물체로 인해 빛이 검출기로 반사된다. 이때 물체는 컨베이어 벨트 위의 유리 용기나 흰색 상자처럼 빛을 반사하는 성질이 있거나, 그 위에 반사 물질을 부착하고 있어야 하며, 둘 다 아니라면 광 방출기에서 반사도가 낮은 물체도 반사할 수 있을 정도로 아주 밝은 빛을 방출해야 한다. 이를 설명한 것이 [그림 3-3]의 세 번째 방식이다.

• 반사면이 광 방출기 맞은편에 고정되어 있을 수 있으며, 이때 광 방출기와 나란히 위치한 광 검출기는 물체가 광선을 차단하면 활성화된

다. 이를 설명한 것이 [그림 3-3]의 네 번째 방식이다.

투과형 광센서

광원과 광 검출기는 따로 분리되어 있는 부품이며 쌍으로 판매할 수 있다. 하나의 예가 [그림 3-4]에서 보는 비쉐이Vishay 사의 TCZT8020이다. 이들 부품은 크기가 5mm×3mm도 안 될 정도로 작으며, 설치할 때 간격은 몇 밀리미터 이상을 벗어날 수 없도록 고안되었다. 광원은 적외선 LED를 사용하며, 검출기에는 포토트랜지스터phototransistor를 사용한다(포토트랜지스터에 대한 정보는 22장 참조).

광원과 검출기는 모두 5VDC를 사용하도록 고안되었다. 포토트랜지스터는 출력에 개방 컬렉터 방식을 사용한다. 컬렉터를 통과하는 전류는 50mA를 초과할 수 없으며, 반드시 100Ω 이상의 풀업 저항을 사용해 전류를 제한해야 한다. 광원을 통과하는 전류는 60mA를 초과할 수 없으며, 적절한 직렬 저항을 사용해 전류를 제한해야 한다.

개방 컬렉터 출력을 사용하는 자세한 방법은 부록에서 다룬다([그림 A-4] 참조).

오므론Omron 사의 EE-SX 제품군에는 한 모듈 안에 5mm 슬롯으로 분리된 광원과 광 검출기를 다양한 방법으로 조합한 제품들이 포함된다. 광원에는 적외선 LED, 검출기에는 포토트랜지스터를 사용한다.

오므론의 부품은 5VDC에서 24VDC에 이르는 넓은 범위의 공급 전원을 견딜 수 있으며, LED에 별도로 직렬 저항을 사용할 필요가 없다. 포토트랜지스터의 개방 컬렉터 출력은 센서의 특정 버전에 따라 50~100mA 범위의 전류를 허용한다. 빨간색 LED 인디케이터는 물체가 센서의 슬롯을 차단할 때 켜진다. 버전에 따라서는 슬롯이 열려 있을 때 HIGH 상태를 출력하는 제품과 슬롯이 닫혀 있을 때 HIGH 상태를 출력하는 제품이 있다. 사양

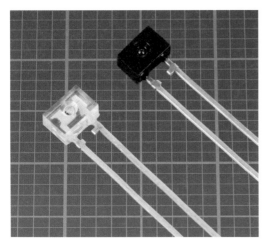

그림 3-4 투과 센서에서 한 쌍으로 사용하는 광원과 광 검출기. 바탕의 눈금 간격은 1mm이다.

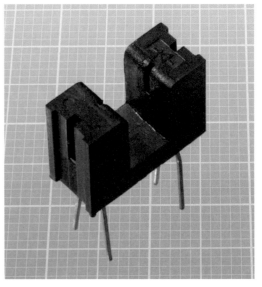

그림 3-5 저렴한 투과 센서. 광 스위치라는 용어를 더 많이 사용한다. 바탕의 눈금 간격은 1mm, 센서의 슬롯 간격은 5mm이다.

이 다양하기 때문에 이들 센서는 상대적으로 가격이 비싼 편이다.

이보다 훨씬 저렴한 광 스위치는 에버라이트Ever light 사의 ITR9606이다(제조사에서는 '광 인터럽터 opto interrupter'라고 한다). [그림 3-5]는 ITR9606을 찍은 사진이다. 이 제품은 5V 장치로, 개방 컬렉터 출력을 제공한다. LED에는 직렬 저항, 개방 컬렉터 출력에는 풀업 저항을 사용해야 한다. 판매되는 검출기에서는 이 유형이 많다.

검출 거리를 늘리려면, 적외선 수신기를 적외선 LED에서 떨어뜨려 설치할 수도 있다. 비쉐이 사의 TSSP77038은 최대 50cm 떨어진 곳의 적외선을 감지하며, 그에 대한 반응으로 개방 컬렉터 출력을 LOW 상태로 바꾼다. 광원은 38kHz로 조정되어 있다.

폴롤루 로보틱스&일렉트로닉스Pololu Robotics and Electronics 사는 TSSP77038 수신기와 555 타이머로 조정되는 적외선 LED를 탑재한, 아주 저렴한 브레이크아웃 보드를 판매한다([그림 3-6] 참조). 이 보드는 광 검출기 외에도 광원을 탑재하기 때문에 역반사 센서에 해당한다.

그림 3-6 비쉐이 TSSP77038. 폴롤루 로보틱스&일렉트로닉스의 브레이크아웃 보드에 적절한 광원이 함께 탑재되어 있다.

검출 거리가 1m 이상이라면 레이저와 수변광을 차단한 포토트랜지스터가 필요할 수 있다.

역반사 광센서

광반사 검출기와 마찬가지로 역반사 센서도 판매업체에서는 광 스위치로 분류할 수 있다. 데이터시트에는 이 외에도 광반사 인터럽터reflective inter-rupter, 광반사 물체 감지 센서reflective object sensor, 반사형 광센서reflective optical sensor, 광반사 포토인터럽터reflective photointerrupter, 광 통과 센서opt-pass sensor, 포토 마이크로센서(반사형)photomicrosensor(reflective) 등의 용어를 사용한다. 용어 면에서 놀라울 정도로 통일성을 찾아볼 수 없기 때문에 인터넷에서 이 장치를 검색할 때 상당한 문제가 발생한다. 어째서 이렇게 다양한 이름을 사용하게 되었는지는 분명하지 않다.

역반사 물체 감지 센서는 크기가 5mm×5mm에서 10mm×10mm 사이의 패키지 형태로 판매한다. 이 모듈은 거의 대다수가 광원에는 적외선 LED, 센서에는 포토트랜지스터를 사용하는 아날로그 장치며, 출력은 개방 컬렉터 방식을 사용한다(포토트랜지스터에 대해서는 22장에서 자세히 설명한다).

적절한 풀업 저항을 사용하는 경우 출력 전압은 거리에 반비례한다. 다음 식에서 V는 전압, d는 거리, k는 변환 상수다.

$$V = k * (1 / d)$$

이 소형 모듈에는 표면 장착형이 많은 반면, 다음 페이지 [그림 3-7]처럼 단자가 있는 제품도 있다.

그림 3-7 로단(Rodan) 사의 RT-530은 소형 물체 감지 센서로, 단자가 달린 역반사 부품이 보통 그렇듯이 검출 범위가 제한적이다. 바탕의 눈금 간격은 1mm이다.

그림 3-9 비쉐이의 TCRT5000 역반사 센서. 바탕의 눈금 간격은 1mm 이다.

단자가 달린 소형 부품은 검출 범위가 보통 5mm 미만일 정도로 상당히 제한적이라는 것이 가장 큰 단점이다. 이 부품은 대상의 위치를 제어할 수 있고, 프로세스 제어가 예측이 가능한 응용 방식에서 사용한다.

소형 패키지로 출시된 또 다른 역반사 센서 유형은 옵텍Optek 사의 OPB606A이다([그림 3-8] 참조). 바탕의 눈금 간격은 1mm이다.

[그림 3-9]는 비쉐이의 TCRT5000으로, 방출 및 반사되는 광선의 초점을 맞추기 위해 렌즈 일체형 LED와 렌즈 일체형 포토레지스터를 내장한 역반사 모듈이다.

검출 범위가 더 넓은 역반사 모듈은 크기가 커서 사용 빈도가 낮으며 값이 비싼 경우가 많다. 샤프Sharp 사에서 시리즈로 출시하는 인기 제품의 부품 번호와 검출 범위를 각각 나열하면

그림 3-8 옵텍의 OPB606A. 바탕의 눈금 간격은 1mm이다.

그림 3-10 샤프의 GP2Y0D810Z0F 감지 센서. 폴롤루 로보틱스&일렉트로닉스의 브레이크아웃 보드에 탑재되어 있다(사진 출처: 에이다프루트 인더스트리).

GP2Y0D805Z0F(5mm~5cm), GP2Y0D810Z0F
(2~10cm), GP2Y0D815Z0F(5mm~15cm)와 같다.
[그림 3-10]은 폴롤루 로보틱스&일렉트로닉스의
소형 브레이크아웃 보드에 설치한 GP2Y0D810
Z0F의 모습이다. 센서의 핀 간격이 1.5mm에 불
과하기 때문에 보드가 실용적이다. 보드 크기는
약 8mm×20mm이다

이 시리즈의 감지 센서는 샤프가 데이터시트
에 '거리 측정 센서 장치distance measuring sensor unit'
로 표기하고 있지만, 실제로 거리를 측정하지는
않는다. 센서의 출력은 하나로, 보통은 논리 상태
가 HIGH이지만 대상이 범위에 들어오면 논리 상
태가 LOW로 바뀐다. 샤프에서는 이를 '디지털' 출
력이라고 하지만 엄밀히 말해서 이는 이진 출력이
다. 보다 정밀한 근접 센서에 탑재되는 디지털 버
퍼와 혼동하는 일이 없도록 하자. 디지털 버퍼는
아날로그-디지털 변환기를 사용해 숫자를 출력한
다는 점에서 이진 출력과 구별한다.

또한, 위에서 말한 샤프의 물체 감지 센서와 5
장에서 설명할 샤프의 근접 센서proximity sensor는
구별해야 한다. 근접 센서는 대부분 크기가 더 크
고, 대상의 거리에 따라 값이 변하는 아날로그 값
을 출력한다.

자기 센서: 리드 스위치_____

패키지에 내장된 자기 센서는 산업 및 군사용으로
사용하기 위해 다양한 구성으로 판매한다. 이 부
품들 역시 '자기 센서'라고 할 수 있지만, 이 책에
서 다루는 범위를 벗어난다. 이 책에서는 보드에
장착한 부품만을 다룬다. 이들 부품은 감지 소자
로 리드 스위치reed switch나 홀 효과 센서Hall-effect

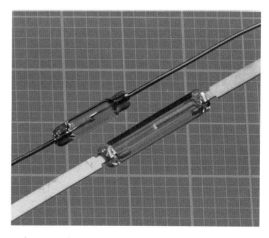

그림 3-11 두 가지 SPST 리드 스위치. 접점이 서로 닿은 것처럼 보이
지만 실제로는 아주 미세하게 떨어져 있다. 이 스위치들은 상시 열림
(normally open) 유형이다. 바탕의 눈금 간격은 1mm이다.

sensor를 사용하는 게 대부분이다.

리드 스위치는 자기적으로 활성화되는 기계
식 스위치다. 리드 스위치는 보통 유리 캡슐 형태
의 소형 용기에 든 2개의 금속 접점으로 구성된
다. 접점은 자성을 띠며, 자기장에 반응해 움직인
다. 영구자석은 스위치를 활성화하는 데 사용된
다. [그림 3-11]에서 두 가지 리드 스위치를 볼 수
있다.

리드 스위치에서는 탄성이 있는 접점의 기계적
저항을 극복하는 데 필요한 자기장의 세기가 접점
을 닫힘 상태로 유지하는 데 필요한 자기장의 세
기보다 크기 때문에, 미량의 히스테리시스 현상이
발생한다.

미량의 전류만 스위칭하는 초소형 전자기 릴레
이는 코일로 활성화되는 리드 스위치로 사용할 수
있다. 그러나 본 백과사전 기준에서 이 부품은 센
서가 아닌 릴레이로 분류한다. 릴레이에 관한 자
세한 설명은 1권을 참조한다.

리드 스위치를 일상 생활에서 가장 흔히 사용

그림 3-12 문이나 창문이 열리는지 여부를 감지하는 일반적인 경보기 센서. 앞쪽 모듈에는 자석이, 뒤쪽 모듈에는 리드 스위치가 들어 있다.

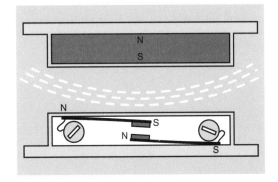

그림 3-13 흰색 점선은 리드 스위치를 활성화하는 자기장의 모습이다.

하는 예로 건물에 침입자가 들어왔을 때 경보를 울리는 방범 시스템alarm system이 있다. 이 시스템에서 자석이 든 밀폐 플라스틱 용기는 문이나 창문에 부착하고, 리드 스위치가 든 또 다른 밀폐 플라스틱 용기는 자석 바로 근처의 문틀이나 창문틀에 부착한다. [그림 3-12]는 대표적인 리드 스위치이다. [그림 3-13]에서는 이 시스템의 작동 방식을 그림으로 설명한다.

경보기가 설치된 문이나 창문이 닫힌 상태면 자석은 리드 스위치를 활성화해 닫힌 상태를 유지한다. 그러나 문이나 창문이 열리면 자석은 리드 스위치로부터 멀어지며, 접점이 풀린다. 이 응용에서 일반적으로 사용하는 리드 스위치는 상시 열림 유형이며, 자석이 활성화되면 닫힌다. 이 방식으로 여러 개의 스위치를 직렬로 연결해 회로를 완성할 수 있다. 이때는 하나의 스위치만 열리더라도 회로는 끊어져 경보기가 작동한다.

리드 스위치의 다양한 유형

리드 스위치는 대부분 SPSTsingle pole single throw(단극 단접점형)로 상시 열림, 상시 닫힘 두 유형에서 하나만 가능하며, 상시 열림 유형이 좀 더 흔하다. SPDTsingle pole double throw(단극 쌍접점형) 리드 스위치도 있지만, 이 유형은 드문 편이다. [그림 3-14]는 SPDT 유형의 리드 스위치다.

리드 스위치의 크기는 다양한데, 전류 스위칭 용량과 거의 비례한다.

리드 스위치는 축 단자axial lead를 사용하는 유형이 가장 일반적이다. 표면 장착형으로 판매하는 제품도 있지만 많지 않다.

리드 스위치 중에는 유리 캡슐을 물리적으로 보호하기 위해 플라스틱 패키지를 사용하는 제품도 있다.

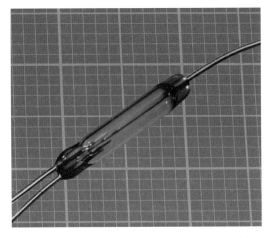

그림 3-14 SPDT 유형의 리드 스위치. 바탕의 눈금 간격은 1mm이다.

리드 스위치의 부품값

리드 스위치의 데이터시트는 다음과 같은 부품값을 포함할 수 있다.

풀인

풀인pull-in은 스위치를 활성화하는 데 필요한 자기장의 최소 세기로, 보통 암페어횟수ampere-turns 단위로 측정한다.

드롭아웃

드롭아웃drop-out은 스위치의 접점이 떨어져 있을 수 있는 자기장의 최대 세기로, 보통 암페어횟수 단위로 측정한다. 풀인 값이 드롭아웃 값보다 더 크다.

최대 스위칭 전류

산업용 리드 스위치에서는 최대 100A의 전류를 스위칭하는 제품도 몇 가지 있지만, 이는 예외적이며 가격도 비싸다. 보통 길이가 대략 15mm인 리드 스위치의 최대 스위칭 전륫값은 500mA이다.

최대 통전 전류

최대 통전 전류maximum carry current를 명시하는 경우, 이 값은 스위칭 전륫값보다 크다.

최대 스위칭 전력

리드 스위치는 교류 전류와 함께 사용할 수 있기 때문에 스위칭 용량을 와트(W)나 전압과 전류를 곱한 값(VA)으로 나타낼 수 있다. 일반적인 값은 10VA이다.

최대 전압

리드 스위치는 주로 낮은 전압에서 많이 사용하지만, 최대 200V의 전압을 스위칭하는 제품도 있다.

리드 스위치의 사용법

물체 감지용 광센서가 광 방출기와 광 검출기를 담은 패키지 형태로 공급되는 반면, 리드 스위치는 언제나 별도의 용기에 장착된 활성화 자석이 필요하다. 안정적인 동작을 위해, 스위치와 자석 간의 최대 거리는 보통 수 밀리미터로 제한된다.

리드 스위치를 활성화할 때 자석의 방위는 중요하지 않지만, 방위는 스위치의 감도에 영향을 준다. 제조사 데이터시트에는 가장 적절한 자극성 magnetic polarity에 대한 정보가 담겨 있어야 한다.

여타의 기계식 스위치처럼 리드 스위치의 접점이 열리거나 닫힐 때, 아주 짧은 진동이 발생한다. 이를 접점 반동contact bounce이라고 하는데, 디지털 논리 칩이나 마이크로컨트롤러에서 개별 신호가 연속으로 발생한다고 잘못 해석할 여지가 있다. 따라서 접점 반동 제거debouncing 목적으로 설계된 하드웨어나 마이크로컨트롤러에 내장된 소프트웨어를 사용해야 필요가 있다. 이에 대한 자세한 내용은 1권의 스위치를 참조한다.

자기 센서: 홀 효과 센서

홀 효과 센서는 자기장에 반응하면 소량의 전압을 생성한다. 보통 이 전압은 센서와 함께 패키지에 내장된 트랜지스터에서 증폭된다.

홀 센서가 '꺼짐' 상태일 때(즉, 자기장으로 활성화되지 않았을 때), 센서는 내부 NPN 트랜지스터의 컬렉터와 접지 사이에 상당한 크기의 저항을 생성한다. 따라서 풀업 저항을 통해 컬렉터에 전압을 인가해 주면, 컬렉터에는 HIGH 상태의 전압이 걸린다.

센서가 '켜짐' 상태일 때 저항값은 줄어들고, 풀업 저항에서 컬렉터에 공급된 전압은 접지된다. 또, 출력 전압은 LOW 상태로 나타난다. 이를 일반화하면 다음과 같은 규칙으로 정리할 수 있다.

- 활성화된 홀 센서는 LOW 상태를 출력한다.
- 비활성화 상태의 홀 센서는 HIGH 상태를 출력한다.

개방 컬렉터 출력의 사용법에 대한 정보는 부록에서 설명한다. 부록 A의 [그림 A-4]를 참조하자.

홀 센서는 출력이 깨끗하고 신뢰할 수 있으며 크기가 작고 저렴하기 때문에 하드 드라이브, 카메라, 키보드, 자동차 등에서 다양하게 사용한다. 센서가 가까운 거리에서 기계적인 동작을 감지해야 하는 거의 모든 상황에서 홀 센서는 대부분 유용하다. [그림 3-15]는 스루홀 유형의 홀 센서 세 가지를 보여 준다. 표면 장착형은 이보다 훨씬 작다.

그림 3-15 스루홀 유형의 홀 효과 센서 세 가지. 바탕의 눈금 간격은 1mm이다.

홀 효과 센서의 작동 원리

전류가 도체의 길이 방향으로 통과해 흐르고 도체의 너비 방향으로 자기장이 가해질 때, 자기장으로 인해 힘이 발생하면서 전자와 정공electron hole이 서로 마주 보는 쪽에 비대칭적으로 모인다. 이를 홀 효과Hall effect라고 한다.

전자가 많은 영역과 전자가 부족한 영역 사이의 전압 차는 홀 전압Hall voltage이라고 한다. 홀 전압은 자기장의 세기에 비례하고 물질 내의 자유 전자 밀도에 반비례한다. 홀 효과는 전자와 정공의 밀도가 낮은 반도체에서 매우 쉽게 찾아볼 수 있다.

홀 센서 부품은 감지 소자 외에도 증폭기 회로를 내장하고 있다. 일반적으로 홀 센서는 개방 컬렉터 출력 외에도 비교기나 슈미트 트리거Schmitt trigger가 있어 히스테리시스 현상이 생긴다.

홀 효과 센서의 다양한 유형

홀 센서의 주요 유형은 다음과 같이 크게 네 가지로 구분할 수 있다.

단극성 홀 센서

단극성 홀 센서unipolar Hall sensor는 외부 자기장이 문턱값을 초과할 때 활성화된다. 자기장이 약해지면 센서의 스위치가 꺼진다. 단극성 센서는 자북극 또는 자남극으로 활성화되는 제품이 출시되어 있다.

양극성 홀 센서

양극성 홀 센서bipolar Hall sensor는 한쪽 자극과 가까워지면 센서가 켜지고, 다른 쪽 자극과 가까워지면 센서가 꺼진다. 센서가 자기장에 노출되지 않으면 현재의 상태를 계속 유지한다.

전극성 홀 센서

전극성 홀 센서omnipolar Hall sensor는 어떤 극성이든 관계없이 하나의 극성을 띠는 강력한 세기의 자기장과 가까워지면 센서가 켜진다. 가해진 자기장을 없애면 센서가 꺼진다. 전극성 센서는 한 쌍의 단극성 센서가 서로 반대 방향에 위치하고, 이 센서들의 (개방 컬렉터) 출력이 서로 연결된 형태라고 생각할 수 있다. 이 부품은 리드 스위치와 비슷하게 작동하지만, 그렇다고 해도 여전히 전원 공급 장치는 필요하다.

선형 홀 센서

아날로그 홀 센서로도 알려진 선형 홀 센서linear Hall sensor는 출력 전압이 LOW와 HIGH 상태로 깨끗하게 전환되지 않으며, 전압 크기는 외부 자기장에 비례한다. 아무런 자기장도 감지되지 않으면, 공급되는 전압의 절반에 해당하는 전압을 출력한다. 출력은 한쪽 극성에 반응해 영(0)에 가까운 값으로 떨어질 수 있으며, 반대쪽 극성은 출력을 거의 공급 전압까지 끌어올릴 수 있다.

선형 센서에서 나온 출력은 보통 내부 NPN 트랜지스터의 컬렉터가 아닌 이미터에서 공급되며, 출력과 접지 사이에 최소 2.2K의 저항을 연결해야 한다.

출력값의 변화를 해석하면 센서와 자석 사이의 거리를 측정할 수 있다. 이때 홀 센서는 근접 센서proximity sensor의 기능을 한다. 그러나 보통 10mm 이상의 거리는 측정할 수 없다.

홀 효과 센서의 사용법

홀 센서는 보통 3핀 패키지로 생산한다. 스루홀 유형은 보통 검은 플라스틱을 사용하기 때문에 TO-92 트랜지스터처럼 보이지만 이보다 크기가 약간 작다.

보통 표면 장착형으로 많이 판매한다.

대표적인 스루홀 유형의 홀 센서는 한 면은 경사면, 반대쪽 면은 평면으로 되어 있다. 데이터시트에서는 경사면을 부품의 '앞면'이라 하기도 한다. 센서의 반응은 적합한 극의 자기장이 센서 전면으로 가까이 다가올 때 일어난다.

센서 전면에 인쇄된 부품 번호는 세 글자 약어로 표시할 수 있다. 부품 번호 아래의 코드는 보통 제조 날짜를 뜻한다.

단순한 홀 센서 회로는 대표적인 포토트랜지스터의 회로와 비슷해 보인다. 양의 공급 전압과 음의 접지가 단자 3개 중 2개와 연결된다. 양 전압은 풀업 저항을 통해 세 번째 단자에 인가되는데, 이를 개방 컬렉터 출력이라고 한다(앞서 말한 것처럼 선형 홀 센서는 예외다). 이렇게 연결한 뒤 출력 핀은 센서의 출력과 마찬가지로 20mA 이상의 전류를 끌어가지 않는 부품과 연결한다.

기타 응용

홀 센서는 다른 유형의 부품에서도 사용한다. 예를 들어, 지자계magnetometer에서도 홀 센서를 사용할 수 있다.

테스트 회로를 사용해 홀 효과 센서에 대해 더 알고 싶다면, 《짜릿짜릿 전자회로 DIY 플러스》를 참고한다. 본 백과사전에서 언급한 홀 효과 센서의 특징에 대한 일부 내용은 이 책에서 발췌했다.

부품값

동작 지점에서의 자기장

동작 지점에서의 자기장magnetic field at operating point은 출력이 켜지는 데 필요한 최소 자기장의 세기다. 테슬라나 가우스 단위로 측정되며, 약어로 BOP를 사용한다.

해제 지점에서의 자기장

해제 지점에서의 자기장magnetic field at release point은 출력이 꺼질 수 있는 최대 자기장의 세기다. 테슬라나 가우스 단위로 측정되며, 약어로는 BRP를 사용한다.

자기장 범위

선형(아날로그) 홀 센서의 경우, 자기장의 범위 magnetic field range를 명시할 수 있다.

공급 전압

공급 전압supply voltage은 범위의 간격이 넓으면 3~20VDC, 좁으면 3~5.5VDC 정도다. 데이터시트를 주의해서 확인해야 한다.

소스 전류, 싱크 전류

소스 또는 싱크 전류sourcing 또는 sinking capability는 개방 컬렉터 출력에서 보통 20mA이다.

물체 감지 센서의 구성

다음은 대부분 홀 효과 센서에 적합한 구성이지만, 일반 원리 몇몇은 광센서에서도 적용되는 내용이다.

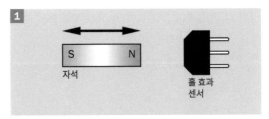

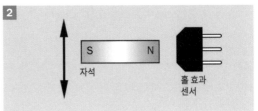

그림 3-16 1번은 물체 감지 센서를 정면 접근 방식으로, 2번은 측면 접근 방식으로 각각 사용한 모습이다.

선 운동

물체 감지 센서는 자극원(빛이나 자석)이 직접적으로 다가올 때 활성화될 수 있다. 이를 정면 접근 방식head-on mode이라고 한다. 반면, 자극원이 센서 옆을 지나갈 때 센서가 활성화되면, 이를 측면 접근 방식slide-by mode이라고 한다. [그림 3-16]의 1번과 2번은 이 두 방식을 그림으로 나타낸 것이다.

측면 접근 방식이 정면 접근 방식보다 선호될 수 있는데, 이는 정면 접근 방식에서 발생할 수 있는 오버슈트overshoot(입력의 변화로 출력값이 변할 때, 변화가 너무 지나쳐 실제로 출력된 값이 정상 출력값을 넘어가는 경우에 있어서 그 초과량을 말한다 – 옮긴이)로 인해 센서가 손상될 위험이 없기 때문이다.

양극성 홀 효과 센서를 사용하는 측면 접근 방식에서 두 자석을 극성이 서로 반대가 되도록 함께 놓으면, 전체 자기장의 극성이 빠르게 전환되면서 센서 활성화의 정밀성이 떨어질 위험을 최소화할 수 있다. 네오디뮴으로 만든 자석을 사용하

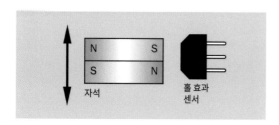

그림 3-17 측면 접근 방식에서 두 자석을 극성이 서로 반대가 되도록 놓아, 양극성 홀 효과 센서에서 극성이 정확히 전환되도록 했다.

면, 0.01mm 이상의 정밀도로 활성화 지점을 조정할 수 있다([그림 3-17] 참조).

차단으로 인한 감지

광 인터럽터optointerrupter는 광원과 광센서 사이를 지나가는 물체를 감지한다. 홀 효과 센서나 리드 스위치도 비슷한 방식을 사용할 수 있지만, 이 경우 차단 물체가 얇고 철 성분이어야 한다. 이 구성 방식을 철 박판 인터럽터ferrous vane interruptor라고 한다.

이때 자석이 철 박판에 상당한 힘을 가한다는 점에 주목하자. 이는 기계적인 힘이 제한된 센서, 즉 복사기에서 지나가는 종이를 감지하는 센서에서는 문제가 될 수 있다.

움직이는 물체의 감지와 측정은 6장 선형 위치 센서linear position sensor에서 추가로 설명할 예정이다.

각운동

홀 효과 센서에 하나 이상의 자석을 사용하면 회전하는 물체의 각운동angular motion이나 상대 각위치relative angular position, 절대 각위치absolute angular position를 구할 수 있다. 이 데이터는 회전 속도를 구할 때도 사용할 수 있다. 이를 달성하기 위해 사용하는 몇 가지 기술은 7장 회전 위치 센서rotary position sensor에서 다룬다.

센서 비교하기

물체 감지용 광센서의 장점

- 자기장에 크게 영향받지 않는다. 자기장은 홀 효과 센서나 리드 스위치의 작동을 방해할 수 있다.
- 일체형 소형 패키지에 내장할 수 있다.
- 50cm 이상의 거리에서 작동하는 광센서도 있다.
- 광원을 차단하는 물체를 감지하는 데 매우 적합하다(광 인터럽터optointerrupter 방식인 경우).

물체 감지용 광센서의 단점

- 물체 또는 반사면과 센서 사이의 가시선상에는 아무것도 없어야 한다.
- 먼지나 더러움이 묻으면 성능이 저하될 수 있다.
- LED 광원을 쉴 틈 없이 사용하면 제품 수명이 짧아진다.
- 주변광 유형에 따라 원치 않게 센서가 작동하거나 손상을 입을 수 있다.
- LED에는 부하 조정용 저항, 개방 컬렉터 출력에는 풀업 저항이 필요할 때가 많다.
- 전압의 허용 범위가 대체로 좁다.

리드 스위치의 장점

- 극성이 없다.
- 자석 이외에 추가 부품이 필요 없다.
- AC나 DC로 전환이 가능하다.

- 200V의 높은 전압을 스위칭할 수 있는 경우도 있다.
- 자석을 사용하여 전력 소비 없이 열림 또는 닫힘 상태를 무한히 유지할 수 있다.
- 500mA의 전류를 스위칭하는 제품이 다양하게 존재하며, 이보다 높은 전류를 스위칭하는 제품도 있다.
- 자성을 띠지 않는 물질(플라스틱, 종이)을 통과해 활성화할 수 있다.
- 먼지나 더러움에 크게 영향받지 않는다. 광 스위치는 이로 인해 성능이 저하될 수 있다.

리드 스위치의 단점

- 별도의 자석이 필요하다(자석은 다른 부품에 영향을 미치지 않도록 주의를 기울여 배치해야 한다).
- 크기가 표면 장착형 칩만큼 줄어들 수 없다.
- 유리 용기가 쉽게 손상된다.
- 접점 사이에 아크 방전arcing 현상이 일어날 수 있다.
- 활성화 자석이 스위치로부터 몇 밀리미터 이상 떨어지면 안정적으로 동작하지 않는다.
- 자기장으로 인해 원치 않게 활성화될 수 있다.
- 스위치와 자석 사이에 물체가 들어왔는지 여부를 감지할 때는 물체가 철 성분을 반드시 함유하고 있어야 한다.
- 논리 칩이나 컨트롤러와 연결할 때는 반드시 디바운싱을 해야 한다.

홀 효과 센서의 장점

- 무접점의 튼튼한 부품이다.

- 표면 장착형 부품에 사용할 만큼 크기를 줄일 수 있다.
- 아주 저렴하다.
- 반응이 빠르다.
- 접점 반동이 없다.
- 내구성이 아주 뛰어나 반영구적으로 사용할 수 있다.
- 먼지나 더러움에 크게 영향받지 않는다. 광 스위치는 이로 인해 성능이 저하될 수 있다.

홀 효과 센서의 단점

- 별도의 자석이 필요하다(자석은 다른 부품에 영향을 미치지 않도록 주의를 기울여 배치해야 한다).
- 개방 컬렉터 출력은 보통 20mA 미만으로 제한된다.
- 자기장에 취약하다.
- 스위치와 자석 사이에 물체가 들어왔는지 여부를 감지할 때는 물체가 철 성분을 반드시 함유하고 있어야 한다.

주의 사항_____

광센서의 경우

LED의 노화

대부분의 물체 감지 센서는 적외선 LED를 광원으로 사용한다. LED가 장점이 많은 것은 사실이지만(이에 대해서는 2권에서 이미 설명한 바 있다) 시간이 지남에 따라 광 출력이 점차 감소한다는 문제가 있다. 가끔 사용하는 복사기 같은 기계는 '절약'이나 '수면' 모드가 있어 해당 모드가 켜져 있는 동안에는 부품에 전원이 공급되지 않지만, LED 기반의 감지 장치는 거의 무한대로 켜져 있어야 한다. 다른 응용 방식에서도 LED에 지속적으로 전원이 공급되는 경우는 LED의 광 출력이 3~5년이 지나서부터 크게 감소한다. 이를 염두에 두고 광 검출 범위가 LED 출력에 크게 못 미치는 상태에서도 작동하는 광센서를 선택해야 한다.

지나치게 가까이 위치해 있는 물체

일부 광센서와 초음파 센서는 물체가 지나갈 때 이 물체와 삼각형을 이룬다. 다시 말해 광 방출기와 광센서가 서로를 향해 살짝 기울어져 있다는 뜻이다([그림 3-3]의 세 번째와 네 번째 방법 참조). 센서에서 나오는 신호의 출력은 방출기와 센서에서 나온 가상의 선이 한 지점에서 초점을 맞출 때의 거리에서 최대가 된다. 따라서 출력 전압은 물체가 가까워지면 감소해, 물체가 멀어지고 있다는 잘못된 인상을 줄 수 있다. 잘못된 측정값을 얻지 않으려면, 물체가 제조사에서 정한 최소거리보다 가까이 있을 때는 센서를 사용하지 않아야 한다.

리드 스위치의 경우

기계적 손상

리드 스위치의 축 단자를 구부리면 유리 용기에 금이 가기 쉽다. 리드 스위치는 조심해서 다루어야 한다.

접점 반동

스위치가 논리 칩이나 마이크로컨트롤러의 입력과 물리적으로 연결되어 있다면, 스위치가 열리거나 닫힐 때 생기는 접점 반동을 스위칭 현상으로 잘못 해석할 수 있다. 따라서 접점 반동을 제거하기 위해 별도의 부품을 추가하거나 마이크로컨트롤러에 내장된 지연 코드를 이용해 지연시켜야 한다.

아크 방전

높은 전압이나 전류를 스위칭할 때 스위치의 접점 간에 짧게 아크 방전이 발생할 수 있는데, 이 현상은 닫힘 상태에서 열림 상태로 전환될 때 가장 빈번하게 일어난다. 아크 방전 현상이 일어나면 스위치의 접점이 부식될 수 있다. 유도성 부하는 아크 방전 현상을 더욱 악화시킨다. 그러나 스위칭 전압을 5V 미만으로 유지하면, 아크 방전이 발생하는 일이 거의 없어 스위치의 수명은 늘어난다.

4장

수동형 적외선 센서

일반적으로 동작 감지 센서라는 용어는 수동형 적외선 동작 감지 센서passive infrared motion sensor라는 용어와 동일한 의미로 사용한다.

약어인 PIR도 수동형 적외선 센서 대신 자주 사용하며, 마침표 없이 대문자로 표기한다.

물체 감지 센서object presence sensor와 근접 센서proximity sensor는 자기장이나 초음파, 적외 복사와 같이, 센서에서 '능동적'인 검출원을 방출해야 한다. 수동형 적외선 센서는 그러한 검출을 따로 방출할 필요 없이, 감지하려는 물체에서 나오는 열에 '수동적'으로 반응하면 된다.

관련 부품

· 물체 감지 센서(3장 참조)

· 근접 센서(5장 참조)

역할

수동 적외선 동작 감지 센서passive infrared motion sensor, 간단히 말해 PIR은 모든 물체에서 자신의 절대온도에 비례해 배출하는 흑체 복사black-body radiation를 감지한다. 센서는 10μm(10마이크론, 또는 10,000nm) 정도의 파장인 적외 복사infrared radiation에 반응한다. 이 파장에 해당하는 온도는 인간과 동물의 체온과 비슷하다.

'수동형 적외선'이라는 용어에서 '수동'이라는 단어는 적외 복사를 수동적으로 수신하는 감지기의 행동을 의미한다. 근접 센서proximity sensor라면 센서에서 '능동적'으로 적외 복사를 생성해야 하며, 주변 물체가 이 적외 복사를 가리거나 반사하는지 탐지해야 한다. 자세한 내용은 5장을 참조한다.

회로 기호

수동형 적외선 동작 감지 센서에서 사용하는 회로 기호는 [그림 4-1]과 같다.

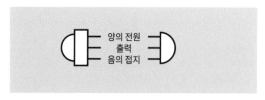

그림 4-1 수동형 동작 감지 센서를 나타낼 때 사용하는 회로 기호. 어느 쪽을 왼쪽으로 둘지는 임의로 정한다. 핀 순서는 다를 수 있다.

동작 감지에 사용하는 실외 조명은 거의 대부분 PIR을 내장한다. 마찬가지로 보안 시스템에서 경보음이나 비디오 카메라의 작동도 PIR이 인간의 행동을 감지했을 때 활성화되도록 설계한다.

야생 감시 시스템에서 PIR을 사용해, 미리 정해둔 시간 동안 비디오 카메라가 녹화를 하도록 만들 수 있다.

자동차의 후방 경고 시스템은 후면에 부착된 PIR을 이용해 보행자를 감지하도록 개발되었다.

산업용 실내 조명도 사람이 공간 안으로 들어오면 자동으로 전등이 켜지고, 일정한 시간이 지나 더 이상 움직임이 감지되지 않으면 전등이 꺼지도록 할 때 PIR을 사용한다. 이는 소등을 까먹은 직원 때문에 에너지가 낭비되는 것을 막기 위함이다.

작동 원리

PIR 모듈에는 여러 부품이 들어 있다. 가장 눈에 띄는 부품은 초전 검출기pyroelectric detector(초전 센서pyroelectric sensor라고도 함) 위에 일렬로 나열된 15개 이상의 소형 렌즈다. 이 렌즈는 주변 환경으로부터 들어오는 적외선을 초전 검출기로 집중시키는 역할을 한다. 검출기의 반응은 증폭기에서 처리되며, 그 결과 증폭 신호는 전자기계식 릴레이나 무접점 릴레이(2권 참조)를 활성화할 수 있다. 릴레이는 전등이나 경보기 등 외부 장치를 작동한다.

회로를 추가하면 사용자가 PIR 모듈의 감도와 릴레이가 닫혀 있는 시간을 조정할 수 있다. 사용자는 또한 하루에서 PIR이 켜져 있는 시간을 설정하거나 포토트랜지스터phototransistor를 추가해 해가 있는 동안에는 PIR을 끌 수도 있다. 포토트랜지스터를 사용하면 감도를 조정할 수 있다. 포토트랜지스터에 대한 자세한 내용은 22장에서 다룬다.

초전 검출기

초전 검출기는 사실상 압전 장치piezoelectric device의 한 유형으로 볼 수 있다. 초전 검출기는 리튬 탄탈레이트 소재의 웨이퍼를 사용하며, 열방사에 대한 반응으로 소량의 전압을 생성한다. 그러나 다른 압전 장치와 마찬가지로, 초전 검출기는 안

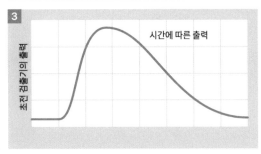

그림 4-2 위: 적외선의 세기. 가운데: 가상의 포토다이오드에서 출력되는 전압. 아래: 가상의 초전 검출기에서 출력되는 전압.

그림 4-3 수동형 적외 복사 센서의 소형 회로 기판에 탑재된 초전 검출기

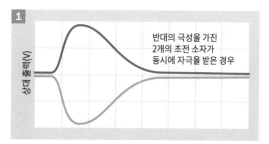

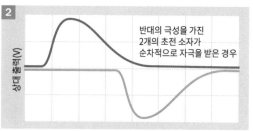

그림 4-4 위: 온도 변화가 반대 극성을 띠고 있는 2개의 소자에 동시에 영향을 미치면, 각각의 전압이 서로 상쇄된다. 아래: 하나의 소자가 다른 소자보다 먼저 활성화되면, 검출기가 신호를 방출한다.

정 상태 입력에는 반응하지 않고 상태가 바뀔 때만 활성화해야 한다. 이것이 초전 검출기가 온도 입력에 일정하게 반응하는 적외선 포토다이오드 infrared photodiode 같은 기타 광센서와 구별되는 지점이다.

[그림 4-2]는 초전 검출기의 반응을 그래프로 나타낸 것이다.

PIR 모듈에 사용하는 초전 검출기는 [그림 4-3]과 같이 밀폐된 금속 용기에 탑재된다. 검출기의 사각형 모양의 창은 보통 실리콘으로 만들며, 가시광선 파장은 통과시키지 않지만 장파인 적외 복사는 통과시킨다.

소자

PIR에 사용하는 초전 검출기는 직렬로 연결되어 있고 극성은 반대인 소자element를 적어도 2개 포함한다. 온도가 갑자기 변해 반대 극성을 지닌 두 소자에 동시에 영향을 미치면, 두 소자의 반응은 서로 상쇄된다. 따라서 검출기에서 주변 온도의 변화는 무시된다. 그러나 적절한 주파수대에서 적

외 복사를 일으키는 물체가 하나의 소자에 먼저 영향을 미쳤다면, 검출기는 극성이 서로 반대인 펄스를 2개 방출한다([그림 4-4] 참조).

렌즈

렌즈는 소자가 순차적으로 자극받도록 하기 위해 사용한다. 렌즈는 각각 대상 지역 내에 있는 가시 영역 중 한 곳을 향하도록 설치한다. 적외 복사를 일으키는 물체가 하나의 영역에서 다른 영역으로 이동하면, 이로 인해 각 소자가 번갈아 활성화되면서 출력을 생성한다.

PIR 중에는 대상 범위를 넓히기 위해 2개가 아닌 4개의 초전 소자를 사용하기도 한다. 센서 쌍은 직렬 또는 병렬로 연결할 수 있지만, 어떤 경우든 원리는 같다.

렌즈는 보통 흰색 폴리에틸렌 재질의 반구 형태로 만들어 초전 검출기 앞에 씌운다. 반구 모양

의 바깥쪽은 매끈해 보이지만, 안쪽은 초점을 중심으로 미세한 굴곡 무늬가 새겨져 있다. 이를 프레넬 렌즈fresnel lens라고 하는데, 기존 광학 렌즈보다 훨씬 저렴하고 가벼우면서도 제작이 쉽다. 프레넬 렌즈는 왜곡과 수차aberration(한 점에서 나온 빛이 렌즈의 한 점에 모이지 않아, 만들어진 상이 일그러지는 현상 – 옮긴이)가 생길 수 있지만, 이 결함은 PIR에서는 그다지 중요하지 않다.

[그림 4-5]는 단순한 프레넬 렌즈의 원리를 그림으로 보여 준다. 첫 번째 그림은 한쪽 면이 평평하고 다른 쪽 면이 굴곡이 진 기존의 광학 렌즈

다. 멀리 있는 물체가 거의 평행한 적외선 광선을 배출하면, 이 광선들이 렌즈를 통과하면서 한 점에서 만난다. 두 번째 그림은 몇 개의 조각으로 나누어 빈틈없이 쌓아 만든 렌즈의 모양을 보여 주며, 여기에서 사용하는 원리는 기존 렌즈와 완전히 같다. 세 번째 그림에서 각 조각은 폭이 줄어들었지만, 광학 면은 기하학적 구조가 동일하기 때문에 적용되는 방식은 같다. 그러나 폭이 줄어들었으므로 약간의 왜곡이 발생한다. 세 번째 그림의 렌즈가 프레넬 렌즈로, 처음에는 등대에 사용했다. 프레넬 렌즈를 사용하게 되면서 광선의 초점을 맞추는 거대한 유리 렌즈의 무게가 상당히 줄어들었다.

같은 원리를 [그림 4-6]처럼 양쪽 면이 모두 볼록한 렌즈에도 적용할 수 있다. 실제로 이렇게 하면 맺히는 상에 결함이 생기지만, 렌즈의 정확한 모양을 수정하면 결함을 어느 정도 보정할 수 있다.

[그림 4-7]은 위에서 본 곡면 프레넬 렌즈 3개의 끝을 서로 이어 붙여 연결한 모습이다. 첫 번째 그림을 보면 멀리 있는 광원에서 나온 적외선이 첫

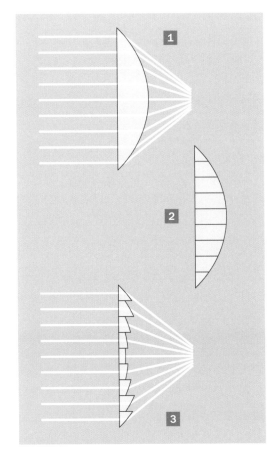

그림 4-5 프레넬 렌즈의 원리. 자세한 내용은 본문 참조.

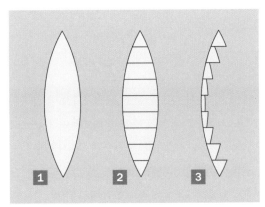

그림 4-6 양면이 볼록한 기존 렌즈에 프레넬 렌즈의 원리를 적용한 모습.

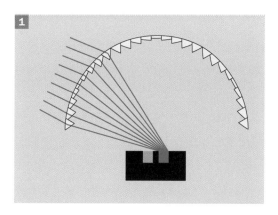

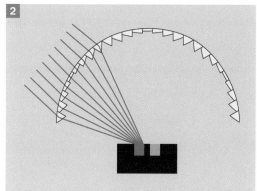

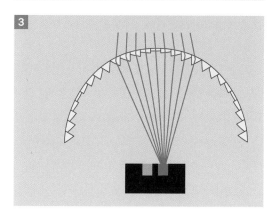

그림 4-7 첫 번째, 두 번째, 세 번째 그림은 외부 광원에서 나온 적외선이 프레넬 렌즈를 통과해 초전 센서의 개별 소자에 집중되는 모습을 보여 준다.

번째 렌즈를 통과해 오른쪽의 초전 센서 소자에 집중되어 있는 모습이다. 두 번째 그림은 외부 광원이 옆으로 이동해 광선이 왼쪽 소자에 집중되어

있는 모습이다. 세 번째 그림에서 광원은 가운데 프레넬 렌즈가 덮인 영역 쪽으로 이동해서, 다시 오른쪽 소자에 집중되고 있다. 이런 식으로 입력이 달라지면 센서가 활성화한다.

PIR 센서는 여러 개의 프레넬 렌즈를 다양한 패턴으로 결합해 사용한다. [그림 4-8]은 고르게 배치된 모자이크 패턴을 보여 주는데, 이 패턴은 천장에 부착해 수직으로 내려다볼 수 있는 동작 감지 센서에 적합하다. [그림 4-9]는 측면의 움직임을 감지하는 데 용이한 구성 패턴을 보여 주는데, 이 경우 위와 아래쪽의 동작을 감지하는 감도는 떨어진다.

그림 4-8 프레넬 렌즈를 고르게 배치한 모자이크 패턴

그림 4-9 측면 동작을 감지하기가 좀 더 용이한 모자이크 패턴. 렌즈의 홈이 눈에 띈다.

다양한 유형_____

PIR 센서 모듈은 [그림 4-10]에서 보는 것처럼 패럴렉스parallax 사의 소형 기판에 탑재해 판매된다. 이 제품의 감지 범위는 5~10m로, 기판에서 점퍼로 선택할 수 있다. 사진에서는 전원(3~6VDC), 접지, 출력용 핀 3개를 확인할 수 있다. 공급 전압이 5VDC일 때 최대 23mA의 전류를 출력한다. 모듈의 소비 전력은 대기 모드에서는 130μA에 불과하며, 부하 없이 동작할 때는 3mA이다.

이 유형의 기판은 조명 또는 경보가 켜지는 시간을 설정하거나 해가 있는 동안에는 PIR의 전원을 끄기 위한 부품이 추가로 필요하다.

다양한 렌즈 패턴을 사용할 수 있게 패턴별로 판매한다.

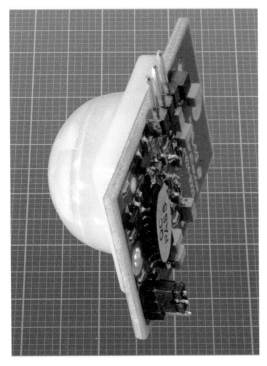

그림 4-10 소형 기판에 기본적인 필수 부품과 함께 탑재된 수동식 적외선 탐지기

PIR 센서는 소자 2개와 신호 증폭에 필요한 FET 트랜지스터를 포함하는 단일 부품으로 구입할 수 있다. 표면 장착형과 스루홀형 모두 판매되며, 공급 전압은 3~15VDC이다.

그러나 PIR 센서 기능만 지닌 부품은 이를 제어하기 위해 비교기나 op 앰프를 사용하는 외부 회로가 필요하다. 회로 설계는 상당히 큰 일이기도 하지만, op 앰프가 동일한 전원 공급 장치를 공유하는 릴레이를 활성화할 때 발생하는 전압 스파이크에 민감하게 반응하는 등 실질적인 문제가 따라올 수 있다.

회로를 설계하는 대신 쉽게 할 수 있는 방법은 파나소닉Panasonic 사의 AMN31111처럼 회로에 바로 장착할 수 있도록 검출기, 렌즈, 제어 회로가 한데 있는 일체형 제품을 구입하는 것이다. 이 제품의 출력 전류는 아주 소량인 100μA이지만, 무접점 릴레이를 활성화하기에는 충분하다. 파나소닉은 이와 같은 PIR 제품을 다양한 범위, 감도, 공급 전압으로 출시한다.

AMN31111은 파나소닉의 AMN 시리즈 중 하나다. 이 시리즈는 아날로그 또는 디지털 출력, 렌즈 모양, 검은색 또는 흰색 렌즈 등 여러 형태로 조합한 제품을 포함하고 있다. [그림 4-11]은 여러 렌즈 형태를 보여 주는데, 이는 제조사의 데이터시트에서 발췌하였다.

| 표준형 | 미세 동작 감지 유형 | 순간 감지 유형 | 10m 감지 유형 |

그림 4-11 파나소닉의 AMN 수동형 적외선 센서 시리즈에서 사용하는 네 가지 렌즈

주의 사항————————————————

온도 감도

따뜻한 날씨일 때 PIR 시야 범위에 있는 물체는 온도가 올라가는 경향이 있는데, 그 결과 인간의 체온과 온도 차가 줄어들어 PIR의 성능이 저하될 수 있다.

검출기 창의 취약성

실리콘 재질의 검출기 창은 먼지나 기름때에 취약하다. 부품을 손으로 만지지 않도록 주의해야 한다.

습노에 쉬약

수분은 원적외선을 흡수하기 때문에 렌즈나 검출기에 응결 현상이 발생해 성능을 저하시킬 수 있다. 또한 PIR은 호우나 폭설이 내리면 제대로 작동하지 않을 수 있다.

5장

근접 센서

이 장에서는 적외선, 초음파, 정전 용량capacitance을 사용하는 근접 센서에 대해 설명한다. 본 백과사전은 자성이나 인덕턴스를 사용하는 근접 센서나 기타 거리 측정 방식에 대해 다루지 않는다.

근접 센서는 거리 센서distance sensor, 초음파 근접 센서는 거리계range finder 또는 ranger라고도 한다.

전선과 함께 커다란 밀폐 모듈로 판매하는 고품질의 초음파 근접 센서는 산업 공정을 모니터링할 때 사용한다. 그러나 센서 자체를 상업적인 목적으로 사용하는 경우는 본 백과사전이 다루는 범위를 벗어난다.

물체의 존재 여부를 감지하지만 물체까지의 거리는 측정하지 않는 센서는 물체 감지 센서object presence sensor로 분류하며, 별도의 장에서 설명한다(3장 참조). 근접 센서나 거리 센서로 판매하는 장치 중에는 실제로 유의미한 거리 데이터를 제공하지 않는 부품이 많은데, 본 백과사전에서는 이를 물체 감지 센서로 분류한다.

포토트랜지스터phototransistor와 포토다이오드photodiode는 근접 센서의 감지 소자로 사용할 수 있다. 이 부품들은 광센서로 분류해 각각 22장과 21장에서 별도로 다룬다.

관련 부품

- 물체 감지 센서(3장 참조)
- 수동형 적외선 센서(4장 참조)

역할

근접 센서는 보통 '대상target'이라고 부르는 물리적인 물체와의 거리를 측정한다. 센서는 아날로그(전압)나 직렬 데이터, 펄스 폭 변조를 출력한다. 센서의 출력은 SPI, TTL, I2C 등의 직렬 프로토콜을 통해 전송하며, I2C를 사용하는 마이크로컨트롤러가 접근할 수 있는 레지스터에 디지털 데이터로 저장할 수 있다. 프로토콜에 대해서는 부록 A

에서 자세히 설명한다.

회로 기호

다음 페이지 [그림 5-1]의 회로 기호는 둘 다 근접 센서를 나타낼 때 사용하지만, 그 사용에 일관성은 없다. 사각형 안에 기능을 설명하는 글을 포함하기도 한다.

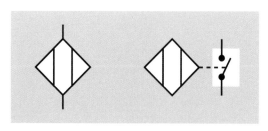

그림 5-1 회로도에서 근접 센서를 나타내는 두 가지 방법

응용

로봇공학에서 근접 센서는 로봇이 앞에 있는 물체나 장애물과 충돌하지 않도록 예방 역할을 한다. 정밀한 근접 센서는 주변 전체의 지도를 그릴 수 있을 정도로 충분한 데이터를 제공하는 부품도 있지만, 이는 본 백과사전이 다루는 범위를 벗어난다.

근접 센서는 경보 시스템에서 사용하는데, 주로 저장 탱크의 수위를 감지하거나 자동차가 후방 장애물에 가까이 가면 경보음을 울리게 할 때 사용한다(이런 장치가 후방 영상 모니터와 함께 늘어나는 추세다).

휴대용 장치에서 근접 센서는 사용자의 손이나 얼굴을 감지하는 데 사용한다. 예를 들어, 사용자가 전화하려고 전화기를 들면 센서를 이용해 화면이 꺼지게 할 수 있다.

다양한 유형

여기에서는 초음파, 적외선, 정전 용량capacitance (=전기 용량)을 사용하는 근접 센서에 대해 설명한다.

초음파

초음파 근접 센서는 짧은 음파를 방출한 뒤 센서 앞에 있는 물체에 부딪혀 나오는 음파의 반향을 듣는 식으로 동작한다.

압전 트랜스듀서piezoelectric transducer(2권 참조)에서 생성되는 주파수 30~50kHz의 음파는 인간의 귀로 들을 수 있는 음역대보다 훨씬 높다. 트랜스듀서는 마이크처럼 소리를 보내고 또 그 소리를 받는 식으로 두 역할을 번갈아 할 수도 있고, 마이크 역할을 할 두 번째 트랜스듀서를 소형 회로 기판 광 방출기 옆에 탑재할 수도 있다. 가격이 저렴한 HC-SR04는 로봇공학 분야에서 많이 사용하는 초음파 근접 센서로, 2cm~5m의 감지 범위 내에서 안정적으로 동작한다.

센서가 탑재된 회로에는 펄스를 전달한 다음 그 반향을 수신할 때까지 걸리는 시간을 측정할 수 있게 마이크로컨트롤러를 설치할 수도 있다. 해수면에서 공기를 통과하는 소리의 속도가 초당 약 340m라는 점을 알고 있으므로, 이 값을 이용해 소리를 반사하는 물체까지의 거리를 계산한다.

적외선

적외선 근접 센서는 LED에서 방출되는 적외선 광선이 필요하며, 이때 LED는 감지 모듈에 내장되어 있거나 별도로 탑재할 수 있다. 대상으로부터 반사된 빛은 포토트랜지스터나 포토다이오드에

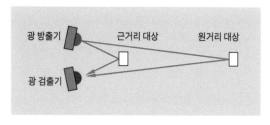

그림 5-2 적외선 근접 센서는 반사된 빛의 각을 측정해 물체까지의 거리를 구한다.

서 검출한다. 기판에 설치된 전자부품들은 반사된 빛의 각도를 바탕으로 삼각 측량triangulation이라는 기법을 이용해 대상까지의 거리를 계산한다. [그림 5-2]를 참고한다(이 그림은 단순화한 것으로 실제 센서에서는 일렬로 늘어선 포토다이오드가 반사된 광선의 각을 측정한다).

잘못된 양성 반응을 보일 위험을 줄이기 위해 LED에서 나온 빛은 적외선 파장 범위가 매우 좁다. 또한 빛은 모듈의 감지 회로가 인식할 수 있는 주파수로 변조된다.

상대적인 장점

초음파 장치

- 일반적으로 1m 이상 떨어져 있는 물체를 감지하는 데 더 적합하다.
- 적외선 장치에 간섭을 일으키는 직사광선이나 형광등 등 기타 광원에 영향받지 않는다.
- 더 정확하며, 5mm 이내의 물체라면 위치를 확인할 수도 있다.
- 적외선으로는 쉽게 감지되지 않는 액체나 투명한 물체까지의 거리를 측정할 수 있다.

적외선 장치

- 크기가 더 작다. 그중에서도 표면 장착형 장치는 더 작다.
- 표면이 부드러워 초음파로 쉽게 감지되지 않는 물체까지의 거리를 측정할 수 있다.
- 10mm 이내의 가까운 물체에 사용하기에 적합하다.
- 가격이 더 저렴하다.

초음파 장치의 예

[그림 5-3]의 근접 센서는 저렴한 제품으로, 로봇공학 커뮤니티에서 많이 사용한다. 맥스소나 MaxSonar 사가 출시한 이 제품은 하나의 장치로 송신과 수신을 모두 해결한다. 제조사에 따르면, 이 센서는 센서로부터 1.8m 전방에 있는 나사는 6mm 길이, 3.3m 떨어져 있는 나사는 9cm 길이까지 감지할 수 있다. 이 성능은 대다수 적외선 센서와 비교했을 때 훨씬 뛰어난 수준이다.

맥스소나의 다양한 센서 제품은 겉으로 비슷해 보이더라도 성능은 천차만별이다. 각 센서는 9,600bps의 직렬 데이터, 아날로그 전압, 펄스 폭 변조 세 가지 출력을 제공하며, 모든 출력에는 동시 접근이 가능하다.

직렬 출력은 RS232 프로토콜을 사용하는데, R 뒤의 문자 4개는 측정 범위의 밀리미터 값을 ASCII 코드로 나타낸 것이다. 따라서, R1000은 물체가 1m 거리에 있음을 뜻한다.

아날로그 전압은 300mm만큼 떨어진 물체를 감지할 때의 값인 293mV부터, 5,000mm 떨어진 물체

그림 5-3 맥스소나의 MB1003은 5m 범위 내에 있는 대형 고체를 감지할 수 있다(사진 출처: 에이다프루트).

를 감지할 때의 값인 4,885mV까지 변할 수 있다.

펄스 폭 변조의 출력값은 물체가 300mm 떨어져 있으면 300µs, 5m 떨어져 있으면 5,000µs 범위의 펄스를 보낸다.

이 장치는 장치의 온도가 증가할 때 공기 밀도가 낮아지는 현상을 보완하기 위해 온도 센서를 보유하고 있다. 날씨 변화에 상관없이 일정한 성능을 유지하도록 고안된 제품도 출시되어 있다. 공급 전원은 반드시 정류된 5VDC 전압을 사용해야 한다.

수입 부품

해외 일부 기업에서는 최소한의 성능만을 갖춘 초음파 센서를 아주 싼 가격에 판매하기도 한다. 대표적인 부품이 말레이시아 싸이트론 테크놀로지Cytron Technologies 사의 HC-SR04이다([그림 5-4] 참조).

데이터시트에서는 트랜스듀서의 소리가 ±15° 범위에서 확산되며, 물체 감지 범위는 최대 4m라고 명시하고 있다. 이 제품은 활성화 입력 펄스

그림 5-5 이 부품은 인터넷 업체인 자메코(Jameco) 사에 '40TR12B-R 초음파 센서 키트'로 등록되어 있으며, 초음파 근접 센서를 직접 만들 때 필수 부품이 될 수 있다.

가 반드시 필요하며, 펄스는 최소 10µs 동안 지속되어야 한다. 활성화 입력 펄스가 들어오면 장치는 40kHz에서 고속 초음파 신호를 8개 내보내서 반응 시간을 측정한 뒤, 측정된 거리에 비례하는 시간 동안 에코 핀에 높은 전압 상태를 인가한다. 외부의 마이크로컨트롤러는 이 시간을 측정한 다음, 센티미터 단위의 거리로 환산하기 위해 58로 나눈다.

인터넷의 여러 사이트에서는 HC-SR04를 아두이노나 피캑스PICAXE 사의 마이크로컨트롤러와 함께 사용할 때 필요한 간단한 코드 라이브러리를 제공한다.

개별 부품

[그림 5-5]에서 보듯이 개별 초음파 부품은 다양한 업체에서 판매하고 있다. 사용자는 짧은 시간 동안 고주파를 생성하고, 마이크 신호를 증폭하고, 시간차를 측정하고, 거리를 계산하기 위해 회로를 추가해야 한다.

적외선 장치의 예

샤프Sharp 사는 정확하며 사용이 쉽다고 알려진 적외선 근접 센서를 4종 생산하며, 이 제품들은

그림 5-4 HC-SR04는 아주 저가의 수입 부품으로, 외부 마이크로컨트롤러와 함께 사용하면 적당한 성능을 구현할 수 있다.

로봇공학 커뮤니티에서 많이 사용한다. 각각의 부품 번호와 감지 범위는 다음과 같다.

- GP2Y0A51SK0F(20~150mm)
- GP2Y0A21YK0F(10~80cm)
- GP2Y0A02YK0F(20~150cm)
- GP2Y0A60SZLF(10~150cm).

GP2Y0A60SZLF가 가장 최근에 출시된 제품으로, 사양이 가장 뛰어나다. [그림 5-6]에서는 GP2Y0A21YK0F를 보여 준다.

샤프의 데이터시트에 따르면 이 센서는 아날로그 신호를 출력analog output한다. 출력 핀에 걸리는 전압은 측정 거리에 반비례한다. [그림 5-7]은 이 관계를 나타낸 그래프로, 샤프의 GP2Y0A02YK0F 제품 데이터시트에서 가져왔다.

샤프의 센서는 5VDC 전압에서 동작할 수 있다. 다른 센서의 소비 전류는 모두 약 30mA이지만, GP2Y0A60SZLF는 그보다 더 작은 전류를 소비한다. 적외선 LED가 동작할 때는 열이 발생하기 때문에, 제조사는 센서 전원 공급 핀에 10μF 용량의 커패시터를 사용해 전원 공급 장치를 공유하는 다른 부품을 보호하도록 권장한다.

적외선 근접 감지 방식의 최근 추세

다른 여러 유형의 센서처럼, 근접 센서 역시 거대한 휴대기기 시장의 영향을 지속적으로 받아 왔다.

그로 인해 휴대용 기기 센서는 다음과 같은 경향을 보인다.

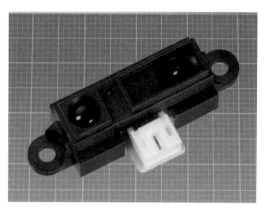

그림 5-6 샤프의 GP2Y0A21YK0F 적외선 근접 센서. 바탕의 눈금 간격은 1mm이다.

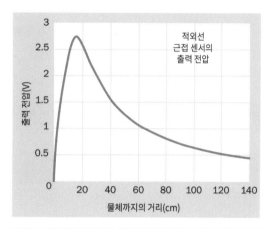

그림 5-7 샤프의 적외선 근접 센서에서 출력 전압과 물체까지의 거리 사이의 관계(출처: 제조사 데이터시트).

소형화

현재 적외선 근접 센서의 일반적인 형태는 5mm×3mm 이하의 표면 장착형 칩이다.

온보드 프로세싱

포토다이오드의 상태는 동일한 칩에서 마이크로컨트롤러가 처리할 수 있으며, 이를 통해 센서가 정말로 무엇을 '볼지' 결정한다. 함께 포함된 조도 센서에서 들어온 입력도 결정에 영향을 미치는 요인이다.

비용 절감

칩 기반의 근접 센서가 점점 더 정교해지는 반면 개당 비용은 줄어들고 있는데, 실제로 이들 센서의 가격은 위에서 설명한 샤프의 아날로그 센서 같은 간단한 장치보다도 더 낮아졌다.

복잡성

현대의 센서는 여러 복잡한 명령을 사용해 프로그래밍해야 하며, 그 출력도 코드화되어 나오기 때문에 자체 프로그램이 있는 별도의 마이크로프로세서로 해석해야 한다. 이로 인해 낮은 가격과 추가 기능의 이점이 사라지는지 여부는 각각의 개발자가 판단할 문제다.

실리콘 랩스Silicon Labs 사의 Si1145/46/47 시리즈는 휴대기기에 필요한 여러 정교한 기능을 갖춘 칩이다. 별도의 마이크로컨트롤러와 센서의 연결은 I2C 프로토콜을 통해 이루어지는데, 센서의 거리 범위(1cm부터 50cm 이상), 아날로그에서 디지털로의 변환 민감도, 외부 LED 3개에 공급할 수 있을 정도의 전류를 끌어오는 성능 등은 마이크로컨트롤러를 이용해 조정한다. 칩에는 자외선 및 조도 감지 기능이 있다. I2C 연결은 최대 3.4Mbps의 속도에서 이루어진다. 광 출력은 180mA일 때 800ms마다 25.6μs만 지속되기 때문에, 평균 소비 전류는 공급 전압이 3.3VDC일 때 9mA에 불과하다.

I2C나 기타 프로토콜에 대한 자세한 사항은 부록 A를 참조한다.

제조사의 설명에 따르면 센서는 휴대기기 외에도 심박수 모니터링, 맥박 산소 측정법, 디스플레이의 백라이트 제어에 사용될 수 있다. 이 응용 방식은 내장된 센서의 일부 기능만 사용하지만, 센서 자체가 워낙 저렴하기 때문에 기능을 많이 사용하지 않아도 가성비가 충분히 뛰어나다.

호환 기능이 있는 근접 센서는 여러 제조사에서 생산하고 있다. 대표 제품이 비쉐이 사의 VCNL4040과 아바고Avago 사의 HSDL-9100이다. [그림 5-8]의 왼쪽은 실리콘 랩스 사의 SI1145, 오른쪽은 아바고의 HSDL-9100이다.

이러한 종류의 센서를 사용할 때는 반드시 준수해야 할 사항이 몇 가지 있다. 먼저 별도의 LED를 사용할 때는 최고 파장이 센서 내의 포토다이오드와 호환되는 값으로 선택하는 것이 가장 중요하다. LED는 포토다이오드와 거리가 가까울수록 민감도가 증가하기 때문에 가급적 포토다이오드와 가까운 곳에 설치해야 하지만, 포토다이오드와 LED 사이에 이보다 높이가 살짝 높은 박막을 세워 두 부품 사이의 혼선을 최소화해야 한다.

그림 5-8 디지털 출력을 제공하는 정교한 표면 장착형 근접 센서 2종. 왼쪽은 실리콘 랩스의 SI1145, 오른쪽은 아바고의 HSDL-9100이다. 바탕의 눈금 간격은 1mm이다.

광 방출기나 광센서를 투명한 유리나 플라스틱 패널로 보호할 때는 적외선 파장에 대한 저항이 가장 작은 물질을 사용해야 하며, 두께는 센서의 데이터시트에 따라 선택해야 한다. 패널 뒷면에 반사된 빛이 센서에 닿지 않도록 하기 위해, 얇고 불투명한 튜브를 LED와 패널 사이에 설치할 수도 있다.

이 유형의 센서 중에는 감지 가능성이 높은 물체에 적합한 최고 및 최저 감지 문턱값으로 설정을 변경할 수 있는 제품도 있다. 한계 범위를 정할 때는 시행착오를 거쳐야 할 수도 있다.

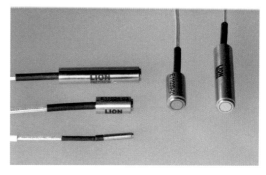

그림 5-9 라이언(Lion) 사에서 출시한 고정밀도 정전 용량형 변위 센서의 일부. 센서는 지름 3mm에서 18mm 사이의 원통형 탐침 내부에 내장되어 있다.

정전 용량형 변위 센서_____

정전 용량형 선형 변위 센서capacitive linear displacement sensor라고도 한다. 정전 용량형 변위 센서 capacitive displacement sensor는 인체 입력 장치인 용량성 단일 터치 센서capacitive single touch sensor와 혼동하는 경우도 있다. 이 책 13장을 보라.

정전 용량형 변위 센서는 전기 전도성을 띠는 물체와 센서 간에 떨어진 거리를 측정한다. 이 센서는 광 또는 초음파 변위 센서와는 달리, 빛이나 소리 등을 방출하는 장치를 추가할 필요가 없다. 자기 변위 센서처럼 별도의 영구자석이 필요한 것도 아니다. 정전 용량형 변위 센서는 단순히 물체가 지닌 전기 용량을 측정할 뿐이다.

정밀도가 높은 정전 용량형 변위 센서는 주로 산업 공정 관리에 사용한다. 정밀도가 낮은 센서는 값이 훨씬 저렴해, 특정 범위 내에 물체가 존재하는지 여부를 파악하는 물체 감지 센서object presence로 사용할 수 있다.

최대 범위는 보통 10mm이며, 이보다 먼 거리에 있는 물체를 감지하기 위해서는 광센서와 초음파 센서를 사용하는 편이 낫다. [그림 5-9]는 원통형 센서의 탐침 유형을 보여 준다.

응용

정밀도가 높은 정전 용량형 변위 센서는 보통 디스크 드라이브 같은 소형 장치를 생산할 때 사용한다. 또한, 회전하는 모터 축 같이 회전하는 금속 부품의 진동을 측정하거나 자동 조정된 현미경의 초점을 유지할 수도 있다.

정밀도가 낮은 센서는 컨베이어 벨트 위에 있는 물체의 개수를 셀 때 사용할 수 있다.

물질의 두께를 측정할 때, 센서는 자동차 브레이크의 회전자 가공 상태와 실리콘 웨이퍼의 두께를 확인하는 데 사용할 수도 있다.

작동 원리

전기 전도성 물질로 이루어진 판 2개를 마주 보도록 놓으면 판에는 전기 용량(=정전 용량)이 생긴다. 이는 각각의 판에 반대 극의 전하가 축적되어 전기 용량을 저장한다는 의미다.

전기 용량은 판의 면적에 정비례, 판 사이 거리에 반비례하는데, 두 판을 분리하는 유전체dielectric라는 물질에 영향을 받는다.

판 면적과 유전체를 일정하게 두면, 전기 용량에 영향을 미치는 인자는 판 사이의 거리뿐이다. 따라서 이때 판 사이의 거리는 전기 용량을 측정해 구한다.

전기 용량은 1개의 전압 펄스를 가했을 때 하나의 판에서 유전체를 지나 다른 판으로 이동하는 변위 전류displacement current를 구해 측정할 수 있다(이런 이유로 센서 이름에 '정전 용량형 변위'라는 용어를 사용한다).

변위 전류에 대한 자세한 설명은 《짜릿짜릿 전자회로 DIY(3판)》(인사이트, 2023)에 수록되어 있다.

센서와 물체는 각각 전기 용량에서 판과 그 판을 마주 보는 다른 판의 역할을 한다. 교류는 빠르게 이어지는 펄스 형태로 가해지며, 두 판 사이를 통과해 지나가는 전류는 판 사이의 거리에 비례한다.

물체는 전류원에 대해 접지되는 것이 이상적이다. 그러나 AC를 사용하기 때문에 다른 커패시터의 용량이 0.1μF 이상일 경우 물체와 전류원 간에 용량성 결합이 생길 수 있다.

오차의 원인

유의미한 측정값을 얻기 위해 센서의 전기장은 감지하려는 대상에 집중된다. 전기장은 어느 정도 분산되기 마련인데, 이때도 센서와 감지 대상의 조합이 감지에 무리가 없어야 한다. 일반적으로 감지 대상은 평평하고 센서보다 면적이 넓어야 한다.

습도는 유전체 값을 변화시키기 때문에 센서 성능에 영향을 미칠 수 있다. 온도 역시 성능에 영향을 줄 수 있는데, 온도로 인해 센서와 감지 대상의 크기가 조금 변할 수 있기 때문이다.

센서와 감지 대상의 표면은 완전히 평행해야 하는데, 센서에 대해 대상이 기울어져 있으면 전기장이 감지 대상에 닿는 지점이 늘어나기 때문이다. 전기장이 닿는 지점이 늘어나면 용량성을 띤 면적이 늘어나 측정값의 정확성이 떨어진다.

또한 이 유형의 센서는 비전도성 물질의 두께를 측정할 때도 사용할 수 있다. 단, 이 경우 물질의 두께는 두 센서 사이에 들어갈 수 있을 정도로 얇은 판의 형태여야 한다. 두께 측정 모드에서 물질은 유전체 역할을 하며, 물질의 두께는 이를 통과해 지나가는 AC 전류에 영향을 미친다.

정밀도가 낮은 정전 용량형 변위 센서는 사용이 드물지만, 비교적 저렴해 단순한 물체 감지 센서로 사용할 수 있다. 단, 감지 대상은 도체여야 하며, 상대적으로 낮은 전압에서 소량의 교류 전류를 통과시켰을 때 손상되지 않아야 한다.

부품값

정밀도가 높은 정전 용량형 변위 센서는 보통 0.05mm 이상의 정확도로 0.25~10mm 사이의 거리를 측정할 수 있다. 높은 전압이 필요하지는 않으며, 공급 전압은 보통 ±15V이다.

탐침probe이라고 하는 감지 소자는 보통 전기 용량 측정값을 가변 출력 전압으로 변환하는 맞춤형 제어 장치에 연결한다. 성능은 볼트당 밀리미터(mm/V) 단위로 나타낸다. 따라서 1mm 거리에 대한 전압의 변화량이 5V라면, 센서의 성능은 0.2mm/V로 표시한다.

광 및 초음파 근접 센서의 주의 사항_____

지나치게 가까운 물체

두 유형의 근접 센서(초음파와 적외선) 모두 설계 시 설정한 거리 범위 쪽으로 각도를 맞춘 광 방출기를 내장할 수 있어, 그보다 더 가까이 다가온 물체는 '보지' 못할 수 있다. 결과적으로 센서는 아무 반응을 하지 않거나 멀리 떨어져 있는 다른 물체를 인식할 수 있다. 어느 경우든 움직이는 장치에 센서를 사용했다면, 장치는 지나치게 가까이 있어 감지되지 않은 물체와 충돌을 일으킬 수 있다.

여러 개의 신호

2개 이상의 센서와 광 방출기를 함께 사용하면 신호가 결합해 서로 간섭이 일어날 수 있는데, 이 경우 측정값이 부정확할 수 있다.

적절하지 않은 표면

초음파 근접 센서는 좁은 광선 분산각 내에 위치한 물체들 중 센서에 가장 가까이 있는 하나의 물체만 인식한다. 여러 물체나 복잡한 표면, 옷이나 천 같은 부드러운 표면, 흔히 사용하지 않는 인테리어 벽면 형태 등은 측정값의 정확성을 저해할 수 있다.

적외선 센서는 액체나 투명한 물체를 '보지' 못할 수 있으며, 표면 성질에 따라 거리 측정값이 달라질 수도 있다. 예를 들어 인간의 피부는 적외선 광선을 일부 반사하기 때문에 반사체로는 그다지 좋지 않다.

환경 요인들

초음파 트랜스듀서는 움직이는 아주 작은 진동판으로 소리를 낸다. 움직이는 부품이 든 다른 시스템과 마찬가지로 수분이나 과도한 습기에 취약해 보호가 필요할 수 있다.

장치를 제작해 내부의 통제된 환경에서 검사한 후에, 온도가 조금 높거나 낮은 곳으로 장치를 옮겨 실행하면 다른 행동을 보일 수 있다.

LED 성능 저하

물체 감지 센서 장에서 말한 것처럼(3장 참조) LED는 시간이 지나면서 광 출력이 점차 줄어드는 경향이 있다. 적외선 근접 센서도 LED를 얼마나 집중적으로 사용하는지에 따라 성능이 저하될 수 있다.

6장

선형 위치 센서

선형 위치 센서linear position sensor는 선형 변위 센서linear displacement sensor 또는 선형 위치 트랜스듀서linear position transducer 라고도 한다. 근접 센서proximity sensor 유형의 하나로 분류하기도 하지만, 본 백과사전에서 근접 센서는 물체까지의 거리를 구하기 위해 신호를 내보내고 그 신호의 반향을 수신하는 부품으로 한정한다. 그에 비해, 선형 위치 센서는 고정된 장치 내부에서 움직이는 물체의 위치를 측정하는 부품을 말한다.

물체 감지 센서object presence sensor는 선형 위치 센서의 한 형태로 생각할 수 있지만, 위치 측정 없이 물체의 존재 여부에만 반응한다는 차이점이 있다.

관련 부품

- 근접 센서(5장 참조)
- 물체 감지 센서(3장 참조)
- 회전 위치 센서(7장 참조)

역할

기계 장치를 제어하려면 장치에서 움직이는 부품의 위치 정보를 정확히 그리고 제때 알아야 한다. 선형 위치 센서linear position sensor는 이러한 목적을 위해 사용될 수 있다.

여기서는 다음의 세 가지 속성에 주목할 필요가 있다.

- 위치
- 이동 방향
- 이동 속도

보통 선형 위치 센서는 위치 성분만 측정한다. 이동 방향과 속도 성분을 구하려면 전자부품을 추가로 사용해 위칫값을 여러 번 측정해야 한다. 따라서 속도 센서speed sensor는 위치 센서 주변에 설치할 가능성이 매우 높기 때문에, 본 백과사전에서는 속도 센서를 별도의 장으로 나누어 설명하지 않는다.

응용

선형 위치 센서는 로봇 팔의 위치, 항공기에서 고양력 장치와 방향타의 위치 결정, 컴퓨터로 제어되는 공작 기계, 3D 프린터, 자동차의 좌석 위치 센서 등 여러 분야에서 사용할 수 있다.

회로 기호
회로도에서 선형 위치 센서는 센서가 내장된 감지 소자(포텐셔미터, LED, 포토트랜지스터 등)의 기호로 표시할 수 있다.

작동 원리
여기서는 선형 포텐셔미터Linear potentiometer, 자기 선형 인코더magnetic linear encoder, 광 선형 인코더optical linear encoder, 선형 가변 차동 변압기linear variable differential transformer(LVDT)를 설명한다. 그 외에도 여러 종류가 있지만, 너무 전문적이기 때문에 여기서는 다루지 않는다.

선형 포텐셔미터
포텐셔미터potentiometer에 대한 자세한 설명은 1권을 참조한다.

흔히 슬라이더 포텐셔미터slider potentiometer라고 하는 선형 포텐셔미터는 직선 형태의 트랙track을 전기 저항으로 내장하고 있다. 트랙은 저항성 폴리머resistive polymer의 조각 형태를 띠거나, 이보다 드물기는 하지만 니크롬 전선이 감긴 절연체로 구성할 수도 있다.

포텐셔미터는 물체 감지 목적을 위해 [그림 6-1]에서 보는 것처럼 분압기 역할을 하도록 연결할 수 있으며, 이때 길이 전체에 고정 전위가 가해진다. 와이퍼wiper는 저항체를 따라 이동하며, 와이퍼 위치에 따라 선형으로 변하는 전압을 감지한다. 와이퍼의 출력은 계측기기 같은 아날로그 인

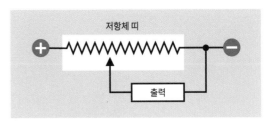

그림 6-1 선형 포텐셔미터는 양 끝에 값을 알고 있는 전압이 인가된 고정 트랙과 위치를 이동시키는 와이퍼로 구성할 수 있다.

디케이터를 제어할 때 직접 사용하거나 아날로그-디지털 변환기(ADC)에서 처리할 수 있다.

음향 목적으로 응용하는 경우, 슬라이더 포텐셔미터에 들어 있는 저항은 와이퍼의 위치가 변할 때 로그 스케일에 따라 변할 수 있다. 그러나 이 유형의 부품은 일반적으로 위치 센서로는 사용하지 않는다.

감지 목적으로 사용하는 포텐셔미터는 보통 보호를 위해 길고 좁은 상자나 튜브 등에 싸여 있으며, 막대가 이 상자나 튜브를 통해 밀폐된 베어링 위를 움직인다. [그림 6-2]는 선형 포텐셔미터의 한 예다.

위치 감지를 위한 소형 선형 포텐셔미터는 본즈Bourns 등의 제조사에서 판매하고 있다. [그림 6-3]에서 보는 제품은 길이가 약 20mm로, 포텐셔미터를 통과하는 막대가 이동하는 길이는

그림 6-2 밀폐된 튜브 안에 베어링이 들어 있는 선형 포텐셔미터.

그림 6-3 소형 선형 포텐셔미터. 본체의 길이는 약 20mm이다.

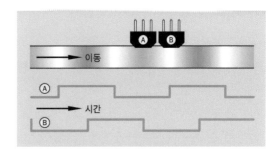

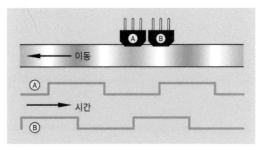

그림 6-5 초록색 선은 홀 효과 센서 A와 B에서 출력되는 펄스 열을 나타낸다. 이들 센서 사이의 위상차를 해석하면 자성을 띤 막대가 움직이는 방향을 알 수 있다.

약 10mm이다. 이 제품은 저항값의 범위가 1K와 50K 사이에 있으며, 정격 전력은 1/8W이다. 제조사의 데이터시트에 따르면, 제품의 수명은 500,000회다.

선형 포텐셔미터는 단순하고 저렴한 소형 부품이며, 추가로 필요한 부품이 거의 없다. 트랙에는 윤활유가 들어 있지만 와이퍼의 움직임 때문에 어느 정도의 마모가 발생한다. 제품 수명은 진동이나 먼지와 습기로 인한 오염으로 줄어들 수 있다.

흔하지는 않지만 선형 포텐셔미터를 선형 포텐셔미터 센서linear potentiometric sensor라고도 한다.

자기 선형 인코더

N극과 S극이 반복되어 나타나는 철 성분의 막대나 조각은 자성이 생길 수 있다. 막대나 조각이 하

그림 6-4 N극과 S극이 반복되어 나타나는 자성이 생긴 막대가 센서를 지나 움직일 때, 센서로부터 나온 펄스 열을 디코딩하면 막대의 상대 위치를 알 수 있다.

나의 양극성 홀 효과 센서를 지나 움직이면, 센서에서 위치 정보로 해석할 수 있는 펄스 열을 생성한다. [그림 6-4]는 이 원리를 나타낸 것이다(자기 회전 인코더magnetic rotary encoder도 존재한다. '회전 인코더rotary encoder' 항목을 참조한다).

이러한 감지 소자를 판독 헤드read head라고도 한다. 판독 헤드를 2개 사용하고 헤드 사이의 간격이 막대의 N극과 S극 사이 간격의 절반이면, 센서에서 나오는 펄스 열 간의 위상차는 자성을 띤 막대가 이동하는 방향을 알려 준다([그림 6-5] 참조).

이 조합을 쿼드러처quadrature라고 하는데, 펄스 열을 조합해서 나오는 경우의 수가 A와 B 모두 HIGH, A와 B 모두 LOW, A가 HIGH이고 B가 LOW, A가 LOW이고 B가 HIGH처럼 네 가지이기 때문이다(쿼드러처에서 쿼드는 4를 뜻한다 - 옮긴

이). 이 원리는 광 회전 위치 센서에서도 사용한다
([그림 7-6] 참조).

이 유형의 선형 위치 센서는 흔히 자기 인코더
magnetic encoder라고도 하는데, 이는 움직이는 부
분의 위치가 일련의 펄스로 인코딩됨을 뜻한다.
철 성분 물질로 이루어진 막대의 N극과 S극을
2mm까지 가까이 위치시킬 수 있기 때문에, 상대
적으로 높은 해상도를 구현할 수 있다. 광 인코더
에서도 같은 원리를 사용할 수 있다. 세부적인 내
용은 '광 선형 인코더optical linear encoder' 항목을 참
조한다.

센서는 아날로그-디지털 변환기가 포함된 모듈
내에 내장할 수 있으며, 이때 변환기는 판독 헤드
의 위치를 정의하는 숫자 출력값을 제공한다.

절대 자기 인코더absolute magnetic encoder에서 비
휘발성 메모리는 장치를 끌 때 디지털화된 위치를
저장할 수 있다. 증분 자기 인코더incremental mag-
netic encoder는 이 정보를 저장하지 않으며, 인코더
가 이동 경로의 어느 한쪽 끝에 있을 때 감지 기능
이 작동하려면 적어도 하나 이상의 홈 센서home
sensor가 추가로 필요하다. 전원이 들어오면 자성
을 띤 막대는 홈 센서가 작동될 때까지 초기화 경
로를 따라 움직인다.

홀 효과 센서Hall-effect sensor에 대한 자세한 설
명은 '홀 효과 센서' 항목을 참조한다.

광 선형 인코더

광 선형 인코더의 작동 방식은 바로 위에서 설명
한 자기 선형 인코더와 거의 동일하지만, 광 격
자optical grating를 광원 및 판독 헤드 역할을 하
는 포토트랜지스터phototransistor나 포토다이오드

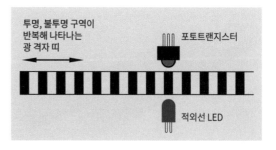

그림 6-6 광 선형 인코더의 일반적인 원리는 자기 선형 인코더와 같다.

photodiode 등의 감지 장치와 함께 사용한다는 점
이 다르다. [그림 6-6]에서 이 원리를 설명한다. 광
격자는 코드 띠codestrip라고도 한다.

포토트랜지스터의 자세한 내용은 22장, 포토다
이오드는 21장을 참조한다.

저가의 광 선형 인코더 중에는 아바고Avago 사
의 HEDS-9 시리즈가 있다. 이 제품은 한쪽 끝에
LED, 다른 쪽 끝에 포토다이오드가 배열된 말굽
모양의 모듈로 구성된다. 코드 띠가 이 모듈의 양
끝 사이를 지나갈 때, 모듈의 내부 비교기는 펄스
열을 2개 방출한다. 펄스 열은 위상에서 90° 벗어
나 있는데, 이를 해석해서 코드 띠가 움직이는 방
향을 알 수 있다.

이 센서는 본체의 폭이 약 10mm이며, 밀리미
터당 1.5~7.87회 반복되는 투명, 반투명 구역을
판독하도록 설계되어 있다. 출력률은 최대 20kHz
이다. 2.5K의 저항이 내장되어 있기 때문에 별도
의 풀업 저항은 필요 없다.

코드 바퀴codewheel를 사용하기도 하는데, 이
경우 모듈은 선형 이동이 아닌 회전을 감지한다.
이에 대한 내용은 7장의 회전 위치 센서rotary posi-
tion sensor에서 자세히 설명한다.

선형 인코더의 응용

광 또는 자기 선형 인코더는 실험 장비나 공작 기계, 산업용 로봇에서 사용한다. 평균 고장 간격mean time between failures은 100,000시간에서 1,000,000시간 사이다. 광 인코더는 밀봉해서 먼지와 오염으로부터 완벽히 보호해야 한다.

선형 가변 차동 변압기 센서

선형 가변 차동 변압기linear variable differential transformer는 약자로 LVDT라고 하며, 고온 증기 밸브나 원자력 제어 기구와 같이 극한 조건에서 뛰어난 안정성이 필요한 산업 환경에서 사용하는 경우가 많다. 그러나 튼튼하고 마찰이 없도록 설계되었기 때문에 다른 방식으로 응용할 가능성도 열려

있으며, 맞춤 가공도 가능하다.

[그림 6-7]은 선형 가변 차동 변압기 센서의 일반 원리를 그림으로 설명한 것이다. 코일 3개가 (비자기) 스테인리스강 튜브 주변에 연속으로 감겨 있으며, 이 튜브는 또 다른 스테인리스강 튜브에 싸여 있다. 코일은 변압기 역할을 하는데, 변압기의 전압률은 코일 속을 통과해 움직이는 철로 된 전기자(電機子)armature의 위치에 따라 변한다.

중심 코일은 1차 권선primary winding으로서, 응용 방식에 따라 2~50kHz의 AC가 걸린다(이 주파수는 적어도 전기자 최대 이동 속도의 10배가 되어야 한다). 철로 된 전기자는 비자기 막대에 부착한다. 2차 권선secondary winding에 걸리는 전압은 센서로부터 출력을 제공한다.

배선도 여러 개일 수 있는데, 가장 일반적인 회로도는 [그림 6-8]에 나와 있다. 2차 코일은 직렬로 연결되어 있으며, 그중 하나는 반대 방향으로 감겨 있기 때문에 전기자가 한쪽 끝에서 다른 쪽 끝으로 이동함에 따라 출력의 위상이 뒤집힌다. 위상 검출기는 전기자의 움직임에 따라 다른 DC 출력을 생성해 위상차에 대응한다. 회로도에 표시된

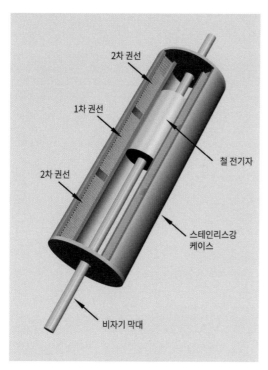

그림 6-7 선형 가변 차동 변압기의 내부를 보여 주는 단면도. 움직이는 철 전기자의 위치로 2차 권선에서 유도되는 전압을 구한다.

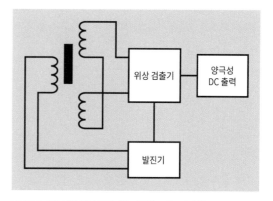

그림 6-8 선형 가변 차동 변압기를 사용하는 대표적인 회로도

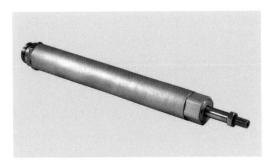

그림 6-9 선형 가변 차동 변압기의 외부 모습.

모든 기능은 하나의 집적회로 칩에서 사용할 수
있다.

    [그림 6-9]는 선형 가변 차동 변압기의 예다.

주의 사항

기계적인 문제

움직이는 기계 장치에는 마찰이 발생하기 마련이
라 이러한 장치는 마모에 취약하며, 그로 인해 접
합부가 느슨해져 정확도가 떨어질 수 있다. 또한
광학 시스템은 먼지와 더러움에 취약하다.

LED 수명

LED의 광 출력은 '계속 켜짐' 상태일 경우, 해가
지남에 따라 그 세기가 약화된다. 이 때문에 센서
의 수명은 영구적이지 않다.

7장

회전 위치 센서

회전 위치 센서rotary(rotational) position sensor라는 용어 대신 회전 센서rotary sensor, 각위치 센서angular position sensor, 각 센서 angle sensor 등을 사용할 수 있다.

회전 속도rotary speed를 실제로 측정하는 센서가 몇 종류 판매되기는 하지만, 일반적으로 회전 속도 센서는 회전 위치 센서에서 받은 정보를 사용한다. 따라서 본 백과사전에서는 회전 속도 감지를 별도의 장으로 다루지 않는다.

회전 인코더rotational encoder는 회전 위치 센서로 사용할 수 있다. 회전 인코더에 대해서는 이 장에서 간단히 다루겠지만, 더 자세한 내용은 본 백과사전 1권에 수록된 스위치switch 항목을 참조한다.

관련 부품

· 선형 위치 센서(6장 참조)

역할

기계 장치를 제어하기 위해서는 움직이는 부품의 위치 정보를 정확하게 제때 알아야 한다. 이 목적으로 회전 위치 센서rotary position sensor를 사용할 수 있다.

센서는 다음의 세 가지 속성을 측정할 수 있다.

- 각 방위angular orientation
- 회전 방향
- 회전 속도

보통 회전 위치 센서는 각 방위만 측정한다. 회전의 방향과 속도 성분을 구하려면 전자부품을 추가로 사용해 위칫값을 여러 개 측정해야 한다. 따라서 속도 센서는 위치 센서 주변에 설치할 가능성이 아주 높으며, 따라서 본 백과사전에서는 속도 센서speed sensor를 별도의 장으로 나누어 설명하지 않는다.

응용

로봇공학에서 회전 위치 센서는 보통 회전하는 팔이나 지지대의 방향을 나타낼 때 사용한다. 모터의 제어 스위치로 사용할 수도 있다.

회전 위치 센서는 구체적으로 태양 전지판의 위치 조정, 원격 조종 비행기, 유도 및 항행, 안테나 위치 조정, 풍력 발전용 터빈의 피치 조정 등에 사용한다.

회전 위치 센서에서 나오는 펄스는 자동차, 산업 공정, 항공기에서 회전 속도를 측정할 때 사용한다. 소형 회전 속도 센서는 냉각 팬과 컴퓨터 하드 드라이브 같은 장치에 내장한다.

회로 기호

회로도에서 회전 위치 센서는 센서가 내장된 감지 소자(포텐셔미터, LED, 포토트랜지스터 등)의 기호로 표시할 수 있다.

포텐셔미터

단회전과 다회전 포텐셔미터는 회전 위치 센서로 사용할 수 있다. 포텐셔미터에 대한 기본 설명은 1권에 수록된 포텐셔미터 항목을 참조한다.

아크 세그먼트 회전 포텐셔미터

아크 세그먼트 회전 포텐셔미터arc-segment rotary potentiometer는 다회전 유형이나 선형 유형보다 더 일반적이기 때문에, 보통 간단히 '포텐셔미터'라고도 한다. 센서로 사용하는 경우 360° 미만의 회전 각을 측정할 수 있다.

이 부품에는 전기 저항인 트랙track이 호 형태를 이루고 있다. 트랙은 저항성 폴리머resistive polymer의 조각 형태이거나, 이보다 드물기는 하지만 니크롬 전선이 감긴 절연체 형태일 수 있다.

감지용으로 사용하는 경우, 포텐셔미터는 [그림 7-1]에서 보는 것처럼 분압기 역할을 하도록 연결할 수 있으며, 이때 길이 전체에 고정 전위가 가해진다. 와이퍼는 저항체를 따라 이동하며, 와이퍼의 위치에 따라 선형으로 변하는 전압을 감지한

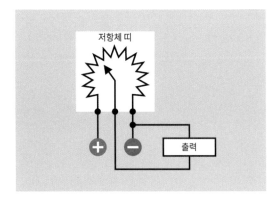

그림 7-1 아크 세그먼트 포텐셔미터는 양 끝에 값을 아는 전압이 걸려 있는 고정 트랙과 위치를 이동시키는 와이퍼로 구성할 수 있다.

다. 와이퍼의 출력은 계측기기와 같은 아날로그 인디케이터를 제어하는 데 직접 사용하거나, 아날로그-디지털 변환기(ADC)로 처리할 수 있다.

음향용으로 사용하는 경우, 아크 세그먼트 포텐셔미터에 들어 있는 저항은 와이퍼의 위치가 이동할 때 로그 스케일에 따라 변할 수 있다. 그러나 이러한 유형의 부품은 일반적으로 위치 센서로 사용하지 않는다.

가격이 저렴한 포텐셔미터는 기존 스테레오 시스템에서 음향이나 음색 조정에 사용했다. 포텐셔미터를 센서 용도로 설계한 경우에는 빈틈이 없도록 제조하기 때문에 먼지나 더러움, 습도 등으로부터 보호가 더 잘 이루어진다. 저렴한 포텐셔미터는 단순한 소형 부품으로서, 별도로 필요한 부품이 거의 없다는 장점이 있다.

가장 큰 단점은 트랙에 윤활유가 포함되어 있어도 와이퍼의 움직임 때문에 어느 정도의 마모가 발생한다. 제품 수명은 진동, 먼지, 습기로 인한 오염 때문에 줄어들 수 있다.

멈춤 장치

아크 세그먼터 포텐셔미터는 와이퍼가 저항체의 어느 한쪽 끝을 넘어서까지 회전하는 일이 없도록 멈춤 장치end stop를 두는 경우가 많다. 보통 이러한 멈춤 장치의 회전 각도는 약 300°로 한정된다.

아크 세크먼트 포텐셔미터 중에는 회전 각도에 제한이 없는 부품도 있다. 본즈Bourns 사의 6639 시리즈가 그 예지만, 회전 각도에 제한이 없더라도 와이퍼는 저항체의 시작과 끝 사이에 존재하는 20°의 '불감대dead zone'에서는 멈추지 못하고 통과한다. 이 유형의 포텐셔미터는 풍향계의 방향 센서에 응용할 수 있다.

다회전 포텐셔미터

코일 용수철과 닮은 나선형 저항체를 사용하면 회전 포텐셔미터에서 여러 번의 회전이 가능하다. 와이퍼는 저항체 내부에서 회전하며, 그 윤곽을 따라 움직인다. 그러나 이 유형의 포텐셔미터는 여전히 각도로 보정되며, 따라서 10회 회전하는 부품은 약 3,600°의 전기적 이동electrical travel이 허용되는 것으로 명시되어 있다.

[그림 7-2]는 다회전 포텐셔미터multiturn rotary potentiometer의 외관이다.

다회전 포텐셔미터는 트리머로 사용할 목적으로 더욱 단순화된 유형이 고안되었다. 포텐셔미터의 크기를 줄이면 기판 설치가 가능해 제조 공정 과정의 보정에 사용할 수 있기 때문이다. 이러한 유형의 트리머는 내부적으로 스퍼 기어spur gear와 맞물리는 웜 기어worm gear를 사용한다. 와이퍼는 스퍼 기어에 위치한다. 이 유형의 트리머가 센서로 응용되는 경우는 없지만, 이를 '다회전 포텐셔미터'라고 하는 일이 매우 흔하기 때문에, 둘을 명확히 구분할 수 있도록 여기에 수록했다.

자기 회전 위치 센서

최근의 자기 회전 위치 센서magnetic rotary position sensor는 겉으로 보면 아크 세그먼트 회전 포텐셔미터와 아주 비슷해 보인다. 그러나 내부에는 영구자석이 축의 베이스에 부착되어 있고, 하나 이상의 홀 효과 센서Hall-effect sensor가 장치 하단부 자석 바로 아래에 있는 작은 회로 기판에 장착되

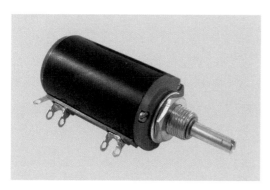

그림 7-2 다회전 포텐셔미터. 납땜 단자 쌍은 코일이 감긴 내부 저항체의 양쪽 끝과 내부적으로 각각 연결되어 있다. 가장 바깥쪽에 위치한 작은 단자는 와이퍼와 연결되어 있다.

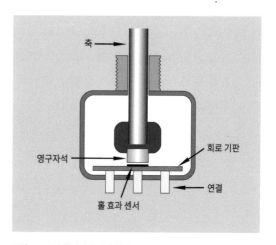

그림 7-3 간단히 나타낸 자기 회전 위치 센서의 내부.

그림 7-4 본즈의 AMS22 자기 회전 위치 센서를 두 가지 방향에서 본 모습.

어 있다. 이를 간단히 그림으로 나타낸 것이 [그림 7-3]이다.

홀 효과 센서에 대한 자세한 내용은 '홀 효과 센서'를 참조한다.

자기 회전 위치 센서는 비접촉식 센서noncontacting sensor라고도 한다. [그림 7-4]는 자기 회전 위치 센서를 두 가지 방향에서 본 모습이다.

[그림 7-4]의 AMS22 센서는 5VDC의 전압을 인가했을 때, 0.1~4.9VDC의 아날로그 출력값을 가진다. 이 유형의 비접촉식 센서는 기존의 포텐셔미터보다 3~4배 비싸지만, 내구성이 아주 뛰어나다는 장점이 있다. 제조사의 데이터시트에 따르면, 이 유형은 5,000만 번의 축 회전을 견딜 수 있다. 단점은 출력 전류가 10mA로 낮다는 점이다. 축의 최대 회전 속도는 120rpm이다.

회전 위치 감지 칩

자기 회전 위치 센서에 사용하는 칩 유형은 개별 부품으로도 사용할 수 있으며, 이 중에는 뛰어난 기능을 가진 칩도 많다. 예를 들어 RLS의 각 자기 인코더angular magnetic encoder인 AM8192B는 44핀

표면 장착형 칩으로서, 홀 센서가 내장되어 있어 칩 위나 아래에 부착된 영구자석의 방위를 감지할 수 있다. 여러 출력값을 바탕으로 회전각의 사인 및 코사인 값과 증분 펄스, SPI 인터페이스를 통한 디지털 출력 정보를 제공한다.

회전 인코더

많은 회전 위치 감지 센서는 회전각을 펄스 열이나 기타 코드화된 신호로 구성된 출력과 함께 전달한다. 이 유형의 회전 센서를 회전 인코더rotary encoder 또는 rotational encoder라고 한다(선형 인코더도 있는데, 이에 대해서는 '자기 선형 인코더magnetic linear encoder' 항목을 참조한다).

이 부품 중 가장 단순한 형태가 기계식 인코더mechanical encoder인데, 여기에는 펄스가 아닌 회전축에 부착된 톱니바퀴로 구동되는 전자기계식 스위치가 2개 들어 있다. 이 부품은 1권에서 스위치switch로 분류해 자세히 소개했다. 기계식 인코더는 가격이 저렴하고 단순해서 자동차 라디오와 소형 스테레오 시스템의 회전 제어에 많이 사용하지만 스위치의 기대 수명은 길지 않으며, 논리 칩이나 마이크로컨트롤러와 접촉하는 경우 '잡음'이 섞인 출력을 발생하기 때문에 반드시 디바운싱debounce 과정이 필요하다. 보통 마이크로컨트롤러에는 스위치 접점이 안정될 때까지 실행을 최대 50ms까지 지연할 수 있는 코드가 프로그램에 내장되어 있다(제조업체 따라서는 제공되는 시간이 5ms에 불과한 제품도 있다).

한 가지 혼동을 일으킬 수 있는 문제는 기계식 인코더만을 '회전 인코더'로 지칭하고는 있지만, 바로 다음에서 설명하는 것처럼 회전 인코더에는

광학 방식이나 자기 방식도 존재한다는 점이다. 그렇다고 해도 보통 회전 인코더라고 하면 전자기계식 스위치를 사용하는 인코더를 지칭한다.

광 회전 인코더

광 회전 인코더optical rotary encoder 유형의 부품은 '광 선형 인코더optical linear encoder' 항목에서 설명한 부품과 동일한 원리로 작동한다. 차이가 있다면 코드 띠codestrip 대신 코드 바퀴codewheel를 사용한다는 점이다. 코드 바퀴는 코드 바퀴 판독용 부품을 제조하는 업체가 공급하는 것이 보통이다.

[그림 7-5]는 투과식 코드 바퀴transmissive codewheel를 나타낸 것이다. 이 그림에서 광 방출기와 광 검출기 사이의 거리는 구별이 쉽도록 실제보다 떨어뜨려 그렸다.

일부 광 회전 인코더는 반사식 코드 바퀴reflective codewheel를 사용하는데, 이 경우 빛을 흡수하는 구역과 빛을 반사하는 구역이 반복되어 나타나며, 방출기와 검출기가 모두 바퀴의 같은 쪽에 위치한다.

광 방출기와 광 검출기를 하나씩만 사용하는 경우, 센서에서 생성하는 펄스 열은 이전 위치에 대한 바퀴의 증분량을 보여 준다.

하나의 센서로는 회전 방향을 나타낼 수 없지만, 또 다른 방출기 및 검출기 쌍을 첫 번째 쌍과 위상차가 90°가 되도록 추가하면, 마이크로컨트롤러가 펄스 흐름 사이의 위상차를 측정해 바퀴가 회전하는 방향을 알려 준다. 이러한 원리를 나타낸 것이 [그림 7-6]이다. 여기서 방출기와 검출기가 A와 B에 각각 쌍으로 위치해 있다. 녹색 선은 이 배열에서 바퀴를 각각 시계 방향과 반시계 방향으로 회전시켰을 때의 펄스 열이다. 이 조합은

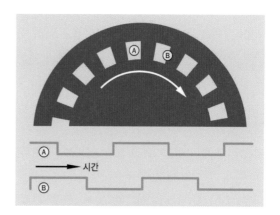

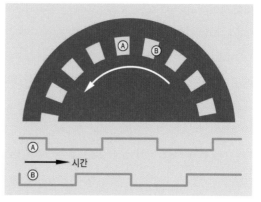

그림 7-6 A와 B 위치에 검출기와 탐지기를 각각 한 쌍씩 위치시켰을 때, 펄스 열의 위상차는 바퀴의 회전 방향을 알려 준다.

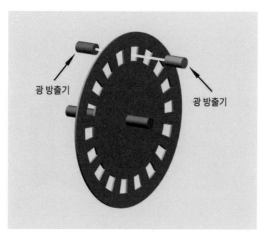

그림 7-5 광 회전 인코더에서 사용하는 광 투과식 코드 바퀴.

쿼드러처quadrature라고 하는데, 펄스 열을 조합해서 나오는 경우의 수가 A와 B 모두 HIGH, A와 B 모두 LOW, A가 HIGH이고 B가 LOW, A가 LOW이고 B가 HIGH의 네 가지이기 때문이다(쿼드러처에서 쿼드는 4를 뜻한다 - 옮긴이).

이는 [그림 6-5]에서 설명한 자기 선형 위치 센서의 원리와 동일하다.

쿼드러처 방식 대신 광 회전 인코더의 디스크에 별도의 저항체를 2개 둘 수도 있다. 이때 한쪽 저항체에는 투명 구역, 다른 쪽 저항체에는 반투명 구역을 두되, 각각의 구역 수는 서로 같게 하고 두 저항체가 펄스 길이의 절반만큼 어긋나도록 위치시켜야 한다.

이 장치는 바퀴의 상대적인 움직임은 알려 주지만, 절대적인 각위치는 알려 주지 못하기 때문에 증분 센서incremental sensor라고 한다.

광학 제품

고급형 광 회전 인코더는 고해상도를 제공하기 위해, 투명 및 불투명 순차 세그먼트가 최대 600개 있는 디스크를 사용하기도 한다. 이 부품들은 본 백과사전에서 다루지 않는다.

가격이 적당한 광학 인코더는 축 구동 부품으로 사용할 수 있는데, 겉보기에는 포텐셔미터와 매우 비슷하다. 보통 단자가 4개 달려 있는데, 한 쌍은 전원과 접지 연결을 위해, 다른 한 쌍은 2개의 내부 센서에서 받는 쿼드러처 출력을 위한 것이다. 내부 센서는 데이터시트에서 보통 A와 B로 구별한다. 인코더 중에는 축을 눌러 작동하는 온-오프 스위치가 포함된 제품도 있으며, 이 경우 단자가 2개 더 달려있다.

본즈는 이 유형의 인코더 제조를 선도하는 기업으로, 이곳에서 생산하는 EM14는 바닥 면적이 14mm2인 정사각형 모양의 상자 형태로 설치된다. EM14는 5VDC의 공급 전압을 사용하며, 최대 0.8VDC 간격으로 최소 4VDC의 펄스를 내보낸다. 현재 회전당 8~64펄스를 제공하는 다양한 유형의 제품이 판매되고 있다. 음향기기로 고안된 이 유형의 제품은 회전 속도가 최대 120rpm에 달한다.

[그림 7-7]은 독일 제조사에서 판매하는 광 회전 인코더 제품이다. 이 제품은 회전당 25펄스의 해상도를 제공한다. 사각형 패키지의 바닥 치수는 약 19mm×25mm이다. 공급 전원에는 3.3VDC나 5VDC가 있다.

이 유형의 광 회전 인코더는 이 책을 집필하는 시점에서 그 가격이 기계식 회전 인코더의 약 5배 정도지만, 수명과 깨끗한 출력 신호 덕분에 기계식 대신에 사용하기 좋다. 가격차 역시 시간이 지남에 따라 줄어들 것으로 보인다.

아바고 사의 HEDS-9 시리즈 같은 인코더는 보호 용기가 없는 상태로 판매되며, 제조사에서 판

그림 7-7 메가트론 엘렉트로닉(Megatron Elektronik)의 MRB25 시리즈 중 하나인 소형 증분 광 회전 인코더

그림 7-8 DIY 로봇 제작용으로 출시된 기본형 광학 인코더.

매하는 코드 바퀴와 조립해 사용한다. HEDS-9에 대한 추가 설명은 [그림 6-6]을 참조한다.

[그림 7-8]은 사이트론 테크놀로지Cytron Technologies 사에서 판매하는 아주 기본적인 광 회전 인코더로서, 소형 기판에 설치된 광 스위치optical switch와 슬롯이 뚫린 원반 형태의 코드 바퀴가 분리되어 있다. 이 저가의 키트는 DIY 로봇 제작용으로 사용한다. 광 스위치에 대한 자세한 설명은 광 물체 감지 센서optical presence sensor 항목에서 확인할 수 있다([그림 3-3] 참조).

컴퓨터 마우스의 원리

단단한 고무공을 사용하는 컴퓨터 마우스의 원래 설계에는 2개의 광 회전 인코더가 서로 직각으로 위치해 있었다. 각각의 인코더는 투과식 코드 바퀴를 사용했다.

마우스가 책상 위로 움직이면 공이 안에서 구르며 코드 바퀴를 회전시키고, 마우스 내의 전자 부품은 인코더의 출력을 컴퓨터가 해석할 수 있는 펄스 열로 전환했다. [그림 7-9]는 마우스의 주요 부품을 나타낸 것이다.

광 마우스optical mouse는 이와는 다른 원리로 작동한다. 광 마우스는 광 어레이에 비치는 책상 표면의 흑백 영상을 유지하는 방식으로 작동하며,

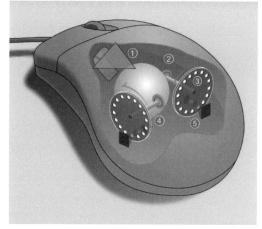

그림 7-9 출처: 위키미디어 공용. 이 그림은 제레미 켐프(Jeremy Kemp)가 그린 것으로 ① 볼의 회전, ② 볼과 접촉하고 있는 롤러, ③ 투과식 광학 코드 바퀴, ④ 두 번째 코드 바퀴로 빛을 통과시키는 적외선 LED, ⑤ 빛의 펄스를 감지하는 센서를 각각 나타낸다.

이때 광 어레이는 해상도가 매우 낮은 카메라 센서와 비슷한 기능을 한다. 마우스 내의 전자부품은 마우스가 움직일 때 이 흑백 영상의 변위를 포착한다.

회전 속도

증분 회전 인코더는 상대적인 데이터를 제공하지만 이것만으로도 다양한 응용이 가능하다. 특히 속도 측정에 마이크로컨트롤러를 사용하면 센서에서 나온 펄스 열을 대상 주파수와 비교할 수 있으며, 모터 속도를 적절히 조정하는 데 필요한 피드백 값을 제공받을 수 있다. 이 기능은 스텝 모터나 펄스 폭 변조 방식으로 제어되는 DC 모터를 사용할 때 편리하다(1권의 모터motor 항목을 참조한다).

톱니바퀴나 자성을 띠는 바퀴는 보통 자동 변속 장치부터 컴퓨터 디스크 드라이브에 이르는 다양한 장치에서 회전 속도를 측정할 때 사용한다.

두 번째 센서를 추가하면 회전 방향을 알 수 있지만, 그렇다고 해도 여전히 부품의 절대적인 방위에 대한 정보는 제공하지 않는다.

절대 위치

관련 전자부품에 비휘발성 메모리를 장착하면, 이를 사용해 센서와 바퀴의 위치가 바뀔 때마다 그 위치를 저장할 수 있다. 이 기능은 자동차 라디오나 스테레오 시스템에서 음량 조절과 같은 그다지 중요하지 않은 응용에 사용할 수 있다.

또는 광학식 바퀴에 구멍을 하나 추가해 홈 센서home sensor를 활성화할 수 있다. 이 장치에 전원을 인가하면 바퀴는 홈 센서가 켜질 때까지 도는데, 이 시점에서 바퀴의 방향을 알게 되며 회전 센서에서 이후에 발생되는 펄스로 각에 대한 정보를 추가하거나 제외한다.

홈 센서에서 생성된 펄스는 데이터시트에서 기준 신호reference signal나 인덱스 신호index signal로 표기할 수 있다. 데스크톱 컴퓨터 초창기에는 5.25인치 플로피 디스크에서 이 용도로 사용하기 위한 인덱스 구멍이 뚫려 있었다.

그레이 코드

절대 위치를 구하는 데 있어 신뢰도를 높이기 위해 광학식 바퀴를 몇 개의 동심원 트랙으로 나눌 수 있다. 이때, 각 트랙은 다른 부호 서열을 포함하며, 트랙마다 광 방출기와 광센서가 할당된다. 센서는 디스크가 회전할 때 이들을 스캔하기 위해 방사선 형태로 배열되어 있다. 각 검출기가 신호를 1개 제공할 수도, 전혀 제공하지 않을 수도 있기 때문에 센서 출력은 합쳐서 이진수로 나타낼

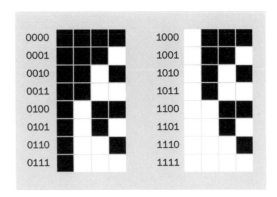

그림 7-10 0000에서 1111까지의 이진 코드. 흰색 사각형이 1, 검은색 사각형이 0을 나타낸다.

수 있다.

[그림 7-10]은 십진수 0에서 15에 해당하는 0000에서 1111까지의 이진 코드를 나타낸 것이다. 여기서 흰색 사각형은 1, 검은색 사각형은 0을 의미한다.

[그림 7-11]은 이 시스템을 코드 바퀴에 적용한 모습이다. 빨간색 점은 정지 상태의 광 검출기 위치다. 이 점들은 처음 시작할 때 0000 값을 기록하

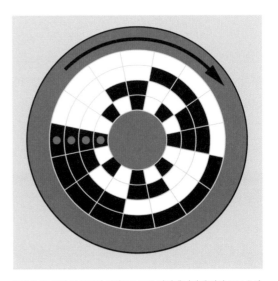

그림 7-11 투명 및 불투명 영역으로 코드 바퀴에 나타낸 이진 코드 순서. 빨간색 점은 광 검출기의 위치를 나타낸다.

는데, 이 섬블이 바퀴의 불투명한 4개 영역과 일치하기 때문이다. 이제 바퀴가 화살표 방향으로 16분의 1바퀴 회전하면, 검출기가 0001을 기록한다. 바퀴가 계속 돌면, 검출기가 이진법 방식으로 최대 1111까지 숫자를 센 뒤 다시 처음의 0000으로 돌아가 계수를 반복한다.

이 설계 방식의 문제는 제조 과정에서 정확성이 조금 떨어지거나 다른 결함이 발생하면, 바퀴가 회전할 때 일부 광 검출기가 다른 광 검출기보다 조금 빨리 반응한다는 점이다. 이는 바퀴의 인접 영역 중 2개 이상이 투명에서 불투명, 또는 그 반대로 바뀔 때 일어난다. 예를 들어, 0011 다음에 0100이 와야 하는데, 일시적으로 0010, 0001, 0111, 0110, 0101의 값이 발생할 수 있다. 이 값의 발생이 일시적이라도, 이로 인해 연관 전자부품이 잘못 활성화될 수 있다.

이 문제를 해결하기 위해 숫자가 다음으로 넘어갈 때 4개의 센서 중 하나만 값이 변하는 식의 코드 순서를 사용할 수 있다. 이를 그레이 코드 Gray code라고 하며, 이 방식을 사용하면 동시에 값이 변하는 문제를 해결할 수 있다. 일반적으로 사용하는 그레이 코드는 [그림 7-12]와 같다.

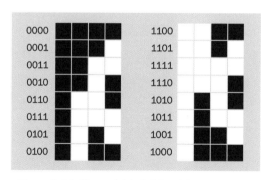

그림 7-12 숫자가 다음으로 넘어갈 때 이진 숫자가 하나씩 변하도록 하는 그레이 코드.

자기 회전 인코더

철로 된 바퀴의 여러 구역이 자성으로 인해 양극화될 때 바퀴의 회전은 홀 효과 센서를 사용해 검출할 수 있는데, 이때 사용하는 방식은 투명 및 불투명 구역으로 나뉜 바퀴를 광 검출기와 광 방출기로 평가하는 방법과 상당히 유사하다. 이를 설명한 것이 [그림 7-13]으로, 여기서 빨간색과 파란색 띠는 자북극과 자남극을 뜻한다.

홀 효과 센서에 대한 자세한 내용은 '홀 효과 센서Hall-Effect Sensor' 항목을 참조한다.

홀 효과 센서는 [그림 7-14]처럼 첫 번째 센서와

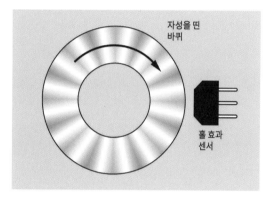

그림 7-13 홀 효과 센서는 여러 개의 자북극과 자남극으로 나뉘어진 바퀴의 회전을 검출할 수 있다.

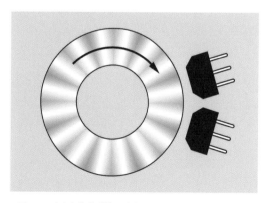

그림 7-14 바퀴의 회전 방향은 센서 2개에서 생성되는 펄스 열 사이의 위상차를 이용해 구할 수 있다.

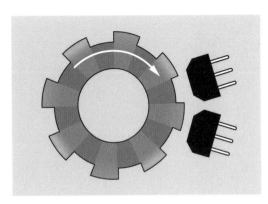

그림 7-15 톱니바퀴를 사용하면 톱니가 자성을 띨 때 홀 센서를 활성화할 수 있다.

떨어진 곳에 추가할 수 있다. 앞서 말한 것처럼 펄스 열 간의 위상차를 사용하면 회전 방향을 결정할 수 있다.

그렇지 않으면, [그림 7-15]처럼 톱니바퀴를 사용할 수도 있다.

그 외에 한 쌍의 자석을 자성이 없는 바퀴에 부착하고, 가운데에 홀 효과 센서를 놓는 방법이 있다. 사용하는 센서가 아날로그 값을 출력한다면, 전압이 센서의 공급 전압과 비교해 양에서 음으로

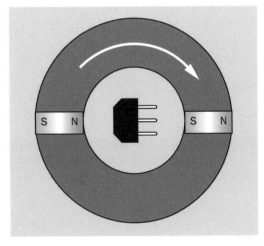

그림 7-16 홀 효과 센서는 그림처럼 2개의 자석이 장착된 고리의 회전 각도를 검출할 수 있다.

매끄럽게 변한다. 그렇지 않으면 양극성 홀 효과 센서를 사용해 이진 출력값을 제공할 수도 있다. 이 개념을 설명한 것이 [그림 7-16]이다. 이 구성은 바퀴의 절대 위치에 대한 대략적인 정보를 알 수 있다는 장점이 있다.

자석이 2개라면 대략적으로 ±30°의 회전 범위에서 사용할 수 있는 선형 센서 출력값을 제공할 수 있다. 자석이나 센서를 추가하면 더 복잡한 출력값을 생성하는데, 이 값은 마이크로컨트롤러로 해독할 수 있다.

사용법

광 인코더나 회전 인코더는 펄스를 세거나 펄스 열을 비교하고 그레이 코드를 해석하는 마이크로컨트롤러 프로그램과 함께 사용하는 데 적합하다. 이 경우 마이크로컨트롤러가 알아서 적절한 조치를 취한다. 예를 들어, 회전 인코더를 사용해 오디오 증폭기의 이득을 제어하려고 할 때, 마이크로컨트롤러는 인코더의 회전으로 회전 방향과 각도를 구하고, 디지털 포텐셔미터digital potentiometer의 값을 변경해 회전에 반응할 수 있다(1권 참조).

집적회로 칩은 쿼드러처 신호 순서를 업 펄스나 다운 펄스로 변환하는 데 사용할 수 있어, 마이크로컨트롤러 프로그램을 사용하는 번거로움이 없어지고 있다. LSI 컴퓨터 시스템즈LSI Computer Systems 사의 LS7183이 대표적인 예다.

주의 사항

배선 오류

센서 2개가 회전 인코더의 회전 방향을 감지하는

데 센서의 출력이 의도치 않게 바뀌면, 해당 부품은 회전 방향이 반대로 표시되는 것을 제외하면 정상적으로 동작하는 것처럼 보인다.

코딩 오류

쿼드러처 신호를 해석하는 마이크로컨트롤러의 코드는 펄스 열의 속도를 쫓아갈 수 있을 정도로 빨라야 한다. 마이크로컨트롤러가 다른 작업을 수행하고 있다면, 회전 데이터를 처리하는 데 인터럽트가 필요할 수 있다. 손잡이나 다이얼 방식을 사용해 인간이 직접 입력하는 신호를 해석할 때는 큰 문제가 아니지만, 모터 구동 인코더라면 하드웨어에서 펄스 계수 방식을 사용하는 게 더 나을 수 있다.

모호한 용어

회전 인코더는 선형 인코더보다 더 흔하게 사용하기 때문에, 간단히 '인코더'라 부르는 경우가 많다. 인코더를 검색할 때 각각의 데이터시트를 잘 살펴보고 원하는 유형을 선택해야 한다.

8장

기울기 센서

기울기 스위치tilt switch는 여기서 전자기계식 스위치로 정의하지만, 기울기 센서tilt sensor는 전자부품으로 취급한다. 이 장에서 두 유형을 모두 다룬다.

전도 스위치tipover switch는 기울기 스위치와 매우 유사하며, 원리도 동일하기 때문에 이 장에서 다룬다.

일부 제조사 데이터시트에서는 기울기 스위치를 팁 센서tip sensor라고도 한다. 아시아 공급업체 카탈로그에서는 기울기 스위치를 브레이크오버 스위치breakover switch라고도 한다.

가속도계accelerometer는 아래로 잡아당기는 중력에 대한 각도를 측정할 때 사용하지만, 다른 기능도 있다. 따라서 본 백과사전에서는 이를 별도의 장으로 다룬다.

상향 경사계inclinometer는 관측점에서 건물이나 나무 같은 물체 꼭대기까지의 상향 경사, 즉 양의 경사positive slope를 구할 때 사용한다. 경사도를 이용하면 해당 물체의 높이를 구할 수 있다. 하향 경사계clinometer는 하향 경사, 즉 음의 경사negative slope를 측정한다. 이러한 측정 장치는 센서와 달리 자체로 기능하는 제품으로, 따라서 이 책에서는 다루지 않는다.

관련 부품

- 가속도계(10장 참조)
- 진동 센서(11장 참조)

역할

기울기 센서tilt sensor에는 보통 세 유형이 있다.

1. 단일 축, 단일 출력: 이 센서는 하나의 수평축이 아래 방향의 중력에 대해 기울어지면 반응한다.
2. 이중 축, 이중 출력: 이 센서에는 2개의 감지 소자가 서로 직각을 이루고 있다. 감지 소자는 각

각 하나의 축에서 수직 방향으로 기울어진 각에 의해 결정된 출력을 생성한다.
3. 이중 축, 단일 출력: 하나의 센서가 수평축에서 수직 방향으로 기울어진 각에 반응한다.

기울기 스위치tilt switch는 보통 세 번째 유형이 많은데, 이 책은 연결이 열리거나 닫히는 전자기계식, 또는 전자식 스위치도 기울기 스위치에 포함

된다고 정의한다. 대다수 기울기 스위치는 SPST 상시 열림 또는 상시 닫힘 유형이다.

전도 스위치tipover switch는 고전류 기울기 스위치의 한 유형으로, 전기 히터 같은 장치가 넘어졌을 때 전류를 차단한다.

본 백과사전에서는 기울기 센서tilt sensor를 전자기계식 부품이 아닌 전자부품으로 정의한다. 이 구분은 데이터시트에서도 보통 확인할 수 있지만, 항상 그런 것은 아니다.

회로 기호

기울기 센서를 나타낼 때 사용하는 일반적인 회로 기호는 없다. 스위치 기호로 표시한 뒤, 메모를 달아 구별할 수 있다.

작동 원리

기울기 스위치가 기울기 센서보다 더 단순한 장치이기 때문에 기울기 스위치를 먼저 설명한다.

기울기 스위치의 가장 단순한 유형은 보통 5mm×15mm의 원통형 금속 또는 플라스틱 용기 안에 니켈 또는 금으로 도금된 2개의 금속 공이 들어가 있는 형태다. 스위치가 기울어지면 공이 아래로 구르면서, 더 아래쪽에 있는 공이 두 접점 사이 또는 하나의 접점과 스위치의 금속 용기 사이에 전기적인 연결을 만든다. 두 번째 공은 첫 번째 공에 무게를 더하고 진동을 줄여줄 목적으로 포함한다.

[그림 8-1]은 코무스 글로벌Comus Global 사에서 생산되는 스위치로, 전압이 최대 60VAC 또는 60VDC일 때 정격 전류가 0.25A이다. 스위치 본체의 크기는 약 10mm×5mm이며, 스위치는 수평

그림 8-1 코무스 글로벌의 CW1300 기울기 스위치

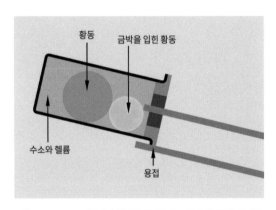

그림 8-2 CW1300 기울기 스위치의 내부(출처: 제조사의 척도). 아래 단자는 센서의 용기와 용접되어 있다. 단자는 회로 기판에 삽입할 수 있다.

을 기준으로 기울기 각도가 -10°이면 활성화하고, +10°면 비활성화한다. [그림 8-2]는 스위치 내부의 척도를 나타낸 것이다.

[그림 8-3]에서는 기울기 스위치의 기본적인 세 가지 내부 구성을 보여 준다. 가장 위의 구성에서 단자는 축 형태로 배치되고, 스위치의 용기에는 금속을 사용해 회로를 완성한다. 가운데 구성에는 대칭형 단자와 플라스틱 용기를 사용했다. 가장 아래 구성에서는 대칭형 단자를 사용했으나, 단자 중 하나를 금속 용기에 부착해 회로를 완성한다.

[그림 8-4]는 기울기 스위치를 분해한 모습이다.

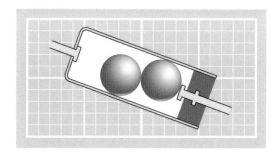

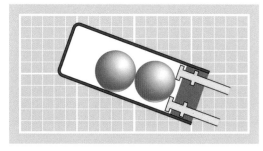

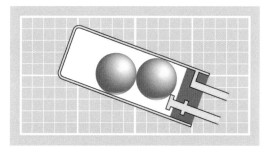

그림 8-3 공으로 작동하는 일반적인 기울기 스위치의 세 유형. 배경 눈금 한 칸의 크기는 1mm이다.

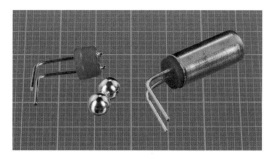

그림 8-4 오른쪽이 기울기 스위치, 왼쪽이 본체에서 분리한 캡과 2개의 금속 공이다. 금속 공은 내부에서 접점을 만든다. 배경 눈금 한 칸의 크기는 1mm이다.

난순한 유형

크기를 크게 고려하지 않아도 된다면, 기울기 스위치는 무게가 있는 선회식pivoting 팔에 소형 스냅 동작 스위치를 부착해 만들 수도 있다.

응용

구식(비전자식) 온도 조절 장치에서 기울기 스위치는 나선형으로 꼬인 바이메탈 띠(두 가지 금속으로 이루어져 있어서 온도에 따라 모양이 달라진다 - 옮긴이) 끝부분에 부착할 수 있다. 온도가 낮아지면 바이메탈 띠가 휘면서 스위치의 접점이 닫혀 릴레이를 활성화하며, 이로 인해 발열체가 작동한다. 온도가 높아지면, 동일한 릴레이의 다른 접점이 공기 냉각 장치를 작동한다. 구형 온도 조절 장치의 기울기 스위치에는 수은이 유리관에 들어 있을 수 있기 때문에 주의해서 다루어야 한다.

기울기 스위치는 단순한 경보 시스템에서 문이나 창문이 열렸는지 여부를 감지할 수 있다.

기울기 스위치는 자동차 트렁크 문이 열렸을 때, 내부 전등을 켜고 끄는 데에 사용한다.

상시 닫힘 상태의 기울기 스위치는 저장 용기가 포화 상태일 때, 입자 물질의 추가 유입을 중단하는 데에도 종종 사용한다. 이를 용기 스위치bin switch라고도 한다. 이 유형의 산업적 응용에서, 스위치는 끝에 구체가 달린 긴 레버로 작동된다. 스위치가 사용된 장치는 물리적인 크기가 매우 크다 (다음 페이지 [그림 8-5] 참조).

상시 열림 상태의 기울기 스위치는 탱크 내 액체가 특정 높이 아래로 내려가면 밸브를 작동하거나 펌프를 시작하도록 할 수 있다. 액체의 높이를 감지하기 위해 부표인 플로트를 사용하는 경우는

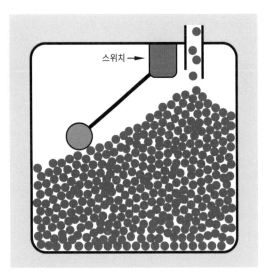

그림 8-5 저장 용기로 유입되는 입자 물질은 기울기 스위치로 감지해 유입을 중단할 수 있다. 보통 이 유형의 스위치를 용기 스위치라고 한다.

기울기 스위치를 플로트 스위치float switch라고도 한다. 이에 대해서는 15장의 수위 측정 센서 항목에서 자세히 설명한다.

전도 스위치tipover switch는 무게가 나가는 단순한 팔arm 형태를 사용해 스냅 동작 스위치를 작동한다. 실내용 히터와 함께 사용할 경우, 스위치는 상당한 크기의 전류를 제어할 수 있어야 한다.

전도 스위치는 오토바이가 옆으로 쓰러졌을 때, 전기식 연료 펌프를 정지시키는 데 사용할 수도 있다.

기울기 스위치 4개를 비고정식 거치대 위에 십자 형태로 설치하고 그 가운데에 조이스틱을 고정하면, 아주 단순한 게임 컨트롤러로 사용할 수 있다.

다양한 유형

[그림 8-3]에서 살펴본 공을 사용한 기울기 스위치의 세 유형은 기능면에서 모두 동일하며, 회로에 맞는 단자 형태를 선택하면 편하게 사용할 수 있다.

수은 스위치

구형 기울기 스위치에는 수은 방울이 유리 전구 내에 들어 있었다. 전구가 기울어지면 수은이 한쪽 끝으로 굴러가서 유리 전구에 삽입된 두 금속 접점 간에 전기적 연결을 만들었다.

[그림 8-6]은 이 원리로 작동하는 소형 수은 스위치의 모습이다. 수은이 여러 나라에서 환경적으로 위험한 물질로 분류되고 사용을 제한하는 법률이 제정되면서, 이 센서 유형은 거의 사용하지 않게 되었다.

수은은 전도성이 아주 뛰어난 도체로, -38℃에

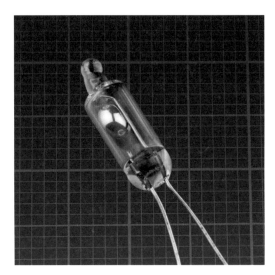

그림 8-6 24VDC나 24VAC에서 정격 전류가 0.3A인 소형 수은 스위치. 크기가 커지면 스위칭할 수 있는 전원의 크기도 커진다. 대형 수은 스위치는 전압이 230V일 때 일반적으로 정격 전류가 1A이다. 배경 눈금 한 칸의 크기는 1mm이다.

서 +356℃ 사이의 온도에서 액체 상태로 존재하며, 표면 장력이 아주 커서 흩어지지 않고 하나의 물방울 상태를 유지한다. 전극의 산화를 막기 위해 전구 안의 빈 공간은 비활성 기체로 채워져 있기 때문에, 수은 스위치의 운전 수명은 아주 길다. 1970년대 미국에서 수은이 포함된 일부 전구 스위치는 수명이 100년이라고 광고하기도 했다.

진자식 스위치

진자식 스위치는 최근에는 거의 사용하지 않지만, 이전에는 고전적인 핀볼 기계에 사용했다. 이 스위치는 내부 지름이 약 1cm인 금속 고리에 매달려 있는 약 5cm 길이의 진자로 이루어져 있다. 핀볼 기계가 흔들려서 진자가 고리와 닿으면 게임이 끝난다. 게임이 끝났을 때 화면에 'Tilt(기울어짐)'라는 단어가 표시되어 이 스위치를 기울기 스위치 tilt switch라고 했지만, 실제로는 진동 주기가 긴 진동 센서vibration sensor의 일종이었다.

자기화

기울기 스위치에서는 공이 원형의 오목한 곳이나 고리 부분에 굴러갔을 때, 더 단단히 고정되도록 약한 자성을 띤 강철 공을 사용하기도 한다. 이 유형의 스위치는 공을 고리에서 떨어뜨리기 위해 더 큰 각도로 스위치를 기울여야 한다. 따라서 히스테리시스hysteresis 현상이 크게 나타난다.

기울기 센서

기울기 스위치와 달리, 기울기 센서는 전자기계식 스위치 주변에 설치하지 않는다.

원칙적으로 공은 작게 만들어 소형 용기(10mm² 이하) 안에 밀폐시키는데, 이 안에서 공이 구르면서 포토트랜지스터를 비추는 내부 LED의 빛을 차단한다. 대표적인 예가 파나소닉 사의 AHF 시리즈다. 이 제품은 내부 회로 덕분에 ON-OFF 신호가 깨끗하고, 공을 사용하는 기울기 스위치에서 나타나는 문제인 접점 반동 현상이 없다. 그러나 스위치에 전원을 공급해야 하고, 개방 컬렉터 출력에서는 반드시 풀업 저항을 사용해야 한다. 그에 비해, 단순한 전자기계식 기울기 스위치는 제어하려는 장치에 직접 연결할 수 있다.

[그림 8-7]은 파나소닉 데이터시트에 수록된 다이어그램으로, 수직 방향, 수평 방향, 거꾸로 설치

수직 설치	수평 설치	거꾸로 설치
AHF21	AHF22	AHF23

그림 8-7 파나소닉 기울기 센서의 세 유형(출처: 제조사의 데이터시트). 자세한 내용은 본문 참조.

그림 8-8 파나소닉의 AHF22 기울기 센서를 외부에서 본 모양. 바탕의 눈금 간격은 1mm이다.

가 가능한 세 유형의 AHF 센서를 보여 준다. 각각의 경우 공(점선으로 나타낸 원)은 얕은 접시(점선으로 나타낸 곡선) 위에 놓여 있으며, 내부의 LED(그림에서 표시 안 됨)에서 나오는 광선을 차단한다. AHF22를 외부에서 본 모양은 [그림 8-8]과 같다.

2축 기울기 센서

롬Rohm 사의 RPI-1035는 크기가 약 4mm²인 표면 장착형 기울기 센서로, 포토트랜지스터의 출력 2개를 통해 어느 축 쪽으로 센서가 기울어졌는지 알 수 있다. 출력은 2비트 이진수로 해석할 수 있는데, 이때 생성할 수 있는 상태는 네 가지다. 이를 바탕으로 서로 직각을 이루는 2개의 축 주변에서 센서가 어느 방향으로 회전하는지 알 수 있다. 이 유형의 센서는 디지털 카메라와 같은 소비자 가전제품의 방향을 나타내기 위해 개발되었지만,

가속도계가 내장된 보다 정교한 센서가 가격 면에서 점차 경쟁력을 얻고 있다.

표면 장착형 2축 기울기 센서는 실험에 적합한 소형 브레이크아웃 보드에 장착할 수 있도록 제작되었다. 대표적인 예가 [그림 8-9]에서 보는 패럴렉스Parallax 사의 28036이다.

이 기판에 설치된 공 회전 센서의 행동을 나타낸 것이 [그림 8-10]이다. 이 센서 내부에는 사각형의 공간이 보이고, 그 안에 파란색 원이 그려져 있다. 사각형의 한쪽 모서리에는 빨간색 LED가, 왼쪽과 오른쪽 모서리에는 A와 B로 표시된 포토트랜지스터가 각각 위치해 있다. 센서가 그림의 1번과 같은 상태면 LED가 위쪽, 공은 아래쪽에 위치하므로, 포토트랜지스터는 2개 모두 LED에서 빛을 받을 수 있어서 'HIGH' 상태를 출력한다.

[그림 8-10]의 2번 그림은 센서를 90° 회전시킨 모습이다. 이제 공은 빛이 B 센서로 가지 못하도록 막고 있지만, A 포토트랜지스터는 여전히 활성

그림 8-9 패럴렉스에서 판매하는 2축 기울기 센서를 브레이크아웃 보드에 설치한 모습.

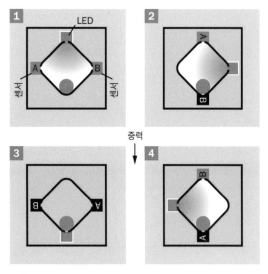

그림 8-10 패럴렉스 28036 내부의 공 회전 센서. 자세한 내용은 본문 참조.

화되어 있다. 그림 3은 센서를 다시 한 번 90° 회전시켜서 공이 LED에서 나오는 빛을 모두 차단하도록 한다. 이때는 2개의 포토트랜지스터가 모두 빛을 받지 못한다. 그림 4에서 공은 A 포토트랜지스터로 가는 빛은 차단하지만, B 포토트랜지스터로 가는 빛은 차단하지 않는다.

센서가 수평면에 평평하게 놓여 있다고 가정해 보자. 센서는 이제 수평축 2개 중 어느 한쪽 주변으로 기울어질 때 반응한다. 이 경우 제품 설명에 적힌 것처럼 네 방향 기울기 센서라고 말할 수도 있지만, 설계의 실제 의도는 위 설명처럼 하나의 수평축을 기준으로 회전하면서 네 상태를 거치도록 한 것이라 볼 수 있다.

부품값

대형 기울기 스위치의 경우 240VAC 전압에서 정격 전룟값이 최대 10A인 제품도 있다. 일반적인 15mm 길이의 기울기 스위치라면, 전압이 24VAC나 24VDC일 때 정격 전류가 약 0.3A 정도다.

작동 각도operating angle란 스위치가 작동하기 위해 정상적인 정지 위치에서 기울어져야 하는 각도를 말한다.

회복 각도return angle는 스위치를 비활성화하기 위해 돌아와야 하는 각도다. 센서를 활성화하는 각도보다 회복 각도가 작으면 히스테리시스 현상이 발생한다.

개방 컬렉터 출력을 지원하는 기울기 센서는 내장된 LED의 최대 순방향 전류(보통 50mA 이하), 출력부의 최대 컬렉터-이미터 전압(보통 30V), 최대 컬렉터 전류(대부분 30mA)를 명시해야 한다. 개방 컬렉터 출력에 대해서는 부록 A에서 설명한다('3. 아날로그: 개방 컬렉터' 참조).

사용법

전자기계식 기울기 스위치는 전원과 장치 사이에 직접 연결할 수 있다. 단, 장치가 스위치의 정격 전류 이상을 끌어와서는 안 된다. 모터 같은 유도성 부하는 정격 가동 전류보다 적어도 두 배 이상 큰 서지 전류를 끌어올 수 있는 반면, 릴레이는 연결이 끊어질 때 전압 스파이크를 생성할 가능성이 높다는 점을 유념해야 한다. 따라서 이런 사항들을 고려해 스위치를 선택해야 한다. 이 주제에 대한 자세한 내용은 1권의 스위치switch 항목을 참조한다.

소형 기울기 스위치는 릴레이나 트랜지스터와 함께 사용하면 더 큰 부하를 구동할 정도로 신호를 증폭할 수 있다.

전자기계식 기울기 스위치가 마이크로컨트롤러나 논리 칩 같은 전자부품에 연결되어 있는 경우, 짧은 전압 스파이크가 연속으로 일어나지 않도록 스위치의 출력을 디바운싱debounce해야 한다. 전압 스파이크가 발생하면 스위치를 켜거나 끌 때 오작동이 일어날 수 있다. 디바운싱 논리 회로나 칩을 사용하거나, 마이크로컨트롤러의 프로그램 코드로 접점이 안정될 때까지 최대 50밀리초 동안 대기 시간을 줄 수도 있다.

수은 스위치는 볼 회전 스위치에 비해 잡음을 거의 출력하지 않아, 디바운싱이 필요 없을 수 있다.

2개나 3개의 축 주변 회전을 감지하는 응용 방식의 경우, 1축 기울기 스위치를 여러 개 결합해서 사용할 수 있다. 이 스위치들에서 출력되는 신호를 해석해 방향을 정하기 위해서는 마이크로컨트롤러나 논리 게이트가 필요하다.

주의 사항

접점 침식

공을 사용하는 기울기 스위치에 정해진 값 이상의 전류가 흐르면, 아크 방전이 발생해 접점이 부식될 수 있는데, 그 결과 신뢰도가 떨어질 수 있다. 특히 접점이 쉽게 부식되는 얇은 금속막으로 도금된 경우에는 그 정도가 더 심할 수 있다. 스위치의 아크 방전arcing에 대한 자세한 정보는 1권의 스위치 항목을 참조한다.

불규칙 신호

공을 사용하는 기울기 스위치가 한 곳에서 다른 곳으로 이동하는 아주 짧은 시간 동안, 스위치 내부의 공이 생성하는 진동으로 인해 예측하지 못한 불규칙 신호가 발생할 수 있다. 스위치의 출력을 마이크로컨트롤러에서 평가하는 경우, 디바운싱 루틴 코드를 사용하는 것만으로는 이 불규칙 신호의 감지를 예방하기에 충분하지 않은데, 이 전환 단계에서 불규칙 신호를 무시하기 위한 별도의 프로그램이 필요할 수 있다. 스위치가 릴레이에 직접 연결되어 있다면, 불규칙 신호가 빈번하게 발생하더라도 릴레이가 이 신호를 무시하게 할 수 있다.

환경 위해 가능성

수은 스위치가 결합된 장치는 향후 환경 규제가 강화되어 사용하지 못하면, 장치 설계를 변경해야 한다. 이런 이유로 최종 사용자는 수은 스위치가 고장나면, 이를 교체하는 데 어려움을 겪을 수 있다. 따라서, 새로 설계하는 장치는 수은 스위치 대신 공 유형의 기울기 스위치를 사용하는 것이 좋다.

중력 요건

기울기 스위치는 공이 굴러가거나 수은 방울이 움직일 때 중력이 작용하기 때문에, 중력이 낮거나 역전된 곳, 또는 무중력 환경에서는 제대로 작동하지 않는다. 중력이 가해지지 않는 상승 및 하강 단계의 로켓이나 곡예 비행을 선보이는 비행기 내부가 대표적인 예다. 갑작스럽게 속도를 높이거나 낮추는 자동차에서는 기울기 스위치의 성능 신뢰도가 떨어질 수 있다. 마찬가지 이유로 기울기 스위치는 소형 선박에서도 사용할 수 없다.

안정성 요건

기울기 스위치는 진동이 심할 때 또는 스위치가 들어 있는 물체를 사용자가 뒤집거나 위치를 바꿀 때 잘못된 결과를 내놓을 수 있다.

9장

자이로스코프

지금까지 자이로스코프gyroscope에는 언제나 회전 디스크가 포함되어 있었다. 네비게이션 장치에는 회전 소자를 기반으로 하는 것도 있지만, 이 책이 다루는 범위에서 벗어난다. 이 장에서는 실리콘 칩에 내장된 MEMSmicroelectromechanical system(미세전자기계 시스템) 장치인 진동 자이로스코프vibrating gyroscope 또는 공진 자이로스코프resonator gyroscope를 주로 다룬다.

관련 부품

- 가속도계(10장 참조)
- GPS(1장 참조)
- 지자계(2장 참조)

역할

자이로스코프gyroscope는 자체 회전축 또는 진동축과 수직을 이루는 축이 있을 때, 이 축을 기준으로 일어나는 회전에 저항하는 성질이 있다. 따라서 밀폐 용기에 든 짐벌gimbal(수평 유지 장치) 위에 자이로스코프를 자유롭게 움직이게 두면, 용기가 자유롭게 회전하는 동안 자이로스코프는 그 상태를 대체로 유지한다.

이 개념을 조금 더 확장해 용기를 비행기에 설치한다면, 2개의 축을 중심으로 회전하는 비행기의 회전 방향은 자이로스코프를 확인해 구할 수 있다. 이 자이로스코프에 수직이 되도록 자이로스코프를 하나 더 추가하면 세 축을 도는 비행기의 회전을 모두 알 수 있다.

자이로스코프는 특정 방향으로의 선형 움직임이나 특정 방위의 정지각을 측정하지 않는다.

회로 기호

칩 기반의 자이로스코프, 지자계magnetomer, 가속도계accelerometer는 핀 기능을 식별하는 약어가 포함된 사각형 모양의 회로 기호로 나타낼 수 있다(집적회로 칩과 동일).

IMU

가속도계는 선형 움직임에서 진동을 측정하고, 중력을 기준으로 정지 방위도 측정한다. 가속도계가 자체 축을 중심으로 회전하면 가속도계는 각속도를 측정한다.

지자계는 주변의 자기장을 측정하며, 감도가 어느 정도 높으면 지구 자기장을 기준으로 방위를 구할 수도 있다.

가속도계와 자이로스코프가 하나의 패키지에 포함되어 있고 선택 사항으로 지자계도 함께 들어 있다면, 이를 관성 측정 장치inertial measurement unit, 즉, IMU라고 한다. IMU는 항공기, 우주선, 선박을 조종하는 데 필요한 데이터를 제공하며, 특히 GPS 신호를 사용할 수 없는 경우에 유용하다.

응용

최초의 칩 기반 자이로스코프는 1998년 자동차 미끄럼 제어 시스템의 요 센서yaw sensor를 사용했다. 이후 자이로스코프를 자동차에 응용한 사례로는 능동 서스펜션 제어 장치active suspension control, 에어백 센서, 전복 감지 및 예방 장치, 네비게이션 시스템 등이 있다.

자이로스코프는 무선 전파 방해 등으로 온보드 GPS 시스템이 고장 날 경우를 대비해 군수품에 설치할 수도 있다.

소형 3D 게임 컨트롤러가 사용자에게 보이는 영상을 제어할 때도 자이로스코프를 사용한다. 디지털 카메라에 자이로스코프를 적용하면 영상 흔들림 방지 기능을 구현할 수도 있다. 쿼드콥터나 드론에도 보통 자이로스코프를 사용하며, 세그웨이Segway 같이 바퀴가 2개인 탈것이나 로봇 등에 사용하는 경우도 있다.

작동 원리

기존의 자이로스코프는 회전 바퀴 모양인데, 자체 회전축에 수직하는 회전력에 반하는 성질이 있다. [그림 9-1]에서 서로 직각을 이루는 3개의 방향은 그림 오른쪽 아래에 X, Y, Z로 정의하고 있다. 바퀴는 그림의 초록색 화살표처럼 X축을 기준으로 회전하며, Y축(빨간색 화살표) 또는 Z축(노란색 화살표)을 기준으로 하는 회전 방향에는 저항한다.

진동 자이로스코프

굽쇠fork는 진동시키면 바퀴 대신 사용할 수 있다. [그림 9-2]에서 굽쇠의 아래를 고정하고, 그림의 초록색 화살표 방향처럼 갈라진 부분이 서로 가까워졌다 멀어졌다 하도록 진동시킨다. 칩 기반 자

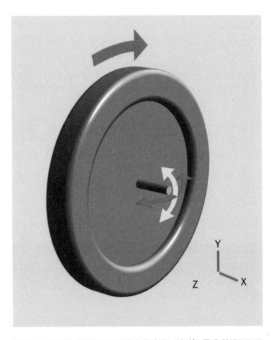

그림 9-1 기존의 자이로스코프에서 회전하는 바퀴(초록색 화살표로 표시)는 바퀴의 회전축에 수직하는 Y축과 Z축(빨간색과 노란색 화살표로 표시)에 걸리는 회전력에 반한다.

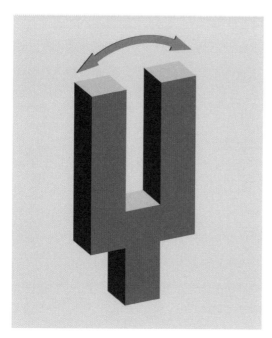

그림 9-2 자이로스코프에서 진동하는 굽쇠(초록색 화살표 방향)는 회전 바퀴 대신 사용할 수 있다.

이로스코프에서 이 진동은 압전기나 정전기로 유발된다.

이제 [그림 9-3]의 아래쪽 화살표처럼 회전력이 굽쇠 아랫부분에 해당하는 수직축에 걸린다고 해보자.

진동하는 양 끝부분의 각운동량angular momentum은 양 끝부분이 이 회전력에 저항한 결과, [그림 9-4]의 노란색 화살표처럼 휘어진다. 이 굴절 정도는 용량성capacitively 장치를 이용해 측정할 수 있다. 이 시스템은 여러 개의 칩으로 구성된 자이로스코프 시스템에서 사용하며, 진동 자이로스코프vibrating gyroscope 또는 공진 자이로스코프resonator gyroscope라고 한다.

아주 작은 굽쇠들의 결합체는 실리콘 칩에 새길 수 있다. 다음 페이지 [그림 9-5]는 이 유형의 칩

그림 9-3 회전력은 아래쪽 화살표처럼 수직축이 있는 굽쇠 아래쪽에 걸린다.

그림 9-4 회전하는 굽쇠의 각속도가 노란색 화살표처럼 진동하는 양 끝부분을 휘게 만든다.

그림 9-5 애플 아이폰4에 설치된 ST마이크로일렉트로닉스 사의 진동 자이로스코프 LIS331DLH를 전자 현미경으로 찍은 사진. 아래 왼쪽에 위치한 평행판들은 스프링 기능을 하고, 왼쪽 위와 오른쪽에 위치한 소자는 회전 속도에 따라 방위가 변할 때 전기 용량을 측정한다(사진 출처: 칩웍스(Chipworks) 사에서 발간되는 MEMS 저널).

내부를 전자 현미경으로 본 모습이다. 여기에 포함되어 있는 3개의 회전 센서는 각각 운동 축인 X, Y, Z에 대응한다. 이 센서들은 각각 피치pitch(X축을 중심으로 회전), 롤roll(Y축을 중심으로 회전), 요yaw(Z축을 중심으로 회전)에 대응한다.

굽쇠 기반 센서는 그 값이 보드에 내장된 아날로그-디지털 변환기analog-to-digital converter(ADC)를 통해 디지털 값으로 변환되는 아날로그 장치다. 이 값은 센서의 레지스터에 저장되어 이후 다른 장치에서 사용할 수 있는데, 이때 값은 마이크로컨트롤러에서 널리 사용하는 I2C 프로토콜을 통해 전송된다.

I2C에 대한 자세한 내용은 부록 A를 참조한다.

일반적으로 각 축에는 8비트 레지스터가 2개 할당되어 있다. 각각의 레지스터는 부호 붙임 정수에 해당되는 2진값을 저장하며, 이때 양이나 음의 값은 휘어진 방향과 휘어진 정도를 나타낸다. 단위는 보통 초당 회전 각도를 뜻하는 dpsdegree of rotation per second를 사용한다.

다양한 유형

ST마이크로일렉트로닉스의 L3G420D는 축이 3개인 자이로스코프 전용 칩이다. 이 칩은 SPI나 I2C 프로토콜을 통해 통신이 이루어지며, 크기는 약 4mm²이고 초당 최대 ±2,000°의 회전 속도를 측정할 수 있다.

프리스케일Freescale 사의 FXAS21002C도 사양은 비슷하다. 자이로스코프 전용으로 사용하는 이 칩의 가격은 칩에 장착하는 소신호 릴레이나 음향 앰프 같은 일상적으로 사용하는 전자부품의 소매 가격과 맞먹을 정도로 저렴해졌다.

IMU

칩에 가속도계를 추가하는 비용이 저렴해지면서 자이로스코프만 내장한 칩은 사라지고 있다.

자이로스코프와 가속도계는 상호보완적이다. 자이로스코프가 선형 움직임이나 지구 중력을 감지하지 못하는 반면, 가속도계는 지구를 기준으로 칩의 선형 움직임 및 방향의 변화율을 측정할 수 있다. 소프트웨어를 사용해 이 데이터를 모두 결합하면, 칩에 내장된 장치가 그리는 경로와 그 경로를 따라 이동하는 칩의 변화 속도도 계산할 수 있다.

인벤센스InvenSense 사의 MPU-6050은 자이로스코프와 가속도계가 각각 3개씩 내장된 일반 칩이다. 칩은 외부 3축 지자계와 연결할 수 있는 인터페이스를 포함하며, SPI와 I2C 통신 프로토콜도 지원한다. MPU-6050은 취미 공학 커뮤니티에서 많이 사용하는 제품이기 때문에, 데이터 해석을 위한 아두이노 호환 코드를 여러 곳에서 내려받을 수 있다. 브레이크아웃 보드도 MPU-6050을 설치

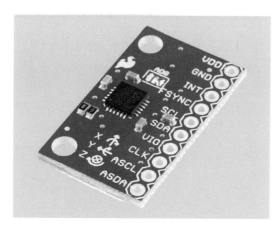

그림 9-6 스파크펀의 브레이크아웃 보드. 자이로스코프 3개와 가속도계 3개를 결합한 인벤센스의 MPU-6050 칩에 쉽게 접속하도록 도와 준다.

해서 사용할 수 있다. 이렇게 사용할 수 있는 대표적인 브레이크아웃 보드가 [그림 9-6]에서 보여 주는 스파크펀Sparkfun 사의 SEN-11028이다.

부품값

자이로스코프의 회전 속도rotational velocity는 보통 초당 회전 각도degree of rotation per second(dps)로 나타내지만, 분당 회전수rotations per minute(RPM)로 나타내는 경우도 있다.

데이터시트는 센서의 축 개수(보통 3개), 공급 전압(보통 3.3VDC), 최대 디지털 LOW 및 최저 디지털 HIGH 출력 전압, 일반 및 대기 모드의 전력 소비를 명시한다. 전력 소비는 보통 10mA 미만이다.

동적 범위dynamic range는 최대 순방향 및 역방향 회전 속도를 뜻하며, 보통 초당 ±2,000°를 넘지 않는다. 사용자가 더 낮은 범위를 선택할 수도 있다. 최대 변화율을 낮게 선택하면 디지털 값으로 변환했을 때 정확성이 높아진다는 장점이 있다.

센서 공진 주파수sensor resonant frequency는 수 킬로헤르츠(kHz) 정도로, 센서를 사용할 때 센서에 적용되는 여타의 진동 주파수보다 높아야 한다.

통신 프로토콜communication protocol은 보통 I2C 와 SPI 중에서 선택하며, 출력 데이터율도 선택할 수 있다.

바이어스 온도 계수bias temperature coefficient는 자이로스코프에 미치는 온도의 영향을 알려 준다.

자이로스코프의 해상도resolution는 온보드 ADC 의 디지털 출력에 사용하는 비트 수와 관련이 있다. 해상도는 16비트가 보통이다.

사용법

같은 스마트 칩을 사용할 때 회로 설계자는 온보드 디지털 모션 처리 장치digital motion processor(DMP) 를 활용할 수 있다. 그러나 MPU-6050의 레지스터 데이터에서 방향 정보를 얻는 일은 중요하다. 이 경우 온라인 자료나 코드 라이브러리가 필요하다. 《Make: 센서》(한빛미디어, 2015)에는 아두이노뿐만 아니라 라즈베리 파이에서 사용할 수 있는 코드 목록이 포함되어 있으니 이를 참고한다.

주의 사항

온도 드리프트

칩 기반 자이로스코프 내부에서 진동하는 물체는 온도에 따라 행동이 바뀔 가능성이 높다. 보통 칩에는 온도 센서가 포함되어 있는데, 이 센서의 값을 자이로스코프의 출력값을 보정하는 데 사용할 수 있다.

기계적 응력

응력은 표면 장착형 칩을 기판에 납땜할 때 발생할 수 있다. 칩 기반 자이로스코프 내에서 진동하는 부품이 부정적인 영향을 받을 수 있다. 데이터 시트는 납땜 과정에서 허용하는 최고 온도에 관한 정보를 제공한다.

진동

칩 기반 자이로스코프는 내부에서 진동하는 부품들의 행동에 영향받기 때문에, 외부에서 진동이 발생하면 자이로스코프의 정확성이 떨어질 수 있다. 센서를 설계할 때 이러한 진동의 영향을 최소화할 수 있지만, 이에 관한 자세한 사항은 데이터 시트를 확인해야 한다.

위치

자이로스코프는 기판에 설치할 때, 기판에서 휘어지지 않는 가장 단단한 장착 지점 근처에 위치시켜야 한다.

10장

가속도계

관련 부품

· GPS(1장 참조)

· 자이로스코프(9장 참조)

· 기울기 센서(8장 참조)

· 진동 센서(11장 참조)

역할

가속도는 시간에 따른 속도의 변화량이다. 자동차가 이동하는 도로에서 속도를 30km/h에서 40km/h로 증가시킬 때까지 10초가 걸렸다면, 이는 초당 평균 1km/h만큼 가속했다는 뜻이 된다. 이후 다시 10초 동안 속도를 30km/h로 줄였다면, 이는 처음과 같은 비율로 감속했다는 뜻이다. 여기서 감속은 음의 방향으로 가속한 것으로 생각할 수 있다.

자동차가 가속하는 동안 그 안에 타고 있는 사람은 자신에게 가해지는 횡력lateral force을 느낀다. 마찬가지로, 발사되는 로켓에 탑승한 우주 비행사는 아래 방향으로 가해지는 힘을 느낀다. 아인슈타인의 등가 원리theory of equivalence에 따르면 가속도로 인해 생겨나는 힘은 중력과 구별할 수 없다.

따라서 가속도를 측정하는 센서는 중력gravity도 측정할 수 있는데, 이 센서를 가속도계accelerometer

라고 한다. 가속도계의 출력은 중력 가속도를 나타내는 g(1g≒9.81m/s²)를 사용해 나타낼 수 있다(이때 자기장의 세기를 나타내는 단위인 가우스(G)와 혼동하지 않도록 주의한다).

가속도계 3개를 서로 수직하도록 설치했을 때 측정값으로 다음을 알 수 있다.

· 움직이는 물체의 가속도 방향
· 물체가 낙하했는지, 또는 자유 낙하 중인지의 여부
· 정지 상태에서 장치가 매달린 방향
· 움직이는 물체가 다른 물체와 충돌했을 때, 충격의 세기

IMU

자이로스코프gyroscope는 외부를 둘러싸고 있는 용기의 회전 속도를 측정한다. 이 회전 속도를 각

속도angular velocity라고 한다. 자이로스코프는 회전율의 변화에도 반응한다. 그러나 선형 움직임이나 고정된 방위각은 측정하지 않는다.

지자계magnetometer는 주변 자기장을 측정하며, 지자계의 감도가 높으면 지구 자기장과 비교해 방향을 구할 수 있다.

가속도계accelerometer와 자이로스코프가 하나의 패키지에 들어 있으면 이를 IMU, 즉, 관성 측정 장치라고 한다. 이때 지자계는 포함될 수도, 안 될 수도 있다. IMU는 항공기, 우주선, 선박을 조종하는 데 필요한 데이터를 제공하며, 특히 GPS 신호를 사용할 수 없을 때 유용하다.

회로 기호

칩 기반 가속도계는 집적회로 칩처럼, 사각형 모양의 상자에 핀 기능을 구별하기 위한 약어를 표시한 회로 기호로 나타낼 수 있다. 이 부품을 표시하는 데 사용하는 정해진 회로 기호는 없다.

응용

과거에 가속도계는 연구실에서 자동차, 항공기, 기타 운송 수단의 성능을 보정하기 위해 사용하던 장치였다. 자동차 타이어의 선회력cornering force을 견디는 능력을 측정하는 일이 가속도계가 사용된 하나의 응용 예였다.

가속도계 소자의 크기가 줄어들고 가격도 많이 저렴해지면서, 가속도계는 스마트폰에서 하드 드라이브에 이르기까지 다양한 소형 전자 장치에 사용하게 되었다.

전화기나 카메라에서 사용하는 가속도계는 사용자가 들고 있는 장치에서 어디가 위쪽인지 알려 준다. 그에 따라 카메라는 사진의 위아래가 뒤바뀌지 않도록 사진을 적절히 회전시키며, 사진의 방향은 이미지 데이터와 함께 저장된다.

회전 디스크가 든 외장 하드 드라이브에서, 가속도계는 누군가 하드 드라이브를 떨어뜨려 바닥에 떨어지기까지 아주 짧은 시간 동안에 읽기/쓰기 헤드를 원위치시킴으로써 이 장치를 보호한다.

가속도계는 3D 마우스나 가상 현실 헤드셋에 장착해 방향과 움직임을 파악한다. 이를 통해 동영상을 적절히 업데이트할 수 있다. 예를 들어, 닌텐도의 위 리모트는 ADXL330 가속도계를 내장해 판매했다.

자동차에서 가속도계는 문턱 수준을 넘는 충격이 발생해 감속이 일어날 경우 에어백이 터지도록 한다.

작동 원리

가속도계의 가장 단순한 개념 모형은 감긴 압축 스프링spring 한쪽 끝에 물체가 붙어 있는 형태다. 스프링의 다른 쪽 끝은 가속도계가 가속도를 측정하는 대상에 붙어 있다. 이때 물체는 스프링과 같은 축을 따라서 움직일 수 있다.

[그림 10-1]은 간단한 가속도계의 세 가지 상태를 나타낸 것이다. 가속도계는 자주색으로 칠해진 밀폐 튜브의 형태를 하고 있다. 가운데 그림에서 가속도계는 휴지 상태다. 가장 위 그림은 튜브가 왼쪽에서 오른쪽으로 가속할 때의 물체(청록색 사각형) 상태를 보여 준다. 세 번째 그림은 튜브가 감속할 때의 모습을 보여 준다(즉, 음의 가속을 하고 있을 때, 다시 말해 오른쪽에서 왼쪽 방향으로 가속하고 있을 때를 말한다). 이상적인 스프

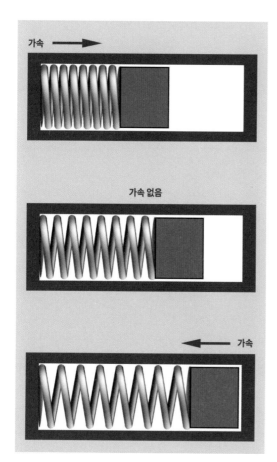

그림 10-1 밀폐 튜브(자주색)와 그 왼편에 스프링이 고정된 가속도계를 단순화해 나타냈다. 작은 물체(청록색)는 스프링의 오른쪽 끝에 붙어 있으며 튜브의 가속도에 반응한다.

링을 사용한다면, 적당한 범위 내에서 물체의 변위는 가속도에 비례한다. 이 변위는 빛이나 전기 용량을 사용해 측정할 수 있다.

휴지 상태는 가속이 사라질 때, 즉, 어느 방향으로든 일정한 속도로 움직일 때 일어난다는 점에 주의한다. 가속도계는 일정한 속도가 아닌 속도의 변화change만을 측정한다.

가속도계는 자체 운동, 축 주변을 회전하는 운동은 측정할 수 없다. 따라서 이를 측정하기 위해 각속도를 측정하는 자이로스코프gyroscope를 함께

그림 10-2 왼쪽: 튜브를 바닥에 내려놓으면 중력이 물체를 아래로 끌어당기기 때문에 가속도계의 측정값이 1g가 된다. 오른쪽: 튜브가 자유 낙하하고 있을 때 가속도계의 측정값은 0g이다.

사용할 수 있다.

중력과 자유 낙하

앞서 설명한 단순한 형태의 가속도계를 사용하는 장치가 [그림 10-2] 왼쪽 그림처럼 지면에 대해 수직으로 놓여져 있다면, 물체에 작용하는 중력이 스프링 한쪽 끝에 힘을 가하고 다른 쪽 끝은 그 무게에 눌린다. 이 그림에서 가속도계가 측정하는 힘은 아래로 가해지며, 그 크기는 1g이다.

장치가 중력을 받아 아무런 방해 없이 떨어진다고 하면, 장치는 자유 낙하free fall 상태에 있으며, 약 9.8미터퍼제곱의 가속도를 지닌다. 이는 보통 $9.8m/s^2$으로 나타내며, 1g라고도 쓴다.

자유 낙하 상태에서 가속도계의 측정값은 [그림 10-2]의 오른쪽 그림처럼 0g가 된다. 이는 가속도계의 모든 부품이 중력의 영향을 받아 동일하게 가속되기 때문이다.

가속도계 3개가 서로 수직으로 조립되어 있고, 그중 하나의 가속도계가 지면에 수직하도록 장치를 고정하면, 지면에 수직하는 가속도계는 1g의 측정값을 보이지만, 다른 두 가속도계는 0g의 측정값을 보인다. 장치가 자유 낙하하면 모든 센서의 측정값은 0g가 된다.

회전

3개의 가속도계를 내장한 장치가 회전해서 자유 낙하 상태가 아니라면, 서로 수직으로 위치한 세 가속도계는 중력 방향과 이루는 방향에 따라 측정값이 달라진다.

계산

물체에 작용하는 힘은 가속도를 생성하며, 이 값은 뉴턴의 제2 운동법칙에 따라 구할 수 있다. 단, 이때 물체는 자유로이 움직일 수 있고, 중력 등 다른 힘의 영향을 받지 않아야 한다. 다음 식에서 F는 힘, m은 물체의 질량, a는 가속도를 뜻한다.

$$F = m * a$$

따라서 가속도는 다음과 같이 구할 수 있다.

$$a = F / m$$

스프링이 늘어나거나 줄어드는 현상은 스프링에 가해지는 힘과 대략적인 선형 관계가 있으며, 따라서 물체가 스프링에서 힘을 받는다고 하면 가속도는 물체의 선형 변위에 대한 함수로 계산할 수 있다.

이 계산에서 상대적인 효과는 고려하지 않는데, 시간과 움직임을 아주 정밀하게 측정해야 하는 경우가 아니라면 이 효과가 유의미할 만큼 크지 않기 때문이다.

실제 세계의 가속도계라면, 진동을 방지하기 위해 물체의 움직임에 감쇠damping 조치를 취해 주어야 한다.

다양한 유형

가속도계의 가격은 2010년 이후로 크게 떨어졌다. 제조사들은 수익성을 유지하기 위해 칩에 기능을 추가했다. 초심자라면 멤식Memsic 사의 2125 같은 2축 가속도계도 나쁘지 않지만, 이 유형은 3축 자이로스코프가 내장된 3축 가속도계 칩의 사용이 늘고 가격도 떨어지면서 점점 사라지고 있다.

초기에 칩 기반 가속도계는 아날로그 출력을 제공했다. 이 경우 전압이 가속도와 비례했고, 비교기로 처리할 수 있었다. ST마이크로일렉트로닉스의 LIS244ALH 칩을 사용하는 디멘션 엔지니어

그림 10-3 초기에 상대적으로 비싼 브레이크아웃 보드. ST마이크로일렉트로닉스의 2축 가속도계인 LIS244ALH 칩을 사용한다. 지금은 가속도계, 자이로스코프와 디지털 출력을 제공하기 위한 프로세서가 모두 결합된 칩으로 대체되었다.

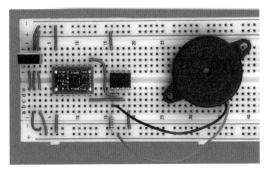

그림 10-4 DEACCM6G 2축 비교기 브레이크아웃 보드에서 나온 아날로그 출력을 비교기에 통과시킨 뒤 압전 비퍼로 연결했다.

링Dimension Engineering 사의 DE-ACCM6G 같은 브레이크아웃 보드는 비교기를 내장하고 있다([그림 10-3] 참조).

이 기판은 최대 출력이 0.83mA에 불과했기 때문에 고임피던스 논리 칩이나 마이크로컨트롤러 정도에나 사용할 수 있었다. 그러나 출력이 아날로그였기 때문에 출력을 비교기에 통과시킨 후, 압전 비퍼piezo beeper에 직접 연결해 장치가 기울어질 때 경보음을 울리는 장치로 만들 수 있었다. [그림 10-4]는 이 장치의 모습이다.

현재 출시되는 칩은 가속도계뿐 아니라 자이로스코프gyroscope도 내장된 제품이 많다. [그림 10-5]

는 이 유형의 칩 내부를 전자 현미경으로 본 모습이다. 여기서 지그재그 모양은 기판에 에칭etching한 '스프링'이고, 점 모양의 넓은 면적은 다양한 형태의 움직임에 반응하는 물체, 평행한 판들은 용량성 센서다.

두 가지 유형의 센서가 결합된 칩은 복잡도가 증가하기 때문에 6개의 출력을 처리하기 위해 더욱 복잡한 코드가 필요하다. 따라서 현재 출시되는 대부분의 가속도계 칩은 아날로그-디지털 변환기(ADC)와 I2C 통신 프로토콜을 통한 마이크로컨트롤러와의 통신에 사용하기 위해 디지털 레지스터를 내장하고 있다. 칩 중에는 혼합 데이터를 해석하기 위한 온보드 처리를 지원하는 제품도 있다. 그러나 마이크로컨트롤러를 사용하면 데이터를 처리할 때 코드가 필요하다.

취미 공학 커뮤니티는 이러한 변화를 반기고 있다. 에이다프루트의 LSM9DS0 같은 브레이크아웃 보드는 동일한 부품 번호를 공유하는 ST마이크로일렉트로닉스의 칩을 사용한다. 이 보드 제조사들은 실험 정신이 있는 이들이 극단적으로 복잡한 칩을 사용할 수 있도록 하기 위해 노력한다. [그림

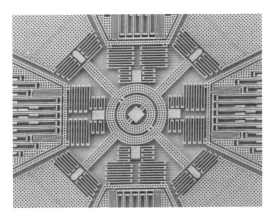

그림 10-5 자이로스코프와 가속도계가 결합된 칩 내부

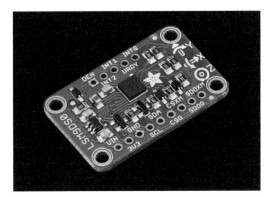

그림 10-6 에이다프루트에서 출시한 이 브레이크아웃 보드는 가속도계와 자이로스코프, 지자계가 결합된 LSM9DS0 칩을 중심으로 설계되었다.

10-6에서 보는 것처럼 LSM9DS0에는 3축 자이로스코프와 3축 가속도계 외에도 3축 지자계가 포함되어 있다.

LSM9DS0의 데이터시트 분량은 70페이지가 넘는다. 이 글을 쓰는 시점에도 에이다프루트는 칩의 기능에 접근하기 쉽도록 아두이노용 코드를 개선하고 있다.

LSM9DS0 칩의 복잡성에도 불구하고, 이 글을 쓰는 시점에서 브레이크아웃 보드는 DEACCM6G 2축 아날로그 출력 지자계의 4년 전 가격과 거의 비슷하게 판매되고 있다.

부품값

소비 전류current consumption는 칩의 활동에 따라 달라지는데, 센서를 여러 개 내장한 칩이라면 센서 유형별로 구분할 수도 있다. 최근 사용하는 가속도계는 보통 1mA 미만의 전류를 소비한다. 자이로스코프의 소비 전류는 이보다 큰데, 칩 일부가 계속 진동 상태로 유지되기 때문이다.

선형 가속도linear acceleration는 가속도계로 측정할 수 있으며, 단위는 관례적으로 중력 가속도 g를 사용한다. 현세대 칩은 최대 ±16g의 가속도를 측정할 수 있지만, 이 값이 내부에서 디지털양으로 변환되기 때문에 가속도가 아주 작으면 값이 정확히 표시되지 않는다. 따라서 가속도의 측정 범위는 보통 사용자가 칩에 적절한 코드를 전송해 선택할 수 있다. 선택할 수 있는 범위에는 ±2g, ±4g, ±6g, ±8g, ±16g 등이 있다.

감도sensitivity는 각 가속도 범위에 대해 출력 레지스터 최하위 비트least significant bit(LSB)의 최소 증가량으로 정의한다. 가속도가 ±2g의 범위일

때, 내부의 16비트 아날로그-디지털 변환기(ADC)는 0.06mg로 측정할 수도 있다. 범위를 ±16g로 재설정하면, 최소 증가량은 약 0.7mg이다.

측정 가능한 가속도의 범위는 칩이 내부의 기계적 손상 없이 견딜 수 있는 최대 가속도와는 다르며, 전력의 인가 여부와도 관계가 없다. 노출 시간이 아주 짧고 충돌했을 동안에만 노출된다면, 칩은 1,000g 이상의 가속도도 손상 없이 견딘다.

온도에 대한 선형 가속도 감도 변화linear acceleration sensitivity change versus temperature는 보통 ±1.5%처럼 백분율로 나타낸다.

출력 유형output type은 아날로그나 디지털 둘 중에 하나다. 디지털일 경우 데이터 프로토콜은 I2C나 SPI가 된다. I2C라면 장치의 주소를 설정할 수 있다. 데이터 전송률은 보통 최소 100kHz이며, 이 역시 다른 속도로 설정할 수 있다.

주의 사항

기계적 응력

응력은 표면 장착형 칩을 기판에 납땜할 때 발생할 수 있다. 칩 기반 가속도계 내의 움직이는 부품이 부정적인 영향을 받을 수도 있다. 데이터시트는 납땜 과정에서 허용 가능한 최고 온도에 관한 정보를 제공한다.

기타 문제점

가속도계의 기능이 지자계나 자이로스코프 같은 다른 감지 기능과 결합해 있는 경우, 이 센서에 영향을 미칠 수 있는 잠재적인 문제에 대한 상세한 주의 사항은 2장이나 9장을 참조한다.

11장

진동 센서

가속도계accelerometer가 진동을 어느 정도 측정할 수 있기는 하지만, 이 장에서는 주로 진동 측정만을 목적으로 하는 기계식 장치(보통 진동 스위치vibration switch라고 함)와 압전 장치piezoelectric device(보통 진동 센서vibration sensor라고 함)를 다룬다. 진동계vibrometer는 표면 반사점에 조준한 레이저 광선을 사용해 진동을 측정한다. 진동계는 보통 실험실에서 사용하며, 본 백과사전이 다루는 범위를 넘어선다.

관련 부품

· 가속도계(10장 참조)

· 기울기 센서(8장 참조)

· 힘 센서(12장 참조)

역할

진동 센서vibration sensor는 반복적으로 일어나는 기계적인 움직임에 반응한다. 대부분의 진동 센서는 상시 열림 상태의 스위치 접점을 2개 포함하는데, 센서가 정해진 주파수 범위 내에서 진동하면 이 접점은 닫힌다. 일부 센서는 주파수 범위와 감도를 수동으로 설정할 수 있다.

대형 센서는 기계에 가해지는 과도한 진동에 반응하는 자동 정지 스위치로 사용하며, 상당한 크기의 전류(10A 이상)를 스위칭할 수 있다. 소형 센서는 탈수 모드에서 균형 상태를 크게 벗어나는 세탁기 같은 가전제품을 정지시킬 때 사용할 수 있다.

진동 센서는 장난감이나 게임기의 단순한 사용자 입력 장치에도 사용할 수 있다.

충격 센서shock sensor는 장치가 이동될 때 센서와 데이터 이력을 포함하여 민감한 장치가 남용되는 것을 감지할 수 있다.

회로 기호

다음 페이지 [그림 11-1]의 두 기호는 압전 또는 압전 저항 진동 센서piezoelectric 또는 piezoresistive vibration sensor를 나타낼 때 사용하지만, 다른 압전 기반 장치에도 사용할 수 있다.

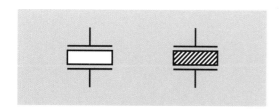

그림 11-1 이 기호는 압전 방식으로 작동하는 진동 센서 등 압전 또는 압전 저항 장치를 나타낼 때 사용할 수 있다. 왼쪽의 기호를 더 많이 사용한다.

다양한 유형

진동 센서는 다양한 감지 방식을 사용한다.

핀과 스프링 방식

가장 단순한 센서 유형은 아마도 소형 코일 스프링 중앙에 작고 얇은 핀이 있는 형태일 것이다. 이 스프링의 한쪽 끝은 센서의 베이스에 고정되어 있지만, 다른 쪽 끝은 자유롭게 진동한다. 진동이 충분한 진폭에 도달하면, 스프링이 핀을 건드려서 장치의 두 단자 사이에 위치한 회로를 완성한다.

[그림 11-2]가 대표적인 예로, 이 두 센서는 동일한 제품이며, 이중 하나를 잘라 내부의 도금 막대와 스프링을 보이게 했다. 이 센서는 전압이 최

대 12VDC일 때 정격 전류가 10mA이다.

이 센서는 가격이 저렴하고, 축 3개 중 2개에 반응하며, 전원이 필요 없고, AC나 DC로의 스위칭이 가능하다는 장점이 있다. 그러나 내부에서 접점이 생기는 시간이 아주 짧기 때문에 반드시 래칭 부품과 연결해야 한다. 래칭 부품으로는 플립플롭이나 555 타이머를 쓸 수 있다. 스위치는 또한 마이크로컨트롤러의 입력 핀에 연결할 수도 있는데, 이때는 풀업 저항이나 풀다운 저항을 사용해 스위치가 열렸을 때 입력이 부동값이 되지 않도록 해야 한다.

핀과 스프링을 사용하는 진동 센서 패키지는 겉으로 보아 금속 공이 1개 또는 2개 든 소형 기울기 센서와 구별이 거의 되지 않는다. 기울기 센서도 진동에 반응할 수는 있지만, 진폭이 아주 크고 주파수가 아주 낮은 경우에만 가능하다.

핀과 스프링을 사용한 진동 센서vibration sensor, 비교기, 감도 제어를 위한 트리머 포텐셔미터가 포함된 소형 기판은 중국 제조업체인 일렉크로우 Elecrow 사가 SW-18015P라는 제품명으로 저렴하게 판매하고 있다([그림 11-3] 참조). 일렉크로우는 이 외에도 다양한 저가 센서를 공급한다.

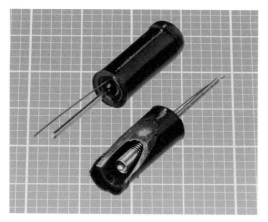

그림 11-2 이 센서의 스프링이 진동하면, 센서 가운데에 있는 핀을 건드린다. 배경 눈금 한 칸의 크기는 1mm이다.

그림 11-3 감도 제어 기능을 갖춘 기판에 설치된 핀과 스프링을 사용하는 진동 센서

압전 띠

메저먼트 스페셜티즈Measurement Specialties 사의 LDT0-028K는 폴리에스터 기판에 라미네이트lami-nate된 압전 폴리머 필름piezoelectric polymer film을 사용한다. 이 필름은 한쪽 끝을 고정시켜 다른 쪽 끝이 진동하도록 고안되었다. [그림 11-4]는 무게가 가해지지 않은 유형과 무게가 가해진 유형을 보여준다. 여기서 각 필름의 크기는 약 13mm×25mm이다. 무게를 추가하면 센서의 공진 주파수가 바뀐다.

약 2mm 정도만 휘어져도 두 단자 사이에 놀라울 정도로 높은 7VDC의 전압을 생성한다. 이보다 더 많이 휘어지면 더 높은 전압이 생성된다. 제조사에 따르면 이 제품은 CMOS 부품에 직접 연결하며, 신호 조정에 op 앰프를 사용할 수도 있다.

이 유형의 압전 장치는 필름이 휘어지는 과정에서만 전압을 생성한다. 띠가 휘어진 상태로 유지되면, 출력은 0으로 줄어든다.

이 센서는 단자가 없는 쪽에 무게가 가해지지 않을 경우 공진 주파수가 약 170Hz이다.

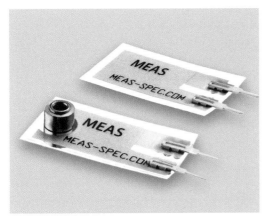

그림 11-4 메저먼트 스페셜티즈가 생산하는 LDT0-028K 진동 센서의 두 유형. 한쪽은 공진 주파수를 낮추기 위해 무게를 추가했다.

칩 기반 압전 방식

무라타Murata 사의 PKGS 시리즈는 대표적인 표면 장착형 압전 충격 센서다. 크기가 약 1mm×2mm×4mm에 불과한 이 센서는 아날로그 출력을 op 앰프를 통해 연결하도록 고안되었다. 제조사에 따르면 진동이 발생할 때 하드디스크 드라이버에서 읽기와 쓰기 동작을 차단하는 데 응용할 수 있다. 마찬가지로 이 충격 센서는 CD-ROM이나 DVD 드라이브에도 사용할 수 있다. 현금 지급기에 설치해서, 기물 파손이 일어났을 때 경보를 울리게 할 수도 있다.

도시바Toshiba 사의 TB6078FUG도 이와 비슷한 제품이다. 이 장치에는 전자부품을 사용하기 때문에, 작동에는 전원(보통 3.3~5VDC)이 필요하다는 점에 주의한다.

쥐덫 유형

진동 스위치 중에는 지렛대를 응용한 단순한 방식의 부품도 있다. 이 스위치는 쥐덫mousetrap과 비교할 수 있는데, 상대적으로 작은 자극에도 강력한 스프링이 작동하기 때문이다. 다음 페이지 [그림 11-5]의 위는 휴지 상태의 스위치를 보여 준다. 스위치는 강력한 스프링과 한쪽이 고정된 팔에 부착된 물체의 무게로 제 위치를 유지한다. 아래 그림은 강한 수직 진동으로 인해 스프링의 장력을 이길 정도의 에너지가 발생해 장치가 위아래로 움직이는 한편, 물체의 관성은 이러한 움직임에 저항한다. 그 결과, 팔은 스프링이 중심축과 나란히 있던 원래의 위치에서 벗어나기 시작하고, 스프링은 스냅 동작 스위치가 있는 곳으로 팔을 들어올리는 역할을 한다. 이 유형의 장치는 발전소의 냉

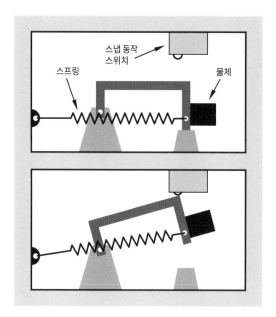

그림 11-5 스프링이 사용된 진동 센서

각탑cooling tower 센서에 사용한다. 냉각탑에서 사용하는 대형 팬에서 날개가 떨어져 나가면 상당한 진동이 발생할 수 있다.

자기 방식

보통 자기 방식 유형은 무거운 회전식 기계 부품이 포함된 기계류나 기타 장치에서 과도한 진동을 감지할 때 사용한다. 센서는 1A 이상의 전류를 처리할 수 있도록 설계된 스위치 접점을 움직일 정도로 물리적인 크기가 클 수 있다.

이 중에는 강철 공이 낙하하는 것을 겨우 막을 수 있을 정도의 세기를 가진 영구자석으로 고정되는 진동 센서도 있다. 이 센서에서는 과도한 저주파 진동으로 인해 공이 제자리를 벗어나 떨어지면, 두 접점이 만나면서 회로를 완성한다. 이는 진동하는 장치의 부품에 인가된 전원을 차단하는 릴레이를 활성화한다.

그림 11-6 자기 진동 스위치. 자세한 내용은 본문 참조.

공은 자성이 없고 경사가 있는 부품에 의해 자석과 살짝 떨어져 있을 수 있다. 이 부품은 외부의 나사를 사용해 이동시킬 수도 있는데, 스위치의 감도를 조정할 때 사용한다. 이 부품은 스위치를 활성화한 후에는 재설정해야 하며, 외부 손잡이를 사용해 공을 자석 근처로 되돌려 놓는 작업이 필요할 수 있다.

[그림 11-6]은 자석을 사용한 또 다른 장치를 보여 준다. 이 장치에서 수직하는 팔은 수평 진동으로 인해 제 위치를 벗어날 수 있으며, 스프링이 장착된 수평 막대에 걸리는 관성 질량 역시 다른 두 축을 따라 일어나는 진동에 반응해 자석을 제 위치에서 떨어뜨릴 수 있다.

수은

소형 수은 스위치mercury switch는 진동 센서로 사용할 수 있지만, 응용되는 경우는 흔치 않다. 수은 스위치에 대한 자세한 내용은 8장을 참조한다.

부품값

진동 측정은 기계 설계, 그중에서도 특히 자동차의 동력 전달 장치와 서스펜션 배치 등의 설계에서 큰 관심을 받는 복잡한 과학 영역이다. 여기서는 기본적인 내용 중 일부만 간단히 소개한다.

주요 변수

진동에서 중요한 네 가지 변수는 주파수, 변위, 속도, 가속도다. 주파수는 진동의 빠르기이다. 변위는 진동하는 물체가 각 방향으로 움직인 거리를 나타낸다. 속도는 각 주기 동안 물체가 얼마나 빠르게 이동하는지, 가속도는 각 주기 동안 속도의 변화가 얼마나 빨리 일어나는지를 알려 준다. 각 성질의 반응성에 따라 다른 유형의 센서를 선택할 수 있다.

[그림 11-7]은 변위, 속도, 가속도의 이론적인 관계를 진동 주파수에 대해 나타낸 그래프다. 그래프의 y축(수직 축)은 보통 진폭이라고 표시하지만, 실제로 변위, 속도, 가속도에서 사용하는 단위는 그림처럼 모두 다르다. 곡선은 진동 속도가 일정하고 주파수가 증가한다면, 변위가 감소하는 동안 가속도는 주파수 함수에 따라 증가함을 보여준다. 약어 'rms'는 값이 변동량의 제곱평균제곱근

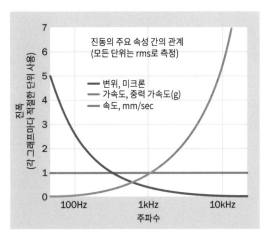

그림 11-7 진동의 주요 속성 간의 이론적인 관계

root mean square으로 측정되었음을 뜻한다.

변위에 반응하는 기계식 센서나 스위치는 저주파, 가속도에 민감한 압전 센서는 고주파를 사용할 때 가장 적합하다. 심각한 기계적 결함은 저주파 진동을 생성할 수 있는 반면, 베어링과 톱니바퀴 열의 마모는 고주파 진동을 일으킬 가능성이 높다.

동적 속성

소형 압전 센서의 데이터시트에는 발생 가능한 전압 범위 등 기본적인 값만 표시되기도 한다.

핀과 스프링을 사용하는 소형 기계식 센서는 최대 전압과 스위칭 전류가 보통 12V(AC 또는 DC)와 10mA로 정해져 있다. 값을 보면, 소형 압전 센서에서 나온 출력은 op 앰프, 마이크로컨트롤러, 논리 칩, 반도체 릴레이 등 고임피던스 출력을 사용하는 반도체와 함께 사용해야 함을 알 수 있다.

산업용으로 제조되는 센서는 측정 가능한 가속도 범위(중력 가속도 g로 표시), 온도 감도, 주파수 반응, 공진 주파수, 전기 용량, 전력 요건 등의 속성이 정해져 있다.

압전 센서의 감도는 보통 mV/g의 단위로 나타낸다. 이 유형의 센서는 센서에서 발생하는 소량의 전류를 처리하기 위해 비교기가 필요하다.

사용법

진동 센서가 비교기가 필요한 아날로그 신호를 출력하는 경우, 비교기의 출력은 개방 컬렉터 유형일 가능성이 높다. 이 경우 회로의 다음 단계에 적절한 전압을 공급해 주는 값을 가진 풀업 저항

이 필요하다. 비교기에 대한 자세한 내용은 2권을 참조한다. 개방 컬렉터 출력에 대한 자세한 내용은 이 책 부록의 '3. 아날로그: 개방 컬렉터'를 참조한다.

결합 커패시터coupling capacitor는 비교기 출력에서 DC 성분을 제거해 진동 주파수만 통과시킬 수 있다. 커패시터 값은 주파수에 따라 선택한다.

아날로그 신호를 출력하는 압전 센서를 사용할 때는 전압 드리프트를 줄이기 위해 2개의 단자 사이에 10M 저항을 설치할 수도 있다.

진동 센서를 제대로 작동하려고 할 때 겪는 주된 어려움 중 하나가 진동 원인에 따라 알맞은 센서를 고르는 일이다. 칩 크기의 센서라면, 제조사가 제공하는 데이터시트에 제품 최적치에 대한 정보가 거의 없는 경우가 허다하다. 최고 성능을 내려면 센서의 자연 공명 주파수와 검출해야 하는 진동 주파수가 서로 비슷해야 한다. 이 값들을 알아내려면 시행착오가 필요할 수도 있다.

센서는 적절하게 설치해야 한다. 대다수 센서는 적어도 어느 정도 방향성이 있으며, 센서의 주된 감도 축에 대해 직각으로 일어나는 진동에는 눈에 띄는 반응을 보이지 않는 경우가 많다. 또, 센서가 진동원과 지나치게 멀리 떨어져 있거나 센서를 설치한 표면이 신축성 또는 탄성이 있어 진동을 흡수하는 경우에도 센서의 성능이 떨어질 수 있다.

산업용 진동 스위치는 수동으로 조작하는 반면, 회로 기판에 부착하는 소형 장치는 외부 부품을 사용해 센서에서 원하지 않는 신호를 필터링하도록 보정해야 할 수도 있다.

주의 사항

케이블이 긴 경우

압전 진동 센서는 주로 AC 신호를 출력하는데, 이 출력 신호는 진동 주파수에서 계속 변한다. 이때 케이블의 길이가 길거나 케이블을 제대로 차폐하지 않으면 용량성 효과가 발생해 센서의 신호 품질을 떨어뜨릴 수 있다. 이 문제는 고주파에만 영향을 미친다.

간섭

센서 신호는 송전선이나 변압기, 대형 모터로 인한 전자기 간섭에도 영향받을 수 있다. 이는 중요한 문제인데, 산업용 진동 센서가 주로 모터에서 발생하는 진동을 측정하는 데 사용하기 때문이다.

올바른 접지

대형 감지 장치의 경우, 접지는 데이터를 전송하는 케이블을 차폐하는 데 중요할 수 있다. 그러나 산업 현장에서 접지는 주로 안전 문제를 고려해 이루어지며, 전기적 접지로 인해 원치 않는 간섭이 발생할 수도 있다. 접지 지점이 여러 개일 경우 지상 편향ground loop 현상이 발생할 수도 있다. 이상적인 접지 방식은 주요 접지 지점을 하나만 두고, 그곳에서 가지치듯이 장치를 접지하는 방법이다.

피로 파괴

진동이 일상적으로 어느 정도 존재하는 장치는 케이블을 제대로 고정시켜 피로 파괴의 위험을 최소화해야 한다.

12장

힘 센서

로드 셀load cell이나 부하 센서load sensor는 보통 정적 부하를 측정하는 반면, 힘 센서force sensor는 동적 부하에 반응할 수 있다. 그러나 이러한 의미상의 구분이 항상 명확한 것은 아니다. 이 장에서는 로드 셀과 힘 센서를 구분하되, 한 장에서 모두설명한다.

이전부터 사용하던 유형인 유압식hydraulic과 공압식pneumatic 부하 센서는 전자 장치가 아니며, 따라서 본 백과사전에서는 다루지 않는다.

용량성capacitive, 초음파ultrasonic, 자기magnetic, 광학optical, 전자기계식electrochemical 힘 센서는 상대적으로 많이 사용하지 않으며, 따라서 본 백과사전에서 다루지 않는다.

힘 센서는 보통 압력 센서pressure sensor라고도 하지만, 이 용어는 유체와 함께 더 많이 사용하기 때문에 모호한 감이 있다. 본 백과사전에서 압력 센서는 기압이나 유압만을 측정하는 것으로 간주한다. 이에 대해서는 17장을 참조한다.

진동 센서vibration sensor는 빠르게 변화하는 힘에 반응하지만 보통 이를 정확히 측정하지는 않으며, 진동이 문턱값을 넘을때 간단히 활성화한다. 진동 센서에 대해서는 11장을 참조한다.

충격 센서impact sensor는 충돌로 인해 생기는 힘을 측정하지만, 본 백과사전이 다루는 범위에서 벗어난다.

손가락 하나로 터치하는 싱글 터치에 반응하는 센서는 인간 입력 장치로 간주하며, 이에 대해서는 싱글 터치 센서single touch sensor 항목에서 다룬다(13장 참조).

관련 부품

- 진동 센서(11장 참조)
- 싱글 터치 센서(13장 참조)

역할

힘 센서force sensor는 사람이나 물체로부터 센서에 가해지는 물리적인 힘을 측정한다. 힘 센서 중에는 반응이 빠른 제품이 많으며, 이들은 변동하는 힘의 크기를 측정할 수 있다.

로드 셀load cell이나 부하 센서load sensor는 보통 물체의 고정된 무게를 재기 위해 만든다.

응용

로봇에서 힘 센서는 기계로 만든 손의 악력을 제한하는 피드백 값을 제공할 수 있다. 힘 센서는 로봇 수술을 시행하는 외과 의사를 위해 촉각 피드백을 줄 수도 있다. 힘 센서는 향후 농업 분야에서 그 응용이 크게 늘 것으로 보인다. 과일과 기타 농산물을 기계로 처리하기 위해서는 악력을 섬세하게 제어해야 하기 때문이다.

의학 분야에서 힘 센서는 손이나 팔, 다리의 근육 강도를 측정해 신경 질환이 있는지 살펴보거나, 작업 치료(적당한 일상 활동들을 활용하는 치료 방식 - 옮긴이)의 진행 상황을 모니터링할 때도 사용할 수 있다. 얇은 힘 센서는 신발에 설치해 각 발에 힘이 어떻게 분배되는지 살펴볼 수 있으며, 운동화에 장착된 LED를 켜서 사람에게 즐거움을 선사할 수도 있다.

힘 센서는 싱글 터치 사용자 입력에도 반응한다. 싱글 터치 센서single touch sensor에 대한 추가 정보는 13장을 참조한다. 비디오 게임 컨트롤러 중에는 저항성 힘 센서를 사용해 버튼에 가해진 압력을 측정하는 제품이 있다. 플레이스테이션이 대표적인 예다(구형 플레이스테이션의 듀얼쇼크 DualShock 2 컨트롤러에서 사용된 압력 감지 버튼은 정말 버리기 아까운 물건이다).

부하 센서는 산업 제품의 무게를 잴 때 사용하며, 가정에서는 주방용 저울과 체중계에서 사용한다.

부하 센서는 또한 사람이 있는지 여부를 감지할 때도 사용할 수 있다. 그 예로 아이가 앉아 있을 때는 에어백이 절대로 터져서는 안 되는 자동차의 조수석이나 환자가 침대에서 벗어난 횟수를 모니터링해야 하는 병원 등에서 사용할 수 있다.

회로 기호

힘 센서나 부하 센서를 나타내는 데 사용하는 정해진 회로 기호는 없다. 힘 센서가 압전 소자나 압전 저항 소자를 사용하는 경우, 압전 장치에 사용하는 [그림 11-1]과 같은 기호로 나타낼 수 있다.

작동 원리

힘 측정에는 저항성 힘 센서와 압전 힘 센서 두 가지를 보통 사용한다.

압전 힘 센서piezoelectric force sensor는 압전 소자를 사용해 힘을 증폭이 가능한 약한 전압으로 변환하는데, 수정 진동자quartz crystal가 포함되는 경우가 많다. 그러나 이 유형의 센서는 힘의 변화에만 반응한다. 고정된 부하가 가해지고 있다면, 출력은 빠르게 증가했다가 점차 0으로 줄어든다.

저항성 힘 센서resistive force sensor는 힘이 가해질 때 전기 저항을 바꾼다. 저항성 힘 센서는 금속 변형 게이지metallic strain gauge와 플라스틱 필름 센서plastic-film sensor를 내장하며, 필름 센서는 2개의 전도성 잉크층이 서로 밀착되어 있다.

국제 표준(SI) 단위에서 센서를 활성화하는 데 필요한 힘은 뉴턴으로 측정하며, 대문자 N으로 줄여 표시한다. 1뉴턴은 질량이 1kg인 물체를 $1m/s^2$의 가속도로 가속할 때 필요한 힘의 크기로 정의한다. 좀 더 쉽게 설명하면, 지구 표면의 중력장에서 1N은 대략 무게 100g와 같다. 1온스는 약 28g이기 때문에 1N은 4온스에 조금 못 미친다.

변형 게이지

변형 게이지는 절연성과 유연성을 가진 받침에 금속 포일metallic foil을 덧대어 만드는 경우가 많다.

받침은 보통 강철이나 알루미늄으로 성형한 금속 조각에 붙인다. 금속 조각은 압력을 받으면 살짝 휘어지도록 만들며, 속이 비어 있지 않은 물체가 많음에도 스프링spring이라 부르기도 한다. 스프링의 굴절은 스프링에 가해진 힘과 관련이 있다.

변형 게이지에서 스프링의 최대 변형 범위는 측정 가능한 최대 크기의 힘을 가했을 때 500~2,000ppm이다. 스프링이 1ppm 변할 때, 이를 1마이크로스트레인microstrain(μe)이라고 한다.

변형 게이지는 극성이 없으며, 힘으로 제어되는 포텐셔미터potentiometer(1권 참조) 같은 기능을 한다. 변형 게이지에서 변형이 일어날 때 그에 따른 저항 변화의 비율을 게이지율gauge factor이라고 한다. 금속 포일 게이지는 게이지율이 보통 2.0 정도다. 게이지율은 대략적인 선형 관계를 보인다.

포일 패턴 중 가장 일반적인 유형이 [그림 12-1]이다. 그림에서 장력이 수평 방향으로 가해진다고 할 때, 여러 개의 얇은 포일이 살짝 늘어나며, 저항은 포일의 탄성 한도 내에서 증가한다. 저항의 증가는 포일 수가 늘어나면 더 늘어난다. 그러나 장력이 수직으로 가해지는 경우에는 포일 사이의 간격이 살짝 늘어날 뿐이며, 그로 인한 영향은 무시해도 될 정도다.

그림 12-1 일반적인 변형 게이지에서 사용하는 금속 포일 패턴

휘트스톤 브리지 회로

변형 게이지의 저항이 아주 살짝 변하는 경우, 이를 사용하려면 저항값을 증폭해야 한다. 이때 가장 먼저 사용할 수 있는 것이 휘트스톤 브리지 회로Wheatstone bridge circuit다. [그림 12-2]는 이 회로의 가장 단순한 형태를 보여 준다.

저항 쌍(R1+R2와 R3+R4)은 각각 분압기의 기능을 한다. 모든 저항이 정확히 같은 값이면 각 쌍의 중간 지점에 걸리는 전압의 크기는 같으며, 가운데에 있는 전압계의 측정값은 0이다. 그러나 저항 하나의 값이 조금이라도 변하면, 전압계가 그로 인해 생긴 불균형을 기록한다. 이 회로는 약한 변화에도 민감하게 반응하는 특성 때문에 널리 사용한다.

다음 페이지 [그림 12-3]에서는 저항 R3와 R4 대신 변형 게이지 2개를 사용했다. 위쪽 변형 게이지에 걸리는 힘의 크기가 증가하면, 동시에 아래의 변형 게이지에 걸리는 힘은 감소한다. 이는 보통 한 게이지는 휘는 성질이 있는 소자의 위쪽에,

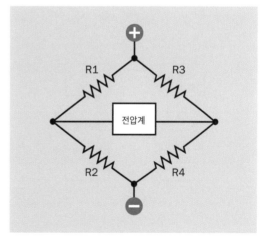

그림 12-2 저항의 아주 작은 변화를 감지할 때 주로 사용하는 기본적인 휘트스톤 브리지 회로의 데모 버전

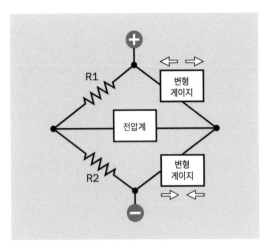

그림 12-3 2개의 변형 게이지를 서로 반대 방향으로 위치시키면, 휘트스톤 브리지 회로의 저항 대신 사용할 수 있다.

다른 한 게이지는 소자의 아래쪽에 위치시키기 때문이다.

2개의 변형 게이지를 사용하면 휘트스톤 브리지 회로의 감도가 두 배 향상된다. 이 구성을 '하프 휘트스톤half Wheatstone' 힘 센서라고 하는데, 센서 연결에 세 개의 전선을 사용한다. 세 전선은 검정색, 빨간색 그리고 임의의 색으로 각각 구별한

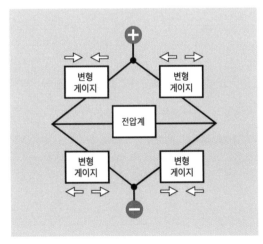

그림 12-4 2개의 변형 게이지를 더 추가해서 '풀 휘트스톤' 회로를 만들 수 있다.

그림 12-5 체중계에서 사용하기 적합한 힘 센서 2개. 각각의 센서는 부하를 받으면 반대 방향으로 휘어지는 변형 게이지를 한 쌍씩 포함하고 있다.

다. 검은색과 빨간색 전선은 보통 회로도에서 보는 것처럼 전원 연결용이고, 세 번째 전선은 공통 전선이며 출력으로 간주한다.

휘트스톤 브리지 회로에 변형 게이지를 2개 더 추가하면, 이를 '풀 휘트스톤full Wheatstone' 힘 센서라고 한다([그림 12-4] 참조). 그러나 변형 게이지의 유형은 대각선 방향으로 서로 대칭을 이루어야 효과를 높일 수 있다는 점에 주의한다.

일반적인 디지털 체중계는 하프 휘트스톤 힘 센서 2개를 연결해 풀 휘트스톤 센서를 구성한다.

[그림 12-5]의 힘 센서는 각각 50kg의 무게를 감지하도록 규격화되어 있는데, 2개가 결합되면 최대 100kg을 감지할 수 있다. 이 그림에서 센서 하나는 앞면이 위로, 다른 센서는 뒤집혀서 뒷면이 위로 향한 모습이다. 변형 게이지는 센서 내부가 강철로 덮여 있어 보이지 않는다.

휘트스톤 브리지 오차

휘트스톤 브리지에 하나 이상의 변형 게이지를 사용하는 경우, 이상적인 상황이라면 이들 게이지가

동일한 성능을 보여야 한다. 그러나 제작 과정에서 어느 정도의 오차는 허용되기 때문에 게이지가 완전히 같기는 불가능하다. 따라서, 여러 개의 변형 게이지를 사용하는 장치는 보통 오류 보정 기능을 내장한다.

변형 게이지 증폭

휘트스톤 브리지 회로의 전압 출력은 다음 공식으로 구할 수 있다. 이때 V_{IN}은 공급 전압, V_{OUT}은 출력 전압, R1~R4는 [그림 12-2]의 저항을 뜻한다.

$$V_{OUT} = [(R3/(R3+R4)) - (R2/(R1+R2))] * V_{IN}$$

좋은 소식은 변형 게이지가 사용될 때의 출력은 가해진 부하와 선형 관계를 이룬다. 나쁜 소식은 이 값이 아주 작다.

출력을 증폭할 때 가장 많이 추천되는 방법은 AD620 같은 op 앰프를 사용하는 것이다. 외부 저항을 사용하면 증폭 계수를 1:1에서 10,000:1까지 조정할 수 있다. 다른 방법으로 아비아 세미컨덕터Avia Semiconductor 사의 HX711 같은 칩을 사용할

수도 있다. 이 칩은 10비트 아날로그-디지털 변환기(ADC)를 내장하고 있는데, 저울에서 사용할 목적으로 특별히 고안되었다. 이 제품의 출력은 매우 단순한 직렬 형식을 사용한다. 스파크펀에서는 이 칩이 내장된 브레이크아웃 보드를 판매한다 ([그림 12-6] 참조).

기타 변형 게이지 모듈

변형 게이지는 다양한 센서 모듈에 내장한다. [그림 12-7]은 이런 모듈을 모아 놓은 사진으로, 모두 스파크펀에서 구입할 수 있다. 이 외에도 다양한 제품을 온라인에서 찾아볼 수 있다.

플라스틱 필름 힘 센서

플라스틱 필름을 사용한 저항성 센서는 두 층의 전도성 잉크를 포함하며, 이 층들은 얇고 투명한 플라스틱 필름 레이어 2개에 감싸여 있다. 잉크층 사이의 저항은 층이 눌릴 때 감소한다. 저항값은 완전히 부하가 걸렸을 때인 최소 30K부터 부하가 전혀 걸리지 않을 때인 최대 1M 이상까지 변한다.

변형 게이지와 마찬가지로 플라스틱 필름 유형

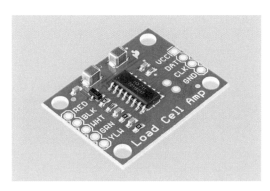

그림 12-6 HX711 증폭기 칩을 내장한 스파크펀의 HX711 브레이크아웃 보드. 변형 게이지를 사용하는 풀 휘트스톤 배열을 힘 센서에 내장하기 위해 특별히 고안되었다.

그림 12-7 변형 게이지를 포함하고 있는 로드 셀. 모두 스파크펀에서 구입 가능하다.

센서도 극성이 없으며, 전원이 필요 없다.

이 센서 유형의 예는 [그림 12-8]과 [그림 12-9]에 있다. 형태나 크기가 다른 센서도 출시되어 있다. 제조사로는 플렉시포스FlexiForce라는 제품을 판매하는 텍스캔Tekscan, 타이완의 알파 일렉트로닉Alpha Electronic, 인터링크 일렉트로닉스Interlink Electronics 등이 있다.

플라스틱 필름 센서는 필름 기반의 압전 진동

그림 12-8 텍스캔에서 제조한 플렉시포스 A401 저항성 필름 센서. 감지 영역은 반경 25.4mm(1인치)이며, 측정 가능한 힘의 크기는 최대 111N(25lbs)이다.

그림 12-9 인터링크의 FSR406 저항성 필름 센서. 감지 영역은 40mm²에 조금 못 미치며, 측정 가능한 힘의 크기는 최대 20N(4.5lbs)이다.

센서와 구별해야 한다. 후자는 진동vibration 항목에서 설명한다('압전 띠piezoelectric strip' 참조). 플라스틱 필름 센서는 센서가 빠르게 휘어질 때 일시적인 출력을 내보낸다. 저항성 센서는 고정적인 부하에 반응해 안정적인 출력을 제공한다.

변형 힘 센서

천연 또는 실리콘 기반 고무판에는 전도성 입자를 침투시킬 수 있다. 압축하더라도 고무판의 전도성은 크게 변하지 않지만, 얇은 나일론 섬유망이 고무판과 금속판을 분리하는 경우에는 압축했을 때 섬유 빈 곳에 고무가 들어가서 전도성이 크게 향상된다([그림 12-10] 참조).

개량된 저항성 센서

탄소 입자가 충전된 폴리에틸렌 필름은 3M의 자회사인 벨로스탯Velostat의 브랜드명을 사용해 판

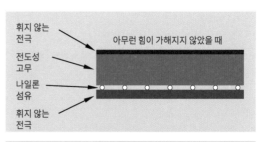

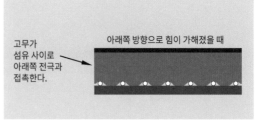

그림 12-10 위 그림에서 휘는 성질이 있는 전도층은 나일론 섬유망을 사이에 두고 아래의 휘는 성질이 없는 전극과 떨어져 있다. 아래 그림에서는 휘는 성질이 있는 층에 부하가 가해지면, 층과 전극과의 접촉이 늘면서 둘 사이의 저항이 줄어든다.

매되고 있다. 이 제품은 반도체 패키지에서 사용할 정전기 방지 물질로 개발되었지만, DIY 힘 센서를 만드는 데도 사용한다. 폴리에틸렌 필름이 늘어나면, 그 안에 충전된 입자가 더 멀리 퍼지면서 전기 저항이 증가한다. 필름이 압축되면 저항은 줄어든다.

CMOS 부품 패키지에서 사용하는 정전기 방지 폼 유형도 같은 용도로 쓸 수 있으나, 이 제품 중에는 압력의 영향에서 회복되는 것이 늦어 메모리 폼 같은 행동을 보이기도 한다. 이 유형의 제품은 구리 도금한 한 쌍의 회로 기판 사이에 전극으로 끼워 사용한다.

사용법

플라스틱 필름 기반 저항성 힘 센서

플라스틱 필름 센서의 전도성은 가해진 힘과 대체로 선형 관계에 있다. 즉, F가 힘이고, I가 전류일 때 다음과 같은 식이 성립한다.

$$I = k * F$$

여기서 k는 사용된 물질 특성에 따른 상수다.

옴의 법칙에 따라 $R = V / I$이고, 이때 V는 저항 R에 대한 전압 강하의 크기다. 따라서 I 대신 $k * F$를 대입하면 식은 다음과 같다.

$$R = V / (k * F)$$

그러므로, 정전압이 힘 센서에 인가되는 경우 센서의 저항은 힘의 역수(즉, 1/F)에 반비례한다. 이

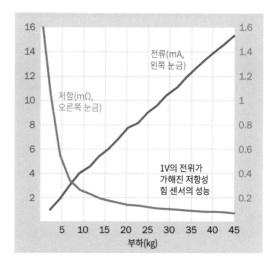

그림 12-11 플렉시블 저항 센서에서 힘과 전류, 저항 간의 관계. 센서에 걸리는 정전압은 1V로 가정한다(출처: 플렉시포스(FlexiForce) 센서 사용자 매뉴얼).

관계를 그래프로 나타낸 것이 [그림 12-11]이다.

측정의 편의를 위해 센서의 저항값을 가해진 힘과 선형적으로 변하는 전압 출력으로 변환하면 도움이 될 것이다. 변환을 위해 이 유형의 저항성 힘 센서 출력은 op 앰프op-amp(2권 참조)로 증폭한다. [그림 12-12]의 회로를 사용할 때, 증폭률 A는 다음과 같은 공식을 써서 구할 수 있다.

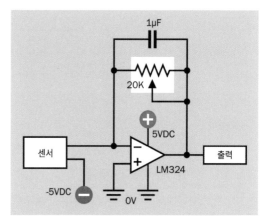

그림 12-12 저항성 필름 센서에 가해진 힘과 거의 선형 관계의 출력을 갖는 증폭기 회로

$$A = 1 + (R2 / R1)$$

여기에서 R2는 포텐셔미터, R1은 저항성 힘 센서다. 따라서, op 앰프의 출력은 센서에 가해진 힘과 대체로 선형적인 관계를 이루어야 한다.

이 회로에 커패시터를 추가하면 회로에서 잡히는 잡음을 억제할 수 있다.

또는 커패시터를 한쪽은 저항성 센서와 직렬로, 다른 한쪽은 피드백을 조정하는 비교기와 연결할 수도 있다. 센서의 저항은 커패시터의 충전 속도를 좌우한다. 그러나 충전율을 계산해 보면, 비교기의 출력은 센서에 걸리는 힘과 선형을 이루지 않는다. 또한 커패시터를 간헐적으로 방전하기 위해서는 별도의 준비가 필요할 수 있다.

부품값

사용자 입력용 필름 기반 힘 센서

손가락으로 아주 약한 압력을 가했을 때 압력의 크기는 50g 정도라고 할 수 있다. 조금 더 힘을 주면 250g, 힘을 많이 주어 누르면 1kg까지 압력을 가할 수 있다.

인터링크Interlink 사의 플렉시블 힘 센서는 0.2N(약 20g) 이상의 압력을 감지할 수 있다. 이와 비슷하게 알파Alpha 제품의 최소 감지 가능 압력은 10~30g이다.

이 사양으로 알 수 있는 사실은, 필름 기반 센서를 원터치 사용자 입력에 사용할 수 있지만, 무부하no-load 저항이 1M 이상, 일부 제품은 10M 이상이어야 한다. 문제는 적은 압력으로는 이 정도의 저항을 생성할 수 없다. 전기 저항은 커 봐야

500K에도 크게 미치지 못한다. op 앰프나 비교기를 사용해 미약한 차이를 감지해 이를 신뢰할 수 있는 ON-OFF 출력으로 변환하는 방법도 있지만, 이는 잡음과 전력 장애에 취약할 수 있다.

이 밖에도 필름 기반 센서는 촉각 피드백을 주지 않는다. 이런 이유와 더불어 제조사에서 필름 기반 제품을 '터치 센서'가 아닌 '힘 센서'로 분류하기 때문에, 필름 기반 센서는 13장이 아닌 이 장에 수록했다. 그렇기는 해도 원터치 사용자 입력에 필름 기반 센서를 사용해 볼 수 있다. 한 예로, 플레이어가 센서를 세게 치거나 두드릴 가능성이 높은 게임에 필름 기반 센서를 사용할 수 있다.

필름 기반 힘 센서의 사양

필름 기반 센서의 내구성은 아주 뛰어난데, 제조사에 따르면 20kg의 부하를 백만 번 이상 가해도 성능이 저하되지 않는다. 센서는 극성이 없으며, 대부분 1~15V의 전압을 사용한다. 반응 시간은 5ms 미만이다. 또, 전자기 간섭을 생성하지 않으며, 전자기 간섭에도 취약하지 않다.

필름 유형 센서를 평가할 때 중요한 특성은 가해지는 힘에 대한 한계 내성limit of tolerance과 한계 내성 범위 양 끝에 있는 저항값이다. 안타깝게도 대다수 센서에서 이 값은 제대로 명시되지 않거나, 아예 언급조차 되지 않는 것 같다.

측정 가능한 최대 힘의 크기는 센서의 브랜드와 모델에 따라 20N에서 440N까지 다양하다.

전기 저항은 부하가 걸려 있지 않을 때 최소 1M, 최대 20M이다.

정확도 범위는 힘의 적용에 따라 그리고 센서 모델과 제조사에 따라 ±2%와 ±5% 사이에서 다

양하다. 센서에 가하는 힘의 위치가 매번 정확히 일치하지 않으면 결과는 매번 달라진다. 또한 센서를 동일한 유형의 다른 센서로 교체했을 때, 센서가 서로 얼마나 일치하는지는 정확히 알 수 없다. 따라서, 필름 기반 힘 센서는 정확성이 중요한 응용에서는 사용하기에 적합하지 않다.

센서의 히스테리시스는 5~10% 정도다.

능동 탐지 영역의 범위는 가로 4mm(플렉시포스 센서)에서 가로 40mm 이상(인터링크의 FSR 406)으로 다양하다.

변형 게이지

변형 게이지는 대다수 전자부품 공급업체에서 개별 부품으로 판매하지 않는다. 여분의 부품으로 판매되거나 이베이 같은 사이트에서 판매되기도 한다. 이 부품은 부하가 전혀 걸리지 않았을 때의 저항 범위가 100Ω에서 1K이다.

변형 게이지가 내장된 부하 센서는 미리 설치를 완료해 판매하는 제품이 사용하기 훨씬 쉬우며, 앞서 설명한 것처럼 적절한 증폭기 칩과 플러그 호환이 가능하다.

주의 사항

납땜 손상

플라스틱 필름 저항성 센서의 핀은 얇은 플라스틱 안에 내장되어 있다. 납땜인두의 열은 이러한 플라스틱을 쉽게 손상시킬 수 있다. 이 문제는 납땜하는 동안 열 흡수용 악어 클립을 사용하거나, 납땜 대신 핀에 소켓을 꽂아 해결할 수 있다.

고르지 않은 부하 배분

필름 기반 센서는 부하가 고르거나 균등하게 분포되지 않을 때, 또는 부하가 감지 영역 밖으로 벗어날 때 측정값이 정확하지 않다. 작고 단단한 디스크로 이루어진 퍽puck을 힘이 가해지는 곳과 센서 사이에 두어 최대 면적 내에서 부하를 배분할 수 있다. 퍽은 다른 말로 심shim이라고도 한다.

이 같은 이유로 센서는 평평하고 매끄러운 표면에 설치해야 하며, 이런 표면이 없다면 단단한 판을 삽입할 수도 있다.

침수 피해

필름 기반 센서는 플라스틱으로 밀폐했더라도 방수가 되지는 않는다. 센서는 침수되면 층 사이가 떨어질 수 있다.

온도 민감성

전기 저항은 온도에 따라 달라지는 경향이 있기 때문에, 저항성 힘 센서의 측정값도 온도에 따라 달라진다.

주변 온도가 70℃ 이상이면 필름 기반 센서는 손상될 수 있다.

길이가 너무 긴 단자

필름 기반 센서에서는 휘어지는 플라스틱 라미네이트 층에 둘러싸인 다양한 길이의 단자가 제공되지만, 특정 응용 방식에서 사용하기에 단자가 지나치게 길 수 있다. 긴 단자를 잘라내 버리면, 땜납이 플라스틱을 녹이면서 전선이 땜납에 잘 붙지 않게 된다. 이때는 납땜 대신 전도성 에폭시를 사용해야 한다.

13장

싱글 터치 센서

이 장에서는 용량성 터치 센서capacitive touch sensor만 다룬다. 손가락을 사용해 노출된 두 접점 사이를 회로로 연결하는 전도성 센서conductive sensor는 그다지 사용하지 않아 여기서는 다루지 않는다.

이 장에서 다루는 터치 센서 유형은 활성화에 아무런 물리적인 압력이 필요치 않은 부품으로 한정한다. 압력이 필요한 저항성 센서 또는 압전 힘 센서와 혼동하지 않도록 주의한다. 이에 대해서는 12장을 참조한다.

집적회로 칩은 터치 패드touch pad에서 받은 신호를 처리하는데, 내부에 감지 소자가 들어 있지 않지만 보통 터치 센서touch sensor라고 한다. 이 장에서는 모호함을 피하기 위해 '터치 센서 칩'이라는 용어를 사용하며, 터치 입력 소자는 '터치 패드'라고 하였다.

터치 패드는 촉각 스위치tactile switch나 멤브레인 스위치membrane switch를 포함하며, 1권 스위치switch 항목에서 이미 다룬 바 있다. 리드 스위치reed switch를 제외한 모든 스위치 유형은 1권에 수록했다. 리드 스위치는 자기적으로 활성화되기 때문에 센서로 분류한다.

용량성 터치 센서는 용량성 근접 센서capacitive proximity sensor라고도 하는데, 사람의 손가락 끝이 얼마나 근접했는지 감지하기 때문이다. 이 장과 다른 대다수 자료에서 근접 센서proximity sensor는 터치가 아닌 거리를 측정한다. 관련 내용은 5장을 참조한다.

용량성 변위 센서capacitive displacement sensor는 용량성 터치 센서와 동일한 원리를 사용하지만, 인간의 입력이 아닌 물체의 위치를 감지할 때 사용한다.

관련 부품

· 힘 센서(12장 참조)
· 터치 스크린(14장 참조)

역할

터치 패드touch pad는 사람의 손가락(또는 인체의 다른 부분)이 닿았는지 여부를 감지해서, 집적회로 칩으로 신호를 보낸다. 집적회로 칩은 그 안에 감지 소자가 하나도 들어 있지 않지만, 보통 터치 센서touch sensor라고 한다. 집적회로 칩은 사람의 터치가 인식되었음을 알리는 출력을 생성한다.

전자레인지에서 보는 것과 같은 키패드는 겉으로 터치 패드처럼 보일 수도 있지만, 실제로는 멤브레인 스위치membrane switch나 촉각 스위치tactile switch를 사용했을 가능성이 높은데, 이는 다른 스위치와 함께 1권에서 다루었다. 이 장에서 설명하는 터치 패드 유형은 물리적인 힘이 필요하지 않으며, 눌렀을 때 움직이거나 휘어지는 부품을 포함하지 않는다.

최근에 출시되는 터치 스크린touch screen은 보통 용량성 장치며, 터치 패드가 여러 개 배열된 것으로 생각할 수 있다. 자세한 내용은 14장을 참조한다.

응용

용량성 터치 센서는 압력에 반응하는 더 단순한 부품에 비해 가격이 많이 떨어지면서 사용이 늘고 있다.

터치 센서는 공정을 시작하거나 중단할 때, 또는 장치에 가해지는 전원을 높이거나 낮출 때 사용할 수 있다. 몇 개의 글자 또는 숫자로 이루어진 사용자 입력이 필요한 곳이라면, 여러 개의 센서를 사용할 수 있다. 터치 패드는 완전히 밀폐시킬 수 있기 때문에 위생이 중요한 곳에서 유용하게 사용할 수 있다.

구체적인 응용으로는 소형 장치의 백라이트, 자동차에서 실내등 켜기, 대기 상태에서 운전 상태로의 전환, 휴대전화에서 귀 감지, 의료 장치 제어 등이 있다.

움직이는 부품이나 전기 접점이 없다는 말은 터치 패드가 다른 유형의 전자기계식 스위치보다

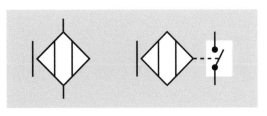

그림 13-1 터치 센서를 나타내는 데 사용할 수 있는 회로 기호 2개

안정적이라는 뜻이 된다. 터치 패드의 단점은 패드가 입력에 반응할 때 촉각을 통한 피드백을 줄수 없어서 시각이나 청각을 통해 입력이 들어왔음을 확인해야 한다는 점이다. 촉각 피드백이 없기 때문에 터치 패드는 빠른 타이핑 입력이 필요한 컴퓨터 키보드나 기타 키 입력 장치에서 사용하기에는 적합하지 않다.

터치 패드의 용량성 소자가 투명하면, 화면 앞에 설치할 수 있다.

회로 기호

[그림 13-1]의 두 기호 모두 터치 센서를 나타낼 때 종종 사용하지만, 반드시 이 기호를 사용하지는 않는다.

작동 원리

커패시터에 있는 판 2개는 유전체dielectric라고 하는 절연체로 분리된다. 종이, 플라스틱, 유리, 공기 등의 절연체가 이 용도로 사용될 수 있다. 판 사이에 전기적인 연결이 존재하지 않더라도 전계 효과field effect의 영향으로 AC가 유전체를 통과한다.

전기 전도체가 쌍을 이루고 있으면 어떤 조합이라도 그 사이에 전기 용량이 존재한다. 인간의 신체는 전기 저항이 크기는 하지만, 여전히 전기 전도성을 띠기 때문에 다른 전도성이 있는 물체와

의 사이에 전기 용량이 존재한다.

터치 패드가 커패시터의 한쪽 판 역할을 한다면, 손가락 끝은 다른 한쪽 판 역할을 하게 된다. 이 경우, AC가 터치 패드에서 출발해서 사람의 몸을 통과한 뒤 접지될 수 있다. 이때 전류의 양은 아주 작지만 적절하게 설계된 집적회로 칩이나 마이크로컨트롤러를 사용하면 변동을 감지할 수 있다.

유전체의 특징은 어느 정도 커패시터의 성능에 영향을 주지만, 커패시터가 아예 작동하지 못하도록 만들지는 않는다. 따라서 터치 패드는 일반적으로 사용되는 것처럼 유리나 플라스틱 층으로 보호하더라도 작동한다.

터치 센서 칩은 저전압 AC 펄스를 생성해 이들을 터치 패드로 보낸다. 칩은 터치 패드를 통과하는 전류에서 진동을 감지해 손가락이 닿았음을 표시한다. 입력이 발생하면 칩이 출력을 변화시키며, 출력 처리를 위해서는 보통 마이크로프로세서가 필요하다.

사용법

터치 센서 칩은 무려 40가지의 다른 포맷과 구성으로 사용할 수 있다. 이들 모두는 표면 장착형이다. 브레드보드 구성을 위해, 실험자는 센서 칩이 설치된 브레이크아웃 보드를 사용할 수 있다. [그림 13-2]는 에이다프루트의 제품으로 터치 패드 12개를 처리할 수 있다. I2C 프로토콜을 통하면 이 제품의 출력에 마이크로컨트롤러가 접근할 수 있다. I2C 등 프로토콜에 대한 자세한 내용은 부록 A를 참조한다.

비슷한 브레이크아웃 보드가 스파크펀 사와

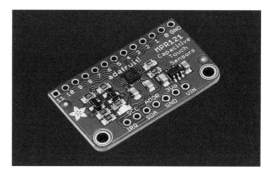

그림 13-2 에이다프루트의 브레이크아웃 보드에 설치한 용량성 터치 센서 칩

http://www.mouser.com 등 대형 온라인 판매업체에서 판매되고 있다(브레이크아웃 보드는 개발 도구development tool로 분류한다).

대다수 터치 센서 칩에는 마이크로컨트롤러가 필요하지만, 흔치 않게 출력 핀의 개수가 터치 패드의 입력 핀 개수와 같아 핀에서 입력을 감지할 때마다 그에 해당하는 출력 핀의 논리 상태를 LOW에서 HIGH로, HIGH에서 LOW로 전환하는 터치 센서 칩도 있다. 에이다프루트의 또 다른 브레이크아웃 보드인 AT42QT1070이 이런 단순한 방식을 사용한다.

2개의 핀이 알루미늄 포일 위에 손이 닿았음을 감지하는 아두이노용 라이브러리library가 존재한다. 라이브러리는 전도성 잉크conductive ink나 전도성 페인트conductive paint에도 적용할 수 있다.

터치 패드 구하기

센서 칩은 부품으로 널리 사용하며 아주 저렴하다. 반면에 터치 패드는 보통 부품으로 사용하지 않는데, 아마도 장치 제조사에서 구리 선의 패턴을 회로 기판에 에칭하는 방식으로 터치 패드를 제작하기 때문일 것이다.

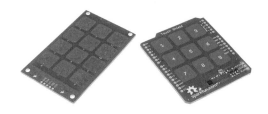

그림 13-3 스파크펀에서 출시된 용량성 키패드 2종. 오른쪽의 키패드는
아두이노 터치 실드용으로 설계했다.

취미 공학 책에서 다루는 터치 패드는 보통 터치 센서 칩을 내장하고 있다. 스파크펀에서 판매하는 12키 키패드도 이러한 유형이며, 이 외에 아두이노용 '터치 실드touch shield'로 고안된 9키 키패드도 있다. 스파크펀의 두 제품은 모두 [그림 13-3]에서 볼 수 있다. 두 제품에는 [그림 13-2]에서 보았던 에이다프루트의 MPR121 터치 센서 칩이 브레이크아웃 보드에 내장되어 있으며, 마이크로컨트롤러와의 통신을 위해 I2C 연결을 필요로 한다.

용량성 터치 패드는 보통 용기 안에 설치되기 때문에, 부품으로 사용하는 터치 패드 자체의 외형은 중요하지 않다. 용기 바깥 부분에는 키 배열이 인쇄되어 있을 수 있다.

개별 터치 패드

에이다프루트에서는 일시적으로 스위치를 모방하는 AT42QT1010 터치 패드를 판매한다. 손가락이 닿으면 터치 패드에서 출력의 논리 상태가 LOW에서 HIGH로 전환되며, 손가락을 떼면 다시 LOW 상태로 돌아간다.

[그림 13-4]는 또 다른 터치 패드로서, 키를 한 번 누를 때마다 출력의 논리 상태가 LOW에서 HIGH, 또는 HIGH에서 LOW로 전환되어 래칭된다.

그림 13-4 에이다프루트에서 판매하는 이 터치 패드에 내장된 AT42QT1012 센서 칩은 터치 패드를 누를 때마다 출력의 논리 상태를 LOW에서 HIGH, HIGH에서 LOW로 전환한다.

두 키패드 모두 출력을 생성하는 센서 칩을 포함하고 있다.

터치 휠과 터치 스트립

터치 휠touch wheel은 보통 전극electrode이라고 하는 원형 패턴의 전도성 띠를 사용해 손가락 입력을 받는다. [그림 13-5]는 터치 휠의 단순한 구성을 나타낸 것이다. 전도성 띠는 접점이 생기지 않도

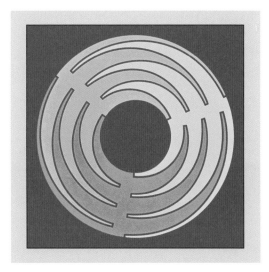

그림 13-5 구리 띠로 회로 기판(초록색)에 만든 터치 휠. 각 부분은 구분할 수 있도록 서로 다른 색으로 칠했다.

록 서로 맞물려 있기 때문에 손가락으로 원을 그리듯이 움직이면 용량성 입력이 발생하며, 이 입력은 움직임에 따라 각 소자에 걸렸다 사라진다. 그림에서 사용된 띠는 3개며, 구별하기 쉽도록 서로 다른 색으로 나타냈다. 다른 터치 휠은 띠를 더 많이 사용할 수도 있다.

휠 모양의 터치 패드와 통신하기 위해 고안된 펌웨어의 경우, 보통 2개의 전극이 동시에 입력을 받는다고 가정한다. 펌웨어는 인접 구역의 상대 전기 용량을 비교해 손가락의 위치와 움직임을 계산한다. 이상적인 상황에서 전기 용량의 값은 선형적, 상호보완적으로 변해야 한다. 즉, 두 구역의 중점에서 값이 50-50으로 나뉘고, 손가락이 휠 주변을 움직임에 따라 이 값은 60-40, 70-30 등으로 연속해 바뀌어야 한다.

터치식 포텐셔미터touch potentiometer는 터치 패드 여러 개로 구성되며, 터치 패드는 보통 직선으로 배열한다. 이를 터치 스트립touch strip이라고 할 수 있다. 대표적인 제품이 GHI 일렉트로닉스GHI Electronics 사에서 만들고 로봇 숍Robot Shop에서 판매하는 L12 용량성 터치 모듈로, [그림 13-6]에서 보여 주고 있다.

설계 시 고려 사항

단순한 터치 패드는 접지된 구리에 추가로 둘러싸

그림 13-6 여러 개의 용량성 터치 패드를 끈 모양으로 배열했다. GHI 일렉트로닉스 제품.

여 있는 경우가 많은데, 이 구리를 실드shield 또는 가드guard라고 한다. 손끝의 전기 용량(아래의 전극과는 유전체인 플라스틱이나 유리층으로 분리되어 있다)은 전극과 실드 사이의 전자기장에 간섭을 일으킨다.

회로 기판 아랫부분은 전자기적 간섭으로부터 터치 패드를 보호하기 위해 접지용 판을 대는 경우가 많다. 이 판도 역시 실드나 가드라고 부를 수 있다. 접지용 판은 위에 위치한 전극과의 전기 용량을 줄이기 위해 평행선 패턴을 사용할 수 있다.

싱글 터치 센서 칩을 사용하는 회로의 배치는 성능에 크게 영향을 미칠 수 있다. 터치 감지 장치가 손가락의 터치를 안정적으로 감지하기 위해서는 '조정'이 필요할 수 있다.

터치 센서와 전극 사이의 띠가 길면 잡음이 생기기 쉽고 전기 용량이 증가한다.

인접한 띠와 여러 터치 패드 사이의 거리는 가급적 멀게 두어서 그 사이에 있는 전기 용량을 줄여야 한다. 센서 칩의 출력이 I2C나 SPI 디지털 프로토콜을 사용한다면, 이런 디지털 신호를 전달하는 띠는 입력 띠에서 적어도 4mm 떨어져야 한다. 이 띠들이 교차할 때는 서로 직교해야 한다.

전극은 그 위에 인쇄되는 숫자나 문자와 비슷한 모양을 해서는 안 된다. 기본 전극을 하나만 사용한다면, 전극은 둥근 형태를 띠어야 한다.

주의 사항

장갑에 대한 약한 반응

장갑은 터치 센서 설계 시 상당한 골치거리인데, 유전체를 변형하고 전극과 손가락 사이의 거리를 변화시키기 때문이다. 용량성 터치 센서는 장갑을 사용할 경우 전혀 작동하지 않을 수도 있다. 그러나 금속사metallic threads가 포함된 특수 장갑이라면 사용할 수 있다.

스타일러스의 문제
비전도성 스타일러스stylus로는 터치 패드를 활성화할 수 없다.

전도성 잉크
터치 패드의 상태를 외부 장치에 인쇄하는 잉크는 비전도성이어야 한다.

14장

터치 스크린

터치 스크린touch screen이라는 용어는 본 백과사전에서 두 단어로 표기한다. 그러나 두 단어를 연결해 '터치스크린touch-screen'이라 표기하는 자료도 많다.

관련 부품

· 싱글 터치 센서(13장 참조)

· 힘 센서(12장 참조)

역할

터치 스크린touch screen은 터치 감지 장치가 내장된 동영상 디스플레이다. 스크린은 터치된 위치를 알려 주며, 마우스나 트랙 패드 같은 위치 지정 장치 대신 사용한다. 터치 스크린 중에는 위치 외에도 눌린 압력을 알려 주는 유형도 있다.

터치 스크린은 스마트폰과 태블릿 PC 외에, 노트북 컴퓨터에도 널리 사용한다. 이보다 더 작고 단순한 형태의 터치 스크린은 복사기 같은 사무실 설비에도 사용한다.

회로 기호

터치 스크린을 나타낼 때 사용하는 정해진 회로 기호는 없다.

다양한 유형

초기 설계에서는 적외선 LED를 사용했으며, 스크린을 둘러싼 프레임 모서리에 매립되어 있었다. 이와 쌍을 이루는 포토다이오드는 해당되는 LED에서 나온 집속 광선focused beam을 검출했다. 손끝이 스크린에 닿으면 하나 이상의 광선이 차단되며, 이때 손끝이 스크린에 닿았음을 알 수 있었다. 이 방식으로는 높은 해상도를 구현할 수 없었지만, 미리 정해 놓은 위치를 사용자가 건드릴 때 이를 감지하기에는 충분했다.

요즘 사용하는 터치 스크린은 대부분 저항성이나 용량성이다.

저항성 감지 방식

저항성 터치 스크린resistive touch screen은 2개의 투명 레이어transparent layer로 이루어지며, 이 투명 레이어는 각각 별도의 동영상 디스플레이에 설치할 수 있다.

투명 레이어는 각각 동일한 전기 저항을 가진다. 손끝의 압력이 외부 레이어(1번 레이어)에 가해지면, 외부 레이어는 내부 레이어(2번 레이어)와 한 점에서 만난다.

2개의 수직 전극은 왼쪽과 오른쪽 모서리를 따

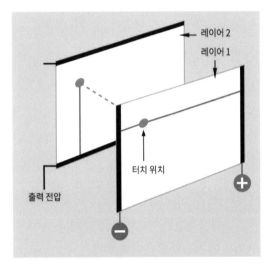

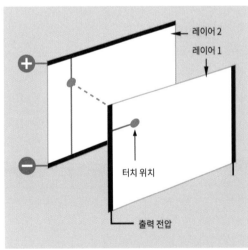

그림 14-1 저항성 터치 스크린의 레이어는 쉽게 구분이 가능하도록 떨어뜨려 나타냈다. 실제로는 레이어 사이의 간격이 아주 좁아서 하나의 레이어에 손가락의 압력이 가해지면 이로 인해 두 레이어가 만날 수 있다.

라 1번 레이어와 연결된다. 2개의 수평 전극은 위쪽과 아래쪽 모서리를 따라 2번 레이어와 연결된다. 수직 전극 사이로 전압이 1번 레이어에 인가되면, 레이어는 전압을 수평 방향으로 나누는 분압기 역할을 한다. 1번 레이어가 눌려진 지점에서 전압은 2번 레이어에 인가되는데, 계측기의 임피던스가 레이어의 임피던스보다 훨씬 크면 2번 레이어의 위나 아래쪽 전극에서 이 값을 읽을 수 있다. 전압은 1번 레이어 위의 수평 위치에 대한 값으로 디코딩된다.

다음은 외부 스위칭 장치가 이 과정을 반복하되, 2번 레이어에는 전압을 인가하지 않고 1번 레이어에서 전압값을 읽어 들여, 2번 레이어의 수직 위치에 대한 값을 알려 준다. [그림 14-1]의 위와 아래 그림은 이 순서를 나타낸다.

이 유형은 연결 지점이 4개만 있으면 되기 때문에 4와이어 저항성 터치 스크린이라고 한다. 5와이어 터치 스크린도 있지만 흔하게 사용되지는 않으며, 이 장에서는 다루지 않는다.

저항성 스크린의 장점

- 단순하다. 연결이 4개만 있으면 되고, 스크린 레이어는 개별 전도체로 나눌 필요가 없다.
- 용량성 터치 스크린에 비해 가격이 저렴하다.
- 사용자가 장갑을 끼거나 스타일러스stylus를 사용해도 동일한 반응을 보인다.

저항성 스크린의 단점

- 손가락 압력이 아닌 스타일러스 입력이 필요한 저항성 터치 스크린도 있다.
- 저항성 스크린은 한 점 입력에만 반응한다. 두

손가락을 사용하는 입력은 지원하지 않는다.

- 접점 반동은 휘어지는 레이어가 아래 레이어 쪽으로 눌려졌을 때 발생하며, 스크린으로 가는 전원을 스위칭할 때 전압 스파이크가 발생할 수 있다. 이 문제를 해결하기 위해, 마이크로컨트롤러의 펌웨어가 초기 발생하는 몇 개의 입력값에서 중앙값을 구해야 할 수도 있다.

- 유연한 막은 날카로운 물체로 인해 손상을 입기 쉽다.

그림 14-2 브레이크아웃 보드에 설치된 터치 스크린. 아두이노와 호환이 가능하다. 에이다프루트에서 구입할 수 있다.

용량성 감지 방식

용량성 터치 스크린capacitive touch screen은 유리판 위에 투명 전도성 잉크로 가로, 세로선을 인쇄한 싱글 터치 센서single touch sensors 어레이로 구성한다.

소형 용량성 스크린은 손끝이 스크린 모서리에 있는 네 개의 전원부에서 아주 미약한 전류를 끌어들일 때 이 전류량을 측정할 수 있다.

용량성 터치 스크린에 대한 자세한 정보는 13장 터치 센서 항목을 참조한다.

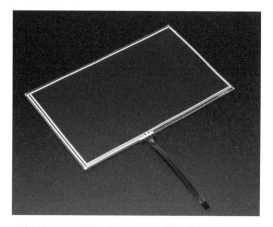

그림 14-3 그림의 저항성 터치 스크린은 7인치 동영상 디스플레이의 레이어로 사용한다. 에이다프루트에서 구입할 수 있다.

부품으로 사용할 수 있는 스크린_____

스크린은 대각선 길이가 최소 2인치인 제품부터 다양하다. 온보드 전자부품은 I2C와 SPI 프로토콜이나 USB를 사용하는 마이크로컨트롤러와 연결하기에 적합하다. 선택할 수 있는 해상도의 사양도 다양하다.

[그림 14-2]는 320×200 해상도의 3.5인치 터치 스크린의 예다. 이 제품은 브레드보드, 아두이노와 함께 사용할 수 있는 브레이크아웃 보드에 탑재되어 있다.

[그림 14-3]은 별도의 동영상 디스플레이에 설

치할 수 있는 7인치 저항성 터치 스크린이다. 이 제품은 STMPE610 컨트롤러 칩과 함께 사용한다. STMPE610 컨트롤러 칩은 저항성 스크린 값을 디지털 좌표로 변환하며, 마이크로컨트롤러와의 연결에 SPI와 I2C 두 가지 프로토콜을 모두 지원한다. 이 표면 장착형 칩은 브레이크아웃 보드에서도 사용할 수 있다.

DIY 프로젝트에 사용할 부품으로 터치 스크린을 고를 때는, 디스플레이를 읽고 재생할 때 마이크로컨트롤러 코드 라이브러리를 사용할 수 있는지 여부가 중요한 고려 사항이 된다.

15장

수위 측정 센서

전자부품이 포함되지 않는 수위 측정기는 이 장에서 다루지 않는다.

산업 현장에 특화된 수위 감지 장치는 본 백과사전이 다루는 범위에서 벗어난다. 여기서는 저렴한 소형 센서에 대해 설명한다.

저장 용기 바닥에 가해지는 액체의 압력을 측정해 액체의 부피를 추정할 수 있다. 이 용도로 사용하는 센서는 17장 '기체/액체 압력 센서gas/liquid pressure sensor'에서 다룬다.

관련 부품

- 유량계(16장 참조)
- 기체/액체 압력 센서(17장 참조)

역할

저장 용기나 저장 탱크에 들어 있는 액체의 부피는 기본적으로 꼭 측정해야 하는데, 이를 위해 수많은 방법들이 제안되었다. 이 장에서는 그중 가장 단순하고 일반적인 방법들을 논의한다.

수위 측정 센서liquid level sensor는 이진 출력binary output 형태의 결괏값을 출력할 수 있다. 그 말은 액체의 부피가 미리 설정되거나 재설정된 기준을 넘거나 미치지 못할 경우 신호를 보낸다는 의미다. 보통 저장 용기에 있는 내용물의 부피를 일정하게 유지하려고 펌프나 밸브에 센서를 연결한다.

센서를 이용하면 저장된 액체의 부피를 아날로그 값이나 디지털 증감값으로 표시할 수 있다.

회로 기호

단순한 수위 측정 센서의 회로 기호는 세 가지가 있으며, [그림 15-1]에서 볼 수 있다. 이 기호들이 항상 사용되는 것은 아니며, 스위치 기호에 설명을 추가해 표시하기도 한다.

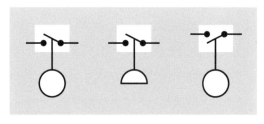

그림 15-1 수위 측정 센서의 회로 기호. 가장 오른쪽 기호는 수위가 증가하면 열린 스위치가 닫히는 구조를 표현한다.

주위에서 가장 흔하게 볼 수 있는 수위 측정 센서는 자동차의 연료 계기판이다. 캠핑용 차량이나 보트에 부착된 물탱크도 비슷한 회로를 이용한다. 산업용 센서는 저장하는 액체의 종류, 정확도의 요구 수준, 온도 범위, 저장 탱크의 밀폐 여부에 따라 선택된다.

작동 원리

수위 측정 센서가 갖추어야 할 속성으로는 진동에 대한 저항성, 액체의 난류 또는 출렁거림으로 인한 데이터 요동의 상쇄, 액체의 화학적 성질에 대한 내성 등이며, 밀폐된 탱크 안에 센서를 부착할 때는 상태를 유지하기 위해 부품의 움직임이 거의 없어야 한다. 아날로그 부유식 센서analog float sensor는 응답 특성이 선형적이어야 하고, 필요하다면 히스테리시스를 제공해야 한다.

이진 출력 부유식 센서

'이진 출력binary output'이라는 말은 출력값이 오직 두 개의 상태만 있다는 의미로 쓰인다(ON과 OFF, 또는 HIGH와 LOW). 이진 출력 수위 측정 센서에서 가장 단순한 형태는 도넛 모양의 부유구(浮游具)로 이루어진다. 부유구에는 영구자석이 있으며, 리드 스위치가 들어 있는 밀폐된 관을 따라 수직 방향으로 자유롭게 움직일 수 있다. 관은 액체를 담는 수조 벽면 또는 뚜껑에 고정되어 있다.

관과 부유구는 자성을 띠어서는 안 된다. 또한 부유구는 측정하는 액체와 비교할 때 상당히 낮은 비중을 가져야 한다(이유는 부유구가 자석을 지탱할 만큼 충분한 부력이 필요한 동시에 부유구와

관 사이의 마찰력을 극복해야 하기 때문이다). 장치의 구성은 [그림 15-2]에서 확인할 수 있다.

센서의 수위 기준값을 변경할 수 있도록 지지대를 나사산에 고정하면 수직 위치를 조절할 수 있다.

리드 스위치는 수위의 증가 또는 감소에 대응하기 위해, 필요할 때마다 상시 열림 또는 상시 닫힘 상태로 설정할 수 있다.

신뢰도를 높이기 위해 리드 스위치 대신 홀 효과 센서Hall-effect sensor를 사용해도 된다. 홀 효과 센서에 관한 내용은 '홀 효과 센서' 장을 참조한다.

[그림 15-3]의 센서도 이진 출력 부유식 센서binary-output float sensor다. 밀폐된 플라스틱 캡슐 안에 스냅 스위치와 쇠구슬이 들어 있다. 수조 뚜껑 아랫부분에 케이블이 붙어 있고, 캡슐이 수조에 담긴 액체 안에 매달려 있다. 그림에는 보이지 않는 별도의 추

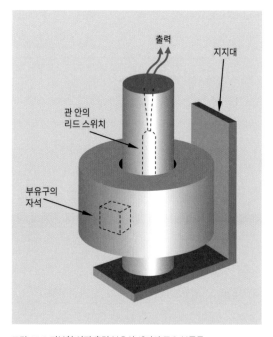

그림 15-2 기본형 이진 출력 부유식 센서의 주요 부품들.

그림 15-3 공기가 채워진 부유구. 방향에 따라 외부 전원을 스위치한다.

가 있는데, 추는 가운데에 구멍이 나 있고 그 구멍을 철사가 통과한다. 추는 철사가 수조 안에서 수직으로 위치를 잡도록 지지하는 역할을 한다.

[그림 15-4]에서는 부유구의 내부 부품을 볼 수 있다. 수조 내 수위가 낮아지면, 부유구는 그림 왼쪽과 같이 위치를 잡는다. 구슬이 떨어지면서 지렛대를 밀면 스냅 스위치가 닫히고, 이로 인해 외부 펌프가 수조에 액체를 채운다. 수위가 올라가면 공기가 채워진 부유구의 부력으로 인해 그림 오른쪽처럼 위치가 바뀐다. 구슬이 떨어지면 스위치가 열리고 펌프가 가동을 멈춘다.

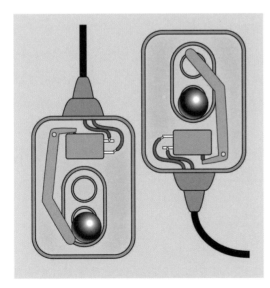

그림 15-4 [그림 15-3] 부유구의 내부 부품들.

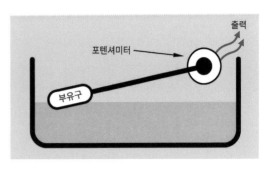

그림 15-5 아날로그 출력의 기본형 부유식 센서.

플라스틱 캡슐의 내부 표면에는 두 개의 동그란 홈이 파여 있다. 이 홈은 액체가 출렁거려도 구슬이 불규칙적으로 구르는 것을 방지해 준다. 이 홈으로 인해 어느 정도의 히스테리시스 효과도 기대할 수 있다.

아날로그 출력 부유식 센서

아날로그 출력 부유식 센서analog-output float sensor 중 가장 단순한 형태는 포텐셔미터에 팔이 부착되어 있고 여기에 부유구가 달린 구조다([그림 15-5] 참조). 이 단순한 구조의 센서가 지난 수십 년 동안 차량의 연료 탱크에서 사용되었다. 이 장치의 단점은 응답 특성이 비선형적이고 포텐셔미터의 특성상 수명이 제한되어 있다는 점이다. 비선형 스케일의 아날로그 연료 게이지를 이용하면 비선형 응답 특성을 어느 정도 보상할 수 있다.

증감 출력 부유식 센서

다음 페이지 [그림 15-6]은 디지털 증감값을 출력하는 부유식 센서의 도면이다. [그림 15-2]와 비슷한 형태로, 도넛 모양의 부유구 안에 자석이 있다. 이 자석은 중앙 관에 설치된 리드 스위치를 제어하는 역할을 한다. 스위치들은 같은 간격으로

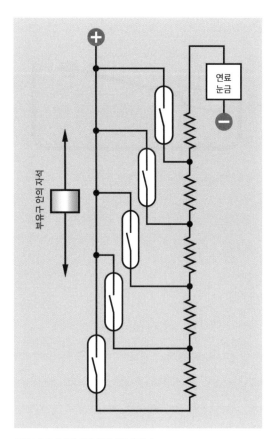

그림 15-6 디지털 증감 출력 부유식 센서.

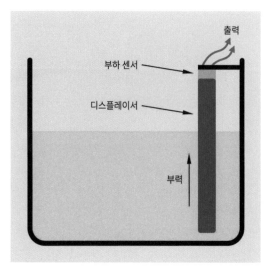

그림 15-7 변위 수위 센서. 디스플레이서는 주위 액체보다 무겁지만 수위가 오르면 실효 무게가 감소한다.

물체의 무게를 측정하는 부하 센서에 매달려 있다. 센서의 아날로그 출력값은 수위의 변화와 대체로 비례한다.

　[그림 15-7]은 변위 수위 센서displacement level sensor의 개념을 단순하게 그렸다.

초음파 수위 센서

초음파 센서를 이용해 수조 안의 액체 수위를 측정할 수 있다([그림 15-8] 참조). 초음파 센서에 관한 자세한 정보는 5장 근접 센서proximity sensor를 참조한다. 초음파로 수위를 감지할 때의 단점은 음파 속도가 증발되는 휘발성 액체로 인해 영향받는다는 점이다.

수조의 무게

수조의 무게로 수조 안에 들어 있는 액체의 부피를 대략 측정할 수 있다. 수조에 부하 센서를 부착하면 가능하다. 그러나 설계할 때는 수조의 유입

배치되어 있고, 직렬로 연결된 같은 값의 저항 사이에 전원을 공급한다. 이 센서는 모터 사이클이나 자동차의 연료 탱크에서 사용되는데, 스위치는 (비자성) 스테인리스강 관 안에 설치된다. 리드 스위치의 개수가 많아질수록 결과는 더 정확해진다.

변위 수위 센서

무거운 물체(디스플레이서displacer라고 한다)가 액체 안에 담겨 있으면, 물체 주위의 액체 수위가 올라가면서 물체의 실효 무게는 감소한다. 아르키메데스 원리에 따라 물체의 무게만큼 액체의 무게와 부력의 증가량이 같기 때문이다. 디스플레이서는

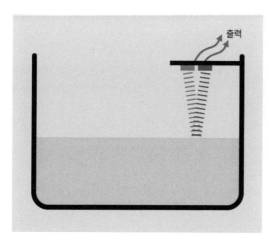

그림 15-8 초음파 근접 센서로 수조 안의 수위를 측정할 수 있다.

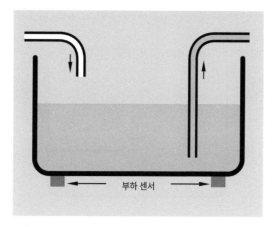

그림 15-9 부하 센서를 사용해 수조 안에 든 액체의 무게를 측정한다. 이때 파이프의 무게가 수조 전체 구조에 영향을 미쳐서는 안 된다.

관 또는 유출관의 무게는 전체 무게에 포함되지 않도록 해야 한다. [그림 15-9]에서 수조의 무게를 측정하는 방식을 보여 주는데, 이 경우에도 액체를 외부로 유출하는 관이 흡수하는 양에 따라 여전히 전체 무게에 어느 정도 영향을 미치게 된다.

압력 감지

차압 센서differential pressure sensor는 수조 바닥 근처에 설치된 파이프에 부착한다. 센서는 액체의 압

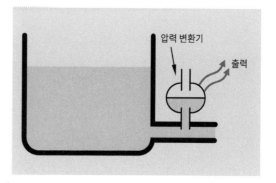

그림 15-10 압력 센서로 수조 안의 액체 부피를 측정할 수 있다.

력과 주위 대기압 사이의 차이를 측정한다. [그림 15-10] 참조.

차압 센서를 이용한 시스템에서는 수조가 공기 중에 노출되어 있고, 수면 위의 대기압이 센서의 대기압과 같다고 가정한다. 수조가 외부로 개방되어 있지 않으면, 센서의 수면 위로는 공간을 두고 파이프는 센서의 기준 포트에 연결해야 한다.

압력이 액체의 부피에 비례하도록 수조의 벽면은 수직으로 반듯해야 한다.

수조 내부 바닥 근처에서 압력을 측정해 액체의 부피를 알아낼 수도 있다. 수중 압력 센서를 사용하는 것도 가능하다. 수중 압력 센서는 일반적으로 방수 캡슐로 구성되며, 내부 변형계strain gauge에 연결된 진동판에 부착되어 있다. 센서는 케이블에 매달려 액체에 담그는데, 이 케이블에도 공기 배관이 포함되어 있다. 액체 내 압력은 수면 위 대기압의 영향을 받기 때문에, 센서가 외부 공기에 대해 상대적인 측정을 하려면 공기 배관이 필요하다.

수중 압력 센서는 접근이 제한된 곳에서 매우 유용하게 사용할 수 있다. 예를 들어 수조의 일부만 개방되어 있는 구조일 때, 액체의 출렁거림을 편리하게 측정할 수 있다.

주의 사항 _____

출렁거림

물결이나 파도처럼 액체가 출렁거리는 현상은 수조를 다시 급하게 채울 때나 이동하는 차량에 장착되어 측면 방향으로 움직일 때 발생하기 쉽다. 센서 출력값의 요동을 최소화하려면 출렁거림의 진폭을 줄이는 게 바람직하다.

가장 흔하게 사용되는 방법은 수조 내부에 구멍 뚫린 칸막이를 세우는 것이다([그림 15-11] 참조). 위쪽 그림을 보면 측면 가속으로 인해 부유식 센서가 물속에 잠기게 되었다. 그러나 아래쪽 그림에서는 구멍 뚫린 칸막이로 인해 흔들리는 수면의 높이가 확연히 감소된다

액체의 무게나 압력을 측정하는 센서는 상대적으로 출렁거림에 덜 민감하다. 변위 수위 센서에서는 디스플레이서의 무게가 진폭을 줄여 준다.

기울어짐

수조가 기울어지면 모든 종류의 수위 센서들이 부정확한 값을 출력하는 경향이 있다. 이를 방지하기 위해 부유식 센서가 수조 중앙에 놓이도록 설치하면, 수조가 센서를 중심으로 기울어지기 때문에 기울어짐의 영향을 덜 받는다([그림 15-12] 참조).

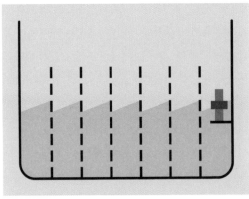

그림 15-11 구멍 뚫린 칸막이를 수조 안에 넣어 주면 수조가 측면으로 가속될 때 발생하는 요동을 최소화할 수 있다.

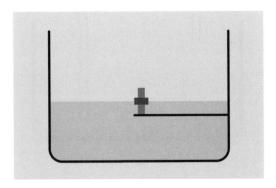

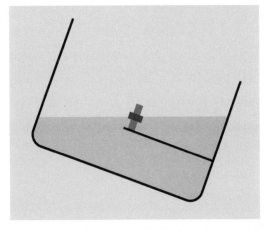

그림 15-12 부유식 센서를 수조 중앙에 설치하면 수조가 기울어져도 영향을 상당히 덜 받게 된다.

16장

유량계

전자부품이 포함되지 않는 유량계flow rate sensor는 이 장에서 다루지 않는다.

유량계의 원리를 기체에도 적용할 수 있지만, 일반적으로 센서는 액체 또는 기체 한 가지만 측정하도록 제작된다. 따라서,

기체 유속 센서는 따로 19장에서 다루었다.

대다수 유량계는 산업용으로 설계된 대형 장치들이다. 이 장에서는 저가형 반도체 센서만 다룬다.

관련 부품

· 수위 측정 센서(15장 참조)

· 기체/액체 압력 센서(17장 참조)

· 기체 유속 센서(19장 참조)

역할

유량계flow rate sensor는 액체가 장치를 통과할 때 흐르는 속도를 측정하는 센서다. 수도 계량기가 유량계의 일종이다.

액체가 흐르기 시작하거나 멈출 때 또는 유속이 미리 설정한 값보다 높거나 낮을 때 2진수 형태로 신호를 내보내는 이진 출력 센서도 있지만, 대다수 유량계는 단위 시간당 변하는 부피에 따라 아날로그 값을 출력하는 아날로그 출력 센서다.

측정하는 액체의 점도가 대단히 높거나, 액체가 화학적으로 반응하거나, 유속이 매우 느릴 때는 액체의 유량 측정이 어렵다. 이때는 전문 장비를 사용해야 하는데, 본 백과사전에서는 이런 전문 장비는 다루지 않는다.

회로 기호

펌프, 밸브, 센서를 표시할 때는 알파벳 약어를 쓰거나 원 안에 X를 표시하는 등 여러 방법으로 표현한다. 이 기호는 일반 기호가 아니므로 여기서는 싣지 않는다.

다양한 유형

외륜 유량계

가장 단순하면서 일반적으로 사용하는 외륜 유량계에서 외륜paddlewheel(회전자rotor라고도 한다)

은 액체가 흐르는 방향에 대해 90°로 맞춰진 회전
축에 고정되어 있다. 외륜 유량계의 예로는 [그림
16-1]에 보이는 쿨랜스Koolance 사의 INS-FM16 제
품이 대표적이다. 이 센서는 원래 오버 클록(제조
업체가 설계한 속도보다 더 빠른 클록 속도로 작
동하도록 개조하는 것 - 옮긴이)한 데스크톱 컴퓨
터의 CPU 냉각 시스템에 사용하도록 고안되었지
만, 유량이 분당 0.5~15리터인 시스템이라면 어디
든 사용할 수 있다. 외륜에 들어 있는 두 개의 자
석이 외륜 아래 밀폐된 케이스 안에 설치된 리드
스위치reed switch를 활성화한다(리드 스위치에 관
한 자세한 정보는 물체 감지 센서object presence sen-
sor 중 '리드 스위치' 항목을 참고한다).

쿨랜스 유량계의 리드 스위치는 접점 반동 문
제가 있지만, 단순하다는 장점이 있으며 적절한
하드웨어나 마이크로컨트롤러의 코드와 함께 사
용하면 반동을 상쇄할 수 있다.

회전 부품이 있는 장치는 외륜 유량계에 마찰과
마모를 일으킬 수 있다. 특히 액체 통과 구간에 설
치된 베어링이 문제가 된다. 이 때문에 롤러 베어
링roller bearing을 사용할 수 없으며, 핀이 달린 일반

베어링을 케이스 구멍 안에 꽂는 형태로 장착해 사
용한다. 오랜 마찰로 베어링의 표면이 닳으면 틈새
가 넓어지는데, 이로 인해 회전자가 부드럽게 회전
하지 못해 진동하거나 앞뒤로 부딪히게 된다. 그러
면 유체의 저항이 증가해 정확도가 떨어진다.

최신 디자인에서는 회전자의 질량을 최소화해
마찰력을 줄인다. 또한 샤프트shaft가 수평으로 놓
여 있다면(그러나 여전히 유체가 흐르는 방향에
대해 90°다), [그림 16-2]에서 제시한 것과 같이 유
체 안에서 회전자의 부력이 마찰력을 한층 더 줄
여 줄 수 있다. 회전자의 밀도와 액체의 밀도가 같
으면 가장 이상적이다.

[그림 16-1]의 쿨랜스 센서처럼 경로를 U자 모
양으로 만들면 회전자의 응답성이 극대화되지만,

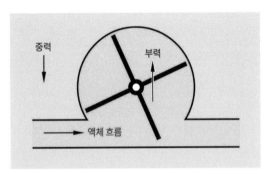

그림 16-2 이 구조에서는 회전 베어링에 마찰이 가해지지만, 액체 안에 담
긴 회전자의 밀도가 낮으면 회전자의 부력으로 마찰을 상당히 줄일 수 있다.

그림 16-1 저렴한 가격대의 외륜 유량계. 분당 0.5~15리터의 유량을 측
정할 수 있다. 배경 눈금의 간격은 1mm이다.

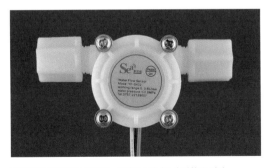

그림 16-3 일직선형 유량계는 분당 3~6리터를 측정할 수 있다.

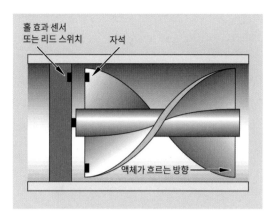

홀 효과 센서
또는 리드 스위치   자석

액체가 흐르는 방향

그림 16-4 관 안에 장착된 터빈 유량계를 단순화한 도면

경로는 일직선 모양이 더 일반적이다. [그림 16-3]
에 그 예가 나와 있다.

터빈 유량계

터빈을 사용하는 유량계turbine-type sensor는 액체의
흐름과 나란한 방향으로 축이 있고, 이 축을 중심
으로 2개 이상의 나선형 날이 회전한다([그림 16-
4] 참조). 각각의 나선형 날에는 자석이 있어 리드
스위치 또는 홀 효과 센서를 켜거나 끈다. 리드 스
위치 또는 홀 효과 센서는 관 내부 벽면에서 터빈
을 매달아 놓은 지지대에 붙어 있다.

지지대는 네 개의 버팀대로 이루어져 있으며,
액체의 흐름에 저항을 일으킨다. 터빈 유량계의
베어링도 외륜 유량계와 같은 문제를 일으키는데,
유체 흐름에 따른 추가적인 부하까지 견뎌야 한
다. 전반적으로 터빈 유량계는 실험실 장비로 많
이 쓰이며, 크기가 큰 외륜 유량계에서는 찾아볼
수 없는 단점들이 있다.

외륜 유량계와 터빈 유량계의 한계

외륜 유량계와 터빈 유량계 모두 베어링의 마찰을

극복하기 위해서는 액체 흐름의 최소량이 필요하
다. 액체가 이 최소량보다 적게 흐르면, 회전자를
회전시키지 않고 그대로 흘러가게 된다. 흐르는
양이 최소량을 넘더라도 요동이나 다른 요인으로
인해 회전자의 반응이 흐름에 대해 비선형적으로
나타날 가능성이 있다.

흐르는 액체의 양이 제조업체가 명시한 최저
한계보다 클 때도 요동이 증가해 유량계의 출력값
이 의미가 없어질 수 있다. 유량에 따라 베어링의
마모 정도도 증가한다.

또한 두 유량계에서 고려해야 할 심각한 문제
는 유량계가 유량의 갑작스러운 변화에 잘 반응하
지 않는다는 점이다. 특히 외륜 유량계는 회전자
의 지름에 비례하는 관성이 있기 때문에, 흐르는
양이 증가하더라도 회전을 시작하기까지 시간이
좀 걸린다. 반대로 흐르는 양이 감소할 때도 외륜
이 계속 회전하는 경향이 있다.

외륜 유량계나 터빈 유량계를 통과하는 액체의
점도도 유량계의 성능에 중대한 영향을 미친다.

열식 질량 유량계

열식 질량thermal-mass 유량계는 일반적으로 액체
의 부피가 극단적으로 적을 때 사용된다. 다음 페
이지 [그림 16-5]에 구조가 나와 있다. 액체를 담
은 관은 열전도가 높은 금속(예를 들어 알루미늄)
으로 제작된다. 이 관은 더 큰 관에 삽입되며, 두
관 사이의 공간은 단열 물질로 채운다. 이 구조의
입구에 온도 센서(예. 서미스터)가 부착되어 흘러
들어오는 액체의 온도를 측정한다. 출구 쪽에 부
착된 두 번째 센서에는 관에 감은 코일 형태로 소
형 저항 히터가 결합되어 있다. 관을 타고 흐르는

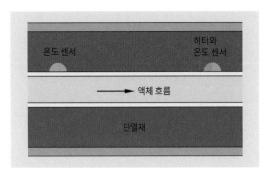

그림 16-5 이 같은 저유량(low-flow) 센서에서, 두 센서 사이의 온도 차는 유량에 대하여 로그 함수의 형태를 갖는다.

액체의 유량이 많으면 열을 제거하는 경향이 생기므로, 이 두 센서 사이의 온도 차는 유량에 대한 로그 함수 형태를 띤다.

관의 구조나 센서의 위치를 조금씩 바꿔 시스템을 변형할 수 있지만, 기본 원리는 모두 같다. 열식 질량 유량계의 장점은 움직이는 부품이 없고, 액체에 탐침probe을 넣지 않아도 된다. 이런 장점 때문에 생화학 분야나 의료 분야에서 활발히 응용되고 있다.

기체 유속 센서gas flow rate sensor도 같은 원리가 적용된다.

슬라이딩 슬리브 유량 스위치

슬라이딩 슬리브 유량 스위치sliding sleeve liquid flow switch는 가정용 온수 시스템 등에 사용된다. 황동(비자성) 수도관의 수직 단면에는 슬리브sleeve가 포함되며, 그 안에 자석이 들어 있다. 이 슬리브는 관을 따라 미끄러진다. 슬리브가 물의 흐름에 따라 움직이면 자석으로 인해 외부 리드 스위치가 켜지거나 꺼진다. 흐름이 멈추면 슬리브는 중력의 영향으로 원래 자리로 되돌아온다.

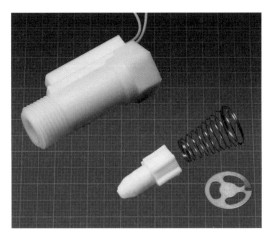

그림 16-6 유량 스위치의 부품들. 작은 플런저가 파이프 안에 삽입된다. 플런저의 운동은 구멍 뚫린 원판과 압축 스프링으로 인해 제약받는다.

슬라이딩 플런저 유량 스위치

[그림 16-6]은 슬라이딩 플런저 유량 스위치sliding plunger liquid flow switch와 유사한 장치를 분해한 그림이다. 이 구조는 3/4인치 파이프로 제작된 나일론 배관 기구 안에 플라스틱 플런저plunger가 왕복하도록 되어 있다. 플런저에는 자석이 포함되어 있는데, 압축 스프링과 구멍 뚫린 원형판으로 인해 운동에 제약을 받는다. 유량이 충분해서 스프링의 저항을 극복할 수 있으면, 플런저가 움직이면서 자석이 외부 케이스에 밀봉된 리드 스위치를 켜거나 끈다.

초음파 유량계

초음파 유량계ultrasonic liquid flow rate sensor는 관 내부 액체에 초음파를 통과시킨다. 액체를 통과하는 음파의 음속은 유량의 영향을 받아 변하는데, 외부 회로가 음파의 지연 시간을 해석해 분당 액체 부피로 환산한다. 이 시스템은 또한 음속에 영향을 미치는 온도 변화도 측정할 수 있다.

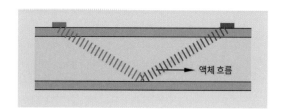

액체 흐름

그림 16-7 이 초음파 유량계는 관 외부에 부착되도록 설계되었다.

초음파 유량계는 여러 형태의 구조가 개발되었는데, 그중 초음파의 음원과 검출기가 파이프 외부에 고정되는 방식도 있다([그림 16-7] 참조). 다른 변수를 제거하기 위해 초음파 펄스 하나를 액체가 흐르는 방향과 나란히 전송하고, 그런 후에 반대 방향으로 다른 펄스를 전송해 두 전송 시간의 차이로 유량을 측정한다.

전자 유량계

금속 파이프에 감긴 코일로 인해 자기장이 유도되는데, 이 자기장의 방향은 액체가 흐르는 방향과 수직 방향이다. 파이프 내부에는 전기가 통하지 않는 금속이 놓여 있고, 여기에 전극이 두 개 부착되어 있다. 물에 포함된 이온은 전도성이 있기 때문에, 물이 자기장을 통과해 흐르면 전극 사이에 미세한 전위차가 형성된다. 이 전압으로 유량을 측정할 수 있다.

전위차에 영향을 미치는 외부 요소를 제거하기 위해, 코일을 통과하는 전류의 극성은 빠른 속도로 바뀐다. 유도되는 자기장은 전류의 방향과 상관없이 일정하게 유지된다.

전자 유량계magnetic liquid flow sensor를 자기 스위치magnetic flow switch와 혼동해서는 안 된다. 자기 스위치는 여러 종류로 제작되는데, 산업용 대형 스위치는 액체의 흐름이 자석을 움직여 차단 밸브를 가동하는 구조로 되어 있다. 이 산업용 장치들은 본 백과사전의 범위를 벗어난다.

차압 유량계

차압 유량계differential pressure liquid flow meter에서는 구멍 뚫린 판 또는 이와 비슷한 제한 장치가 파이프에 포함되어 있어 액체의 흐름을 부분적으로 막는다. 제한 장치 앞뒤에서 압력 변환기가 압력을 측정한다. 유량이 증가하면 압력 차이도 커지기 때문에, 이렇게 측정한 압력 차로 유량을 계산할 수 있다.

이 시스템은 원래 대형 산업용 장비를 위해 개발되었지만, 실리콘에 식각etch되도록 소형화되면서 극소량의 유량도 측정할 수 있게 되었다. 오므론Omron 사의 D6F-PH가 그 예로, 사방 3cm보다 작은 크기다. 이 장치는 디지털 보정 방식이 적용되어 선형에 가까운 출력을 낼 수 있다. 크기가 작아 소량의 유량 측정에 주로 사용되며, 바이패스 센서bypass sensor로도 사용된다. 바이패스 센서에 관한 개념은 19장 기체 유속 센서의 [그림 19-7]에 나와 있다.

주의 사항

먼지와 부식성 물질에 취약함

MEMS 유량계는 매우 민감하고 크기가 작은 부품이 포함되어 있어 먼지로 인한 오염에 대단히 취약하다. 오염을 막기 위해 유량을 측정하는 액체는 필터 처리해야 한다. 제조업체의 데이터시트에서 부식성 액체 또는 화학 반응을 일으키는 액체의 사용 정보를 확인할 수 있다.

17장

기체/액체 압력 센서

디지털 방식이 아닌 타이어 공기압 측정 장치나 수은 혈압계처럼 전자회로를 포함하지 않는 압력 측정 장치는 본 백과사전의 범위에서 벗어난다.

기체와 액체의 압력은 여러 방법으로 감지할 수 있다. 이 장에서는 중복을 피하기 위해 기체 압력 센서와 액체 압력 센서를 별도의 장으로 나누지 않고 함께 설명한다.

또한 이 장에서는 MEMSmicroelectromechanical systems(미세전자기계 시스템)을 중점적으로 다룬다. 산업용 장비로 판매하는 압력 측정 장치는 포함하지 않는다.

일부 제조업체와 판매자가 물리적 부하 또는 힘을 측정하는 부품을 '압력 센서pressure sensor'라고 하지만, 본 백과사전에서 말하는 '압력 센서'는 액체 또는 기체의 압력을 측정하는 부품을 뜻한다. 기계식 로드 셀load cell과 힘 센서force sensor는 12장 힘 센서에서 다룬다.

관련 부품

- 수위 측정 센서(15장 참조)
- 유량계(16장 참조)
- 기체 유속 센서(19장 참조)

역할

압력 센서는 기체 또는 액체가 가하는 힘을 측정한다. 대개 컨테이너나 파이프 내부의 기체 또는 액체의 압력을 측정하는 경우가 많다.

정지 압력static pressure은 서서히 변하거나 아예 변하지 않는 환경에서 측정된다. 동압력dynamic pressure은 요동으로 인해 변하는 압력이다. 압력 센서는 둘 중 하나를 측정하도록 설계된다.

회로 기호

흐름도에서 압력 센서를 포함해 펌프, 밸브, 센서 등을 표현하는 기호가 많이 있다. 대개는 하나의 문자 또는 원 안에 X 자가 들어 있는 형태를 사용한다. 회로도에서 이 기호는 일반적으로 찾아보기 어려우므로 여기서는 싣지 않는다.

응용

기압 센서는 기압계와 기상 관측소에서 주로 사용한다. 고도계altimeter는 기압 센서의 특별한 형태로 항공기 등에서 사용한다. 기체 압력 센서는 산업계에서 여러 형태로 응용되는데, 자동차 타이어의 공기압을 측정하거나 공기 압축기의 출력을 측정할 때 사용된다. 또한 혈압계처럼 액체의 압력을 간접적으로 측정할 때도 사용된다.

액체 압력 센서는 자동차 엔진과 유압식 브레이크의 유압을 측정할 때 사용된다. 의료계에서도 활용되며, 도시 수도 시설에서 수압을 측정할 때도 사용된다.

설계 시 고려 사항

무작위 분자 운동으로 인해 컨테이너 안에 든 기체는 공간을 채우기 위해 확산되는 경향이 있다. 기체가 평형 상태에 이르면 압력은 거의 모든 방향에서 동일하며, 중력의 영향은 미미하다. 딱딱한 밀봉 컨테이너에 기체가 들어 있을 때, 압력은 온도에 비례해 변한다.

액체는 중력의 영향을 받아 컨테이너 바닥에 쌓이는 경향이 있다. 컨테이너 내부에서 액체의 압력은 액체의 무게가 전부 바닥 지점에 걸리기 때문에 바닥에서 가장 높다. 그러나 액체는 대부분 쉽게 압축되지 않으므로, 컨테이너 옆면과 바닥에 고르게 압력을 전달한다.

단위

압력은 단위 면적당 걸리는 힘으로 측정되지만, 단위의 종류가 많아 혼동하기 쉽다.

미국에서는 기체와 액체의 압력을 제곱인치당 파운드pound per square inch로 표현하며, 줄여서 PSI 또는 psi로 표시한다. 간혹 lb/in²으로 쓰는 경우도 있다.

국제 표준 단위standard international unit(SI)에서 압력 1바bar는 해수면의 대기압과 거의 같다. 밀리바는 기상학자들이 즐겨 쓰는 단위로, 1밀리바는 1/1000바이며, 100파스칼pascal과 같다. 1파스칼은 1N/m²(제곱미터당 뉴턴)이다.

1바는 14.504psi와 같다.

혈압의 측정 단위는 mmHg인데, 이는 수은의 밀리미터를 뜻한다. 이 단위를 쓰는 이유는 원래 혈압을 측정할 때 수은 혈압계가 사용되었기 때문이다. 초기 기압계도 수은이 든 관을 이용했기 때문에, 대기압의 단위도 mmHg를 사용한다. 미국에서도 수은 단위를 이용한다.

작동 원리

일반적으로 압력 감지는 다음 세 단계로 이루어진다.

1. 감지 소자sensing element가 압력을 탄성 부품의 물리적 변화로 변환한다.
2. 트랜스듀서transducer가 탄성 부품의 물리적 변화를 저항값으로 바꾸거나 미량의 전압 또는 전류를 생성하는 전기적 효과로 변환한다.
3. 회로를 이용해 신호 조정signal conditioning 과정을 거친다. 신호 조정은 비선형 신호를 선형으로 수정하거나 아날로그 출력을 디지털 출력으로 변환하는 과정 등을 말한다.

최근에는 MEMS 형태의 압력 센서가 증가함에

따라, 위 3단계가 하나의 실리콘 칩 안에서 결합된다.

기본 감지 소자

[그림 17-1]은 압력을 물리적 변화로 변환하는 감지 소자의 네 가지 형태로, 현재 사용하거나 과거에 사용했던 부품들이다. 그림에서 초록색 화살표는 기체 또는 액체가 압력을 받아 유입되는 경로다.

1: 부르돈 관Bourdon tube은 압력을 받아 휘어지면

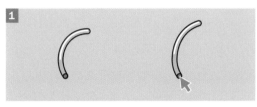

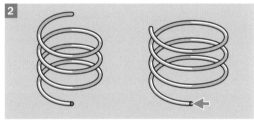

그림 17-1 감지 소자. 자세한 내용은 본문 참조.

서 반경이 증가한다. 관 내부는 비어 있으며, 한쪽 끝은 뚫리고 반대쪽 끝은 막혀 있다.

2: 코일 형태의 부르돈 관이 압력을 받으면 부분적으로 코일이 느슨해지면서 위쪽 끝이 회전하게 된다.

3: 단순한 형태의 평평한 진동판diaphragm.

4: 올록볼록한 진동판.

감지 소자 1번과 2번은 현대의 시스템에서는 거의 사용하지 않지만, 코일 형태의 부르돈 관은 저가형 유압 감지 설계에서 포텐셔미터를 회전시키기 위해 사용한다. 3번은 MEMS 장치로 적합한데, [그림 17-2]에서 설명하는 원리에 따라 실리콘에 쉽게 식각할 수 있다.

상대 측정

압력은 기준 압력reference pressure에 대한 상대적인 값으로 표현되기 때문에 상대 측정이라 할 수 있다. 일반적으로 측정에는 세 유형이 있다.

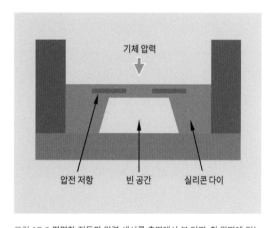

그림 17-2 평평한 진동판 압력 센서를 측면에서 본 단면. 칩 윗면에 있는 작은 구멍을 통해 공기가 드나들 수 있다. 센서는 실리콘 칩에 식각되며, 웨이퍼의 굴절률(deflection)은 내장된 압전 저항(piezoresistor)으로 측정한다.

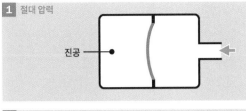

1 절대 압력

진공 ─→

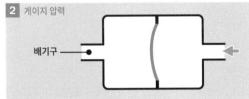

2 게이지 압력

배기구 ─→

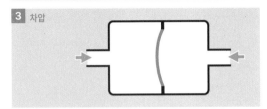

3 차압

그림 17-3 압력을 측정하는 세 가지 유형.

1. 절대 압력absolute pressure. 진공 상태인 0에 대한 상대적인 값.

2. 게이지 압력gauge pressure. 주위 압력(즉, 센서 주위 환경의 압력)에 상대적인 값. 대체로 게이지 압력의 기준값은 대기압이며, 감지 시스템에는 배기구vent가 포함된다.

3. 차압differential pressure. 차압은 어떤 다른 압력에 대한 상대적인 값이다. 예를 들어 밀봉된 탱크 두 개가 있을 때, 두 탱크의 압력 차이를 구한다.

[그림 17-3]은 세 가지 측정 방식을 그림으로 표현한 것이다.

다양한 유형

주위 기압

기압 센서barometric sensor는 센서 주위의 공기 압력을 측정한다. 이 값은 진공을 기준으로 한 절대 압력이다.

초기 기압계barometer는 한쪽 끝이 막힌 관에 수은을 넣은 형태였다. 관 안에는 절대로 공기가 들어가지 않는다. 기압계의 구조는 위가 열려 있는 작은 용기에 관의 열린 끝을 뒤집어 담가 놓은 형태였다. 이렇게 하면 대기 압력이 관 안에 든 수은 기둥을 지탱하게 된다. 따라서 수은 기둥의 높이는 대기 압력의 변화와 동일한 비율로 변한다. 흔히 기압이 낮으면 날씨가 좋지 않은 경우가 많아, 기압계는 날씨를 예측하는 도구로 사용되었다.

현대식 기압 센서는 칩 윗면에 통기구가 있어, 칩 내부 센서가 대기압을 읽도록 되어 있다. 대중적으로 인기 있는 모델로 보쉬Bosch 사의 BMP085가 있는데, [그림 17-4]에서 브레이크아웃 보드에

그림 17-4 브레이크아웃 보드 위에 설치된 보쉬의 기압 센서. 배경 눈금의 간격은 1mm이다.

납땜으로 고정한 칩이다. BMP180은 비슷한 사양의 칩으로, BMP085와 가장 주요한 차이는 I2C 대신 SPI 버스용으로 설계되었다는 점이다.

이 센서의 공급 전압 범위는 대략 2~3.5VDC 사이지만, 전압 조정기voltage regulator가 부착된 기판은 5VDC까지도 허용된다. 출력은 마이크로컨트롤러가 읽도록 디지털화하는데, 형식이 매우 복잡한 가공되지 않은 데이터를 포함하고 있어 공식을 적용해 대기압 값으로 변환해야 한다. 제조업체에서는 이 과정을 지원하는 C 언어 코드를 무료로 제공한다. 칩 내부에는 온도계가 장착되어 있어 온도 보정이 가능하다.

보쉬 사의 후속 모델은 BME280인데, 이 제품에는 습도 센서가 포함되어 있다. 이 제품과 다른 기압 센서 칩이 부착된 브레이크아웃 보드는 스파크펀Sparkfun과 에이다프루트Adafruit에서 구입할 수 있다. 이 두 업체에서는 데이터를 해석하는 아두이노 코드 라이브러리를 제공한다.

고도

기압 센서로 고도를 측정할 수 있다. 해수면의 대기압은 대략 101kPa(킬로파스칼) 또는 760 mmHg이다. 해발 5,000미터에서는 대기압이 56kPa로 떨어진다. 이 두 지점 사이의 압력은 비선형적으로 변하며, 낮은 고도에서는 변화가 더 급격하다.

대기압은 온도와 기후 조건에 영향을 받는다. 기후가 대기압에 미치는 영향은 ±1%를 넘지 않고 기온이 미치는 영향 역시 미미하지만, 기압 센서는 주위 온도와 기후 데이터를 바탕으로 영점을 잡는다.

기체 압력

기판 장착형 기체 압력 센서는 수천 종류도 넘게 공급되고 있다. 관을 통해 연결하기 때문에 기체 압력 센서의 크기는 최대한 작아야 한다. 스루홀 형태로 된 부품이 많으며, 표면 장착형 부품은 상대적으로 크기가 크다(예: 10mm×10mm). 대다수 센서는 가시처럼 돋아난 배관 포트가 달려 있으며, 이 '가시barb' 부분에 푸시온 플렉시블 튜빙flexible tubing이 들어 있다. 출력은 아날로그나 디지털 형식으로 가능하며, 디지털 프로토콜은 I2C, SPI, 또는 일반 TTL 시리얼 버스 프로토콜을 사용한다.

이 부품들은 최대 500kPa까지 압력을 측정할 수 있다. 일부 제조업체의 제품 사양 설명서에서 psi 단위를 쓰는 경우가 있지만, 대개는 바bar와 밀리바millibar를 쓴다. 물의 인치inch water column(WC) 단위를 쓰는 경우도 있지만 매우 드물다.

차압 측정용 이중 포트 기체 센서에서 포트 하나를 개방하면, 게이지 측정(즉 대기압에 대한 상대 측정)용으로 사용할 수 있다. 절대 압력 센서는 포트가 하나뿐인데, 진동판 뒤에 있는 칩 내부에서 진공 상태를 유지하면서 이 진공에 대한 상대적인 압력을 측정하기 때문이다.

> 일부 기체 압력 센서는 액체 압력 센서 역할도 할 수 있지만 그렇지 못한 제품도 있다.

[그림 17-5]의 센서는 올센서All Sensors 사 제품으로, 내부 반경이 1.6mm(1/16″)인 플렉시블 튜빙에 사용하도록 설계되었다. 핀 간격은 0.1″(2.54mm)로 브레드보드에서도 사용할 수 있다. 이 센서는 기체 측정에 사용하도록 설계되었지만,

그림 17-5 내부 반경 1/16″(1.6mm)인 플렉시블 튜빙과 함께 사용하는 기체 압력 센서. 배경의 눈금 간격은 1mm이다.

물의 인치inch water 단위로 10인치에 해당하는 범위까지 측정할 수 있다. 이 말은 최대 압력이 물기둥 10″(25.4cm)와 동일한 값까지 측정할 수 있다는 뜻이다.

전원은 최대 16VDC까지 공급할 수 있는데, 전원이 공급되면 내부의 휘트스톤 브리지Wheatstone bridge 회로에서 아날로그 값을 출력한다. 센서의 출력값은 압력의 전체 측정 범위에 대하여 수 밀리볼트씩 값이 변한다(출력의 정확한 규격은 공급 전력에 좌우된다). 출력된 값은 외부 op 앰프 op-amp로 증폭할 수 있다. 차압 센서의 포트 하나를 개방하면 게이지 압력을 측정할 수 있다.

[그림 17-6]은 올센서 ADCA 계열의 대형 센서로, 내부 반경 1/8″(3.2mm) 플렉시블 튜빙용으로 설계된 것이다. 이 제품은 기체에 대해서만 사용하도록 제작되었는데, 물기둥 '5인치'와 동일한 규격이다. 공급 전원은 5VDC이며, 내부에 op 앰프가 있어 측정 가능한 차압 범위 내에서 0.2VDC 간격으로(중앙값은 4VDC) 입력에 비례하여 변하는 출력값을 제공한다. 크기가 작은 유사 부품과 마찬가지로, 이 제품도 포트 하나를 개방하면 게이

그림 17-6 내부 반경 1/8″(3.2mm)인 플렉시블 튜빙에 사용하는 기체 압력 센서. 배경 눈금의 간격은 1mm이다.

지 압력을 측정할 수 있다.

주의 사항

먼지, 습기, 부식성 물질에 취약함

MEMS 압력 센서에는 매우 민감한 소형 감지 소자가 들어 있지만, 기체 또는 액체와 불가피하게 직접 접촉해야 한다. 습기와 부식성 액체에 관한 경고 내용이 제조업체의 데이터시트에 나와 있지만, 먼지로 인한 오염 위험은 여전히 남아 있다. 위험을 최소화하기 위해 액체는 필터로 걸러야 한다.

기압 센서는 포장한 패키지에 구멍이 있어 센서가 주위 공기에 노출되어 있다. 이 통풍구는 주위 환경과 직접 접촉되지 않도록 보호해야 한다.

빛의 민감도

기압 센서의 통풍구 쪽으로 빛이 들어가면 칩에 광전류가 생성될 수 있다. 이는 결과의 정확도에 영향을 미친다.

18장

기체 농도 센서

이 장에서는 습도계humidity sensor와 증기 센서vapor sensor도 함께 다루는데, 이유는 이 두 장치가 기체 상태의 액체 농도를 측정하기 때문이다.

복잡한 산업용 센서industrial sensor들은 정확한 기체 감지가 가능하지만, 이 장에서는 표면 장착형board-mount 부품으로 분류되는 저가 반도체 센서 위주로 다룬다.

관련 부품
- 기체/액체 압력 센서(17장 참조)

역할

반도체 기반 소형 기체 센서는 저렴한 가격으로 대기에서 특정 기체를 검출할 수 있게 해준다. 센서는 기체 농도에 반응해 전기적 저항 또는 전기 용량capacitance을 변화시킨다. 이 센서에 경보 시스템을 결합해 제작하면, 프로판propane이나 일산화탄소carbon monoxide가 일정 기준을 넘거나 산소oxygen 농도가 기준치 이하로 떨어질 때 경보음이 나게 할 수 있다.

증기는 액체가 기체 상태로 존재하는 것이므로, 알코올 감지기alcohol sensor처럼 기체 센서는 증기에 반응할 수 있다.

습도계humidity sensor는 대기에서 수증기의 양을 측정한다. 습도계는 냉장, HVAC(열, 통풍, 냉방의 약어), 의료장비, 기상 관측 장비, 그리고 너무 건조하거나 습하지 않게 항온 환경에서 보존하는 예술품, 골동품, 서류 저장고 등에서 매우 중요하게 사용된다. 또한 곰팡이가 생길 우려가 있는 곳을 관리할 때도 습도 제어가 매우 중요하다. 습도계는 자동차 내부의 공기 제어와 유리창의 성에 제거, 그리고 식품, 직물, 목재, 의약품 저장에도 사용할 수 있다.

습도가 높은데 온도까지 함께 높으면 부패가 쉽게 일어나며, 습도가 낮으면 물질이 지나치게 건조해진다. 습도가 높으면 물질이 물기를 머금어 팽창해 결국 손상의 원인이 될 수 있다.

기체를 개별적으로 검출하는 방법이 여러 가지 제안되었으나, 기체의 종류나 정확도가 크게 중요하지 않은 응용에서는 반도체 센서를 주로 사용한다.

회로 기호

반도체 기체 센서를 표현하는 기호는 특별히 존재하지 않는다.

반도체 기체 센서

1950년대 트랜지스터 개발 과정에서, 엔지니어들은 반도체의 p-n 접합이 대기의 특정 기체에 대단히 민감하게 반응한다는 사실을 알게 되었다. 처음에는 이를 문제라고 여겨, 트랜지스터를 캡슐에 밀봉해 대기에 대한 노출을 차단함으로써 이 문제를 해결했다.

1980년대 일본에서는 프로판 가스 농도가 위험수준에 도달했는지 감지하는 센서를 모든 가정에 설치하도록 법을 정했다. 이로 인해 값싸고 수명이 긴 부품을 개발하려는 움직임이 일었고, 이때부터 반도체의 반응성을 장점으로 활용하게 되었다.

여러 종류의 반도체 기체 센서에서는 산화주석tin oxide을 광범위하게 사용한다. 화합물의 소결층sintered layer이 산화안티몬antimony oxide 같은 다른 화합물과 결합해 세라믹 기판에 침전된다. 이 과립형 층은 n형 반도체로 작용하며, 특정 기체가 과립 사이로 흡수될 때 전자 이동이 증가한다. 기체의 농도가 감소하면 기체 분자의 자리를 산소 원자가 대체하고 센서는 원래 상태로 돌아간다. 이러한 구조의 센서는 활성화하더라도 손상되지 않으며, 기대 사용 수명은 최소 5년가량이다.

센서에는 작은 저항성 히터가 포함되어 있는데, 이는 화학 반응을 일으키기 위해 필요하다. 이 히터에 연결된 두 핀에 전압을 걸어 준다. 다른 두 핀은 내부의 감지 소자에 연결된다. 핀 사이의 저항은 측정하려는 기체의 존재 여부에 따라 변한다. 따라서 이 센서에서는 저항값이 출력된다.

반도체 기체 센서에서는 교차 민감성cross-sensitivity 문제가 생길 수 있다. 다시 말해 하나의 센서가 하나 이상의 기체에 반응할 수 있다. 이를 해결하기 위해 제조업체에서는 반도체 소자 주위에 필터 물질을 첨가하거나 반도체 내부에 주입하는 도판트dopant의 비율을 조정하는 방법으로 문제를 일정 정도 통제한다. 센서를 사용할 때는 혹시 다른 기체로 인해 잘못된 결과가 나오지 않는지 데이터시트를 꼼꼼히 확인해야 한다.

[그림 18-1]은 한웨이Hanwei 사의 MQ-5 프로판 센서다. 이 부품은 프로판 외에도 메탄, 수소, 알코올, 일산화탄소에 반응하지만 이에 대한 감도는 매우 낮다. 제조업체는 출력 저항에 직렬로 10K에서 47K 사이의 저항을 연결해 센서를 보정할 것을 권장한다.

[그림 18-2]는 MQ-3 알코올 센서로, 마찬가지로 한웨이의 제품이다. 이 제품은 벤젠에도 반응하지만, 벤젠이 대기에서 유의미한 농도로 있을 가능

그림 18-1 프로판 가스 센서. 배경의 눈금 간격은 1mm이다.

그림 18-2 알코올 센서. 배경의 눈금 간격은 1mm이다.

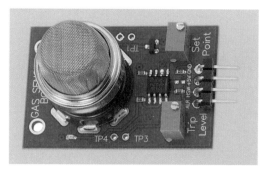

그림 18-3 패럴렉스의 브레이크아웃 보드로 한웨이 기체 센서를 간편하게 사용할 수 있다.

성이 거의 없기 때문에 문제가 될 일은 거의 없다. 그러나 알코올에 대한 감도는 온도와 습도에 따라 변한다. 따라서 이 부품은 결과가 엄밀하지 않아도 상관없는 음주 측정기와 같은 용도로 사용 범위에 제한이 있다.

메탄, 일산화탄소, 수소, 오존, 기타 기체를 검출하는 반도체 기체 센서도 출시되어 있다.

이 부품들은 저전류 장치가 아니다. 일반적으로 한웨이 제품에서 내부 히터의 저항은 30Ω보다 약간 크며, 5V 전압에서 150~160mA의 전류를 끌어당긴다(즉, 1W가 조금 못 된다). 히터는 단순한 저항성 장치이기 때문에, AC 또는 DC에서 모두 사용할 수 있다. 센서의 출력 저항 역시 AC 또는 DC 신호로 판단할 수 있다.

패럴렉스Parallax 사에서 출시한 브레이크아웃 보드를 사용하면, 한웨이 기체 센서를 간편하게 활용할 수 있다. 보드는 [그림 18-3]에 나와 있다. 이 제품은 일산화탄소, 프로판, 메탄, 알코올 센서에 모두 사용할 수 있으며, 센서를 보드의 소켓에 꽂아 사용한다. 두 개의 트리머trimmer로 감지 소자의 감도와 정짓점trip point을 결정하는데, 기체가 검출되면 TTL 출력이 HIGH, 검출되지 않으면 LOW 상태가 된다.

산소 센서

산소 센서는 보통 지르코늄디옥사이드zirconium dioxide로 만든 막을 이용한다. 이 물질은 가열하면 산소 이온을 이동시키는 특징이 있다. 제품 내에는 측정할 기체와 대기를 지르코늄 막으로 구분하는 구조가 있다. 이는 연료 전지의 일종으로, 농도차 전지concentration cell 또는 네른스트 셀Nernst cell이라고 한다. 만일 막 양쪽에서 산소 농도에 차이가 있으면, 산소 이온이 막을 통과해 흐른다. 이때는 오직 산소 이온만 이동하며, 중성의 산소 원자나 분자는 막을 통과할 수 없다. 이온은 음전하로 대전되어 있어 막을 통과해 이동하게 되면 셀 전반에 전위차가 생긴다. 이 전위차를 백금 전극에서 측정할 수 있다.

자동차는 배출 기준을 준수하기 위해 배기 가스의 산소 농도를 감지하며, 이 데이터로 연료 분사 장치 내에서 연료-공기의 비율을 제어한다. 공기가 너무 많으면 산화질소가, 너무 적으면 일산화탄소가 지나치게 많이 생성된다.

습도 센서

공기 중에 포함된 습기는 다음 세 가지 방법으로 표현한다.

절대 습도

절대 습도absolute humidity는 고정 부피의 공기 내에 있는 수증기의 무게로 표현된다. 단위는 미터 시스템을 이용할 때 세제곱미터당그램(g/m3)으로 표시한다. 절대 습도 센서는 습도계hygrometer라 부르는 게 더 적절하다.

이슬점

이슬점dew point은 공기 샘플을 압력의 변화 없이 냉각시킬 때 습기가 응결되기 시작하는 온도를 말한다. 이슬점으로 현재 대기가 얼마나 습한지 표현할 수 있는데, 습한 환경에서는 물이 곧 응결되기 때문이다.

상대 습도

상대 습도relative humidity는 약어로 RH라고 한다. 공기 샘플의 온도, 압력, 부피가 불변일 때, 상대 습도는 현재 상태의 절대 습도와 응결을 일으키기 위해 추가해야 하는 수증기 양의 비율로서, 퍼센티지로 표현한다. 그러므로, 공기 샘플에서 이미 습기가 응결 중이라면 상대 습도는 100%이다. 공기 샘플이 응결에 필요한 습기의 절반을 포함하고 있다면 상대 습도는 50%이다. 만일 공기 중에 습기가 전혀 없다면 상대 습도는 0%이다.

일상생활에서 '습도라고 말할 때는 일반적으로 상대 습도를 뜻하며, 센서 출력은 이 값으로 변환할 수 있다. 그러나 절대 습도를 측정하는 센서도 있다.

이슬점 센서

과거에 기상학자들은 냉각 거울 습도계chilled mirror hygrometer를 사용했다. 이 습도계는 금속 거울을 대기에 노출시켜 표면에 습기가 응결되는 것이 보일 때까지 냉각한다. 응결이 시작되는 온도가 이슬점이다.

이 원리는 LED와 포토트랜지스터phototransistor와 결합해 여전히 사용되고 있다. 거울에서 반사된 빛이 포토트랜지스터에 직접 입사하도록 LED의 위치를 고정한다. 거울에 습기가 맺힐 때까지 냉각하고, 습기가 맺히는 순간 반사광이 분산되면서 포토트랜지스터의 출력값이 변한다.

이슬점에서 상대 습도를 구하는 공식이 다소 복잡하지만, 단순한 근사치 공식이 존재한다. 이 공식은 상대 습도가 50% 이상이면, 상당히 합리적인 근삿값을 제공한다. RH를 상대 습도, t를 현재 온도, t_D를 이슬점이라 하면 다음의 공식이 성립한다.

(약) $RH = 100 - (5 * (t - t_D))$

냉각 거울 이슬점 센서는 정확한 결과를 낸다는 장점이 있지만, 무겁고 비싸며 기상학 외의 다른 분야에서는 실용적이지 못하다는 단점이 있다.

절대 습도 센서

절대 습도 센서는 휘트스톤 브리지 회로에서 두

개의 부온도 계수negative temperature coefficient(또는 줄여서 NTC) 서미스터thermistor를 이용한다. 서미스터 하나는 건조 질소가 들어 있는 습도 0의 공간에 밀봉하고, 다른 서미스터는 대기에 노출한다. 서미스터에 전류를 통과시키면 서미스터의 온도는 최소 섭씨 200도까지 올라간다. 습한 공기에서는 열의 복사 효율이 낮아지므로, 높은 습도에 노출된 서미스터는 더 뜨거워지고 따라서 저항이 커진다. 절대 습도 센서는 의류 건조기와 장작 가마 등에 사용된다.

서미스터에 관한 자세한 정보는 23장과 24장을 참조한다.

상대 습도 센서

상대 습도를 측정하는 감지 소자는 크게 저항성resistive과 용량성capacitive 둘로 나뉜다.

저항성 센서resistive sensor에서, 폴리머polymer나 염salt 같은 습기를 흡수하는 물질이 세라믹 또는 다른 비반응성 물질로 구성된 기판 위에 얇은 층으로 침전되어 있다. 기판이 물을 흡수하면 전기적인 전도도가 증가한다. 감지 소자에 전압을 가하는데, 소자가 극성을 띠는 것을 피하기 위해 AC를 사용한다. 전류 흐름은 외부에서 DC로 변환해 선형화 과정을 거친다. 이 말은 전류값이 기체 농도와 선형 관계에 있도록 처리한다는 뜻이며, 여기에 온도 보정까지 적용하면 상대 습돗값을 얻을 수 있다. 대체 방법으로, 센서에 내장된 하드웨어가 위 기능을 수행하고, 외부 마이크로컨트롤러로 상대 습도에 대한 디지털 값을 읽는 방식이 있다.

용량성 센서capacitive sensor에서도 폴리머 또는 산화금속의 얇은 막이 세라믹 또는 유리 기판 위에 침전되어 있지만, 이 막은 커패시터에서 판 역할을 하는 두 금속 전극 사이에서 유전체dielectric로 기능한다. 막이 습기를 흡수하면 유전률이 변하고, 따라서 커패시터의 전기 용량값이 바뀐다. 일반적으로 상대 습도가 1% 변할 때 전기 용량은 0.2pF에서 0.5pF가량 변한다. 또한 상대 습도 범위 0%에서 100%에 걸쳐 전기 용량의 변화는 대체로 선형적이다.

상대 습도 50%에서 실질적인 전기 용량값은 100pF에서 500pF 사이다. 센서는 외부 AC 전원으로 활성화하거나 DC 전원을 AC로 변환해 디지털 출력을 제공하는 칩과 결합해 사용할 수 있다.

상대 습돗값에서 이슬점 또는 절대 습도를 결정하려면 대기 온도도 함께 측정해야 한다. 실리콘 랩Silicon Labs 사의 Si7005 같은 칩은 상대 습도 센서에 온도 센서를 포함하고 있으며, 커패시터의 유전체로 폴리이미드polyimide 필름을 사용한다. 응결이 되면 응결된 액체를 칩 히터로 증발시켜 다시 정상적으로 작동하게 한다. 칩 데이터는 I2C 인터페이스로 읽는다.

습도 센서의 출력

센서의 출력값이 아날로그일 때, 내부 감지 소자의 저항 또는 전기 용량은 센서의 핀이나 납땜 패드로 읽을 수 있다. 아날로그 값은 현재 온도를 감안해 연산을 거쳐 상대 습돗값으로 변환해야 한다. 센서는 온도 센서를 포함할 수도 포함하지 않을 수도 있다.

디지털 출력의 경우, 마이크로컨트롤러가 시리얼 통신, I2C 또는 SPI 인터페이스를 통해 센서 내부에 있는 아날로그-디지털 변환기의 값을 읽는다. 다른 방법으로 센서가 펄스 폭 변조pulse-width modulation 방식으로 구한 값을 출력할 수 있다. 어느 방법이든 센서는 상대 습도에 대한 값을 출력하며, 이 값은 보드의 온도 센서를 참조해 칩에서 계산한 값이다.

아날로그 습도 센서

후미렐Humirel 사의 HS1101은 저렴한 가격대의 아날로그 출력 습도 센서로, 상대 습도 0%부터 100%에 대하여 내부 전기 용량값이 대략 160~200pF까지 변한다. 응답 특성은 대략 선형적이며, 습도가 80%를 넘으면 응답 곡선의 경사가 살짝 가파라진다. [그림 18-4]는 HS1101의 사진이다.

제조업체에 따르면 응결이 150시간 동안 일어난 후 원래 상태로 회복되는 시간은 10초다. 다시 말해 이 시간이 지나면 센서의 성능이 원래 상태로 회복된다는 의미다.

마이크로컨트롤러는 센서 내부의 커패시터가 충전되는 시간을 측정해 출력값을 구할 수 있다. 감지 소자가 10M 저항과 병렬로 연결되어 있으면, 마이크로컨트롤러가 다시 커패시터를 충전하

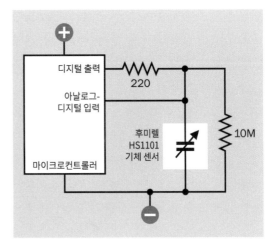

그림 18-5 마이크로컨트롤러가 전기 용량값을 출력하는 기체 센서의 충전 시간을 측정한다.

기 전에 커패시터가 방전된다. 220Ω의 직렬 저항을 마이크로컨트롤러와 센서 사이에 연결해 충전 전류를 제한할 수 있다. 이 회로는 [그림 18-5]에 나와 있다.

또는 센서 제조업체에서는 전기 용량값을 이용해 555 타이머의 출력 주파수를 제어하도록 제안하기도 한다. 단위 시간당 펄스의 횟수는 카운터 또는 마이크로컨트롤러로 셀 수 있다.

허니웰Honeywell 사의 HIH4030은 표면 장착

그림 18-4 후미렐의 HS1101 습도 센서. 배경 눈금의 간격은 1mm이다.

그림 18-6 허니웰 HIH4030. 스파크펀의 브레이크아웃 보드 위에 장착되어 있다.

형 습도 센서로, 선형성이 우수한 아날로그 전압을 출력하므로 매우 편리하다. 5VDC 전원이 공급된다고 가정할 때, 습도 0%에서 약 0.8VDC, 습도 100%에서 3.8VDC를 출력한다. 이 제품은 스파크편Sparkfun 사에서 미니어처 브레이크아웃 보드 형태로 제작해 판매하고 있다. [그림 18-6] 참조.

설계 시 고려사항

상대 습도는 온도에 따라 변하므로, 상대 습도 센서의 온도는 측정하는 공기와 같아야 한다. 여러 데이터시트에서는 센서가 인쇄 회로 기판 위에 장착되어 있을 때, 기판 주위에 열이 쌓이는 것을 최소화하기 위해 구멍을 내도록 권장한다. 또한 센서 위치는 열을 생성하는 부품에서 최대한 멀리 떨어진 곳에 배치해야 한다.

전기 용량값을 출력하는 습도 센서가 출력값을 처리하는 회로와 어느 정도 떨어져 있는 경우에는, 도선 사이에 전기 용량이 형성되는 것을 최소화하기 위해 차폐 전선shielded cable 또는 도선 두 가닥을 꼬아 만든 케이블을 사용해야 한다. 전압 공급원과 센서 주위의 접지 사이에 디커플링 커패시터를 두면 공급 전원을 안정화하는 데 도움이 될 수 있다.

디지털 습도 센서

에이다프루트Adafruit 사에서 출시한 AM2302는 용량성 습도 센서로, 출력된 디지털 값을 I2C 프로토콜을 이용해 마이크로컨트롤러로 읽을 수 있다. 센서에는 온도 센서가 내장되어 있어 회로에서 직접 온도 센서를 참조해 상대 습도를 계산한다. AM2302는 [그림 18-7]에 나와 있다.

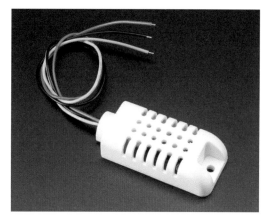

그림 18-7 온도 보정 처리가 된 디지털 값을 출력하는 저가형 습도 센서. 에이다프루트 사진 제공.

주의 사항

오염

반도체 기체 센서가 휘발성 화학 증기에 노출되면 손상될 수 있다. 가정에서 사용할 때는 크게 걱정할 필요가 없지만, 손상이 생겼을 경우 뚜렷한 징후를 보이지 않기 때문에 여전히 중요한 고려 사항이다.

재보정

데이터시트 중에는 습도 센서가 응결되고 이후 계속해서 높은 습도에 노출되면, 센서를 따뜻하고 건조한 공기 중에 몇 시간 동안 두어 습기를 제거하는 '베이킹baking' 과정을 거치도록 권장하고 있다.

납땜

반도체 기체 센서에 열이 전달되는 것을 최소화하기 위해 납땜은 정해진 온도에서 신속하게 해야 한다.

19장

기체 유속 센서

전자회로 부품을 포함하지 않는 센서는 이 장에서 다루지 않는다.

기체 유속 센서gas flow rate sensor는 질량 유량계mass flow sensor 또는 질량 유속 센서mass flow rate sensor라고도 하는데, 센서가 측정하는 것은 질량이 아닌 부피지만, 기체의 질량은 온도와 압력을 알면 계산할 수 있기 때문이다.

기체 유속을 감지하는 방법 중 몇 가지는 액체에도 적용할 수 있지만, 일반적으로 센서를 설계할 때는 기체 또는 액체 한 가지만 적용하도록 설계한다. 따라서, 액체 유량계liquid flow rate는 독립된 장으로 다룬다. 16장을 참조한다.

풍속계anemometer는 기체 유속 센서의 일종으로 공기의 속도를 측정한다. 풍속계도 이 장에서 설명한다.

기체 유속 센서는 산업용으로 설계한 대형 장치들이 많다. 이 장에서는 표면 장착형board-mount 부품으로 분류되는 저가 반도체 센서에 초점을 맞춘다.

관련 부품

- 유량계(16장 참조)

역할

기체 유속 센서gas flow rate sensor는 장치를 스쳐 지나가거나 장치 내부(대개는 파이프)를 통과하는 기체의 부피를 측정한다. 대다수 사용자는 단위 시간당 통과하는 기체의 질량을 알고 싶어한다. 따라서 기체 유속 센서는 질량 유량계mass flow sensor라 하는 경우가 많다. 기체를 가열해 열 소실을 측정하는 센서는 열식 질량 유량계thermal mass flow rate sensor라고 한다.

대기의 흐름을 측정하는 센서는 흔히 풍속계 anemometer라고 한다. 풍속계의 출력은 부피나 질량이 아닌 속도로 표현된다.

응용

질량 유속 센서mass flow rate sensor는 실험실과 의료 현장에서 자주 이용된다. 열식 질량 유량계는 결과의 신뢰도가 높고 비용도 합리적이어서 도시가스 공급업체의 계측기로 각광받고 있다. 풍속계는 기상 관측, 항공, 항해 분야에서 사용된다.

회로 기호

펌프, 밸브, 센서를 표시하는 기호들은 많지만 회

로도에서는 일반적으로 찾아볼 수 없으므로 여기에는 싣지 않는다.

작동 원리

풍속계와 파이프 안에 들어 있는 기체 유속 센서는 기능이 매우 다르기 때문에, 두 센서를 별도로 설명한다.

풍속계

풍속계는 영어로 anemometer라고 하는데, 이는 그리스어로 '바람'을 뜻하는 anemos에서 온 말이다. 1846년에 발명된 컵형 풍속계cup anemometer는 반구형 컵 네 개가 수평축에 붙어 있어 수직 샤프트 위에서 회전하도록 되어 있다. 회전 속도는 대체로 풍속에 비례하지만, 풍속과 회전률(RPM) 사이의 변환 계수가 컵의 크기와 샤프트로부터 컵의 거리에 따라 달라지는 불편함이 있다.

풍속계의 디자인은 1926년에 컵 3개로 단순화되었고, 1991년에는 컵 하나에 꼬리를 추가하는 방식으로 개선되었다. 이 구조에서는 꼬리가 바람의 흐름에 따라 회전하면서 컵 회전 속도에 요동이 발생하고, 이 요동으로부터 바람의 방향을 계산하게 되어 있다. 그러나 모든 풍속계가 이 원리를 따르는 것은 아니며, 별도의 풍향계wind vane를 이용해 바람의 방향을 결정하기도 한다.

현대식 풍속계의 기본 디자인은 [그림 19-1]에 나와 있다.

기존의 풍속계는 기계식 카운터로 회전수를 기록하고, 이 기록을 일정한 시간 간격으로 주기적으로 확인해 풍속을 계산한다. 현대의 풍속계에서는 AC 또는 DC 전력값을 출력하거나 홀 효과 센

그림 19-1 기상 관측용 컵형 풍속계의 기본 디자인.

서 값으로 풍속을 읽을 수 있다(홀 효과 센서에 대한 자세한 내용은 '홀 효과 센서Hall-effect sensor' 항목을 참조한다).

휴대용 풍속계

[그림 19-2]는 개인용 디지털 휴대용 풍속계다. 바부드Vaavud 사에서 제조한 스마트폰용 컵형 풍속계(적절한 소프트웨어가 설치되어 있어야 한다)는 [그림 19-3]에 나와 있다.

초음파 풍속계

공기의 흐름은 음속에 영향을 미치므로, 초음파 발생기와 수신기를 여러 개 이용해 풍향과 풍속을

그림 19-2 휴대용 디지털 풍속계.

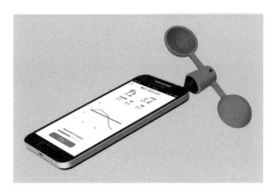

그림 19-3 스마트폰 액세서리로 판매되는 컵형 풍속계

계산할 수 있다. 초음파 풍속계ultrasound anemometer에는 회전하는 부품이 없기 때문에 결과의 신뢰도가 더 높다. [그림 19-4]의 초음파 풍속계는 바이럴 기상 센서Biral Metereological Sensor 사에서 제작한 부품인데, 히터가 포함되어 있어 추운 환경에서 눈이나 얼음이 쌓이는 것을 방지한다.

초음파 풍속계는 취미 공학자들이 DIY 기반 제작물에 추가할 수 있으며, 시중에서 구할 수 있는 초음파 발생기와 아두이노를 이용해 신호를 해석한다. 이러한 내용의 프로젝트들을 온라인에서 찾아볼 수 있다.

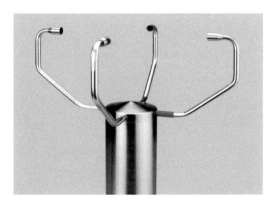

그림 19-4 바이럴 기상 센서 사에서 제조한 풍속계는 초음파를 사용해 풍속과 풍향을 측정한다.

열선 풍속계

열선 풍속계hot wire anemometer는 공기의 냉각 효과를 측정해 풍속을 결정한다. 열선 풍속계는 가느다란 도선에 전류를 흘려 가열하면서, 온도를 일정하게 유지하는 데 필요한 전력을 측정한다.

도선에 걸리는 전압이나 흐르는 전류를 일정하게 유지하면서 도선의 온도를 측정하는 방식으로 풍속을 측정할 수도 있다. 온도는 직접 측정할 수도, 도선 저항이 증가하면 뜨거워지므로 저항을 계산해 구할 수도 있다.

질량 유량계

질량 유량계mass flow rate sensor는 기체의 유속을 측정한다. 여기에 기체의 밀도를 곱하면 질량 유속을 계산할 수 있다.

이 센서는 대부분 기체를 가열하는 방식으로 작동하며, 열식 질량 유량계thermal mass flow rate sensor로 분류된다. 기체가 열전대열thermopile(열전대thermocouple 여러 개를 직렬로 연결한 것)을 통과하고, 그다음에 히터, 그다음에는 또 다른 열전대열을 통과한다. 이 부품들은 소형화되어 있어 사방 2mm보다 작은 칩에 식각etch할 수 있다.

기체의 흐름이 빨라지면 두 열전대열 사이의 온도 차가 더 커지면서 두 번째 열전대열에 더 많은 열이 전달된다. 이는 열 전달 원리heat transfer principle에 따른 것으로, 다음 페이지 [그림 19-5]에서 설명하고 있다.

이 원리는 또한 액체용 열식 질량 유량계에서도 사용되는데, 이에 관한 내용은 16장의 '열식 질량 유량계' 항목에서 설명한다. 열식 질량 유량계의 예는 [그림 19-6]에 나와 있다.

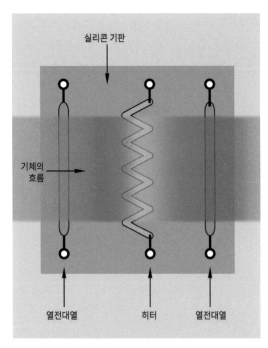

실리콘 기판

기체의
흐름

열전대열　　　히터　　　열전대열

그림 19-5 열식 질량 유량계에서 기체가 흘러가며 열전대열을 불균일하게 가열하면 온도 차를 통해 유속을 계산할 수 있다.

그림 19-6 중국의 제조업체인 젱주 윈센 전자 기술(Zhengzhou Winsen Electronic Technology) 주식회사에서 제조한 열식 질량 유량계.

응용

질량 유량계는 의료계에서 마취제 투약, 호흡기 모니터링, 수면 무호흡증 측정 장치, 환풍기 등과 같은 장치에서 사용된다. 산업계에서는 공기 대비 연료비 측정, 가스 누출 검지기, 가스 계량 등에서 사용-한다.

지금까지 지방 자치 단체 가스 공급량의 계량은 기계 장비로 이루어졌지만, MEMS 기반 계량기가 전 세계에 존재하는 4억개 가량의 기계식 가스 계량기를 빠른 속도로 대체하고 있다.

단위

질량 유량계는 분당 표준 리터standard liter per minute로 측정하며, 보통 줄여서 SLM이라고 한다. '표준 리터'는 0℃, 압력 101.325kPa에서의 부피를 말한다. 압력 101.325kPa은 해수면의 대기압과 동일하다. 온도와 압력이 결정되어 있으므로, 표준 리터의 질량은 기체의 밀도만 알면 계산할 수 있다. 따라서 SLM은 부피 단위지만 질량 유속을 측정하는 단위가 될 수 있다.

같은 의미로 SLPM이라는 약어도 사용되는데, 뜻은 SLM과 동일하다. SLs와 SLPs는 초당 표준 리터를 측정하는 단위며, SCCM은 분당 표준 큐빅 센티미터standard cubic centimeters per minute를 말한다.

대용량 측정

MEMS 센서에는 내부 직경이 3mm 또는 5mm인 플렉시블 튜빙과 결합해 사용할 수 있는 유입 노즐, 유출 노즐이 달려 있다. 노즐은 센서에서 가시처럼 '돋아나' 있으며, 튜빙에 고정할 수 있다.

튜빙의 크기가 작을 때는 유속이 느린 경우에만 측정할 수 있다. 센서 중에는 표준 배관 파이프에 맞게 나사산이 파여 있고, 분당 10리터까지 받아들이는 제품도 있다. 그러나 이러한 제품은 극히 드물다. 느린 유속을 측정하는 센서도 흐름의 일부만 통과시켜 측정하면 더 많은 부피를 측정할

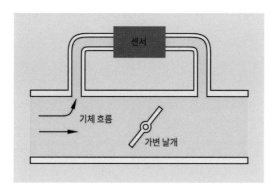

그림 19-7 파이프 안의 날개가 기체의 흐름 중 일부를 센서로 보낸다.

공간 안에 반원형 원심 분리기가 들어 있다. 먼지는 기체가 흐르는 경로의 바깥쪽으로 이동하는 경향이 있는 반면 유속계는 경로의 안쪽 자리에 위치하게 된다.

수 있다. 이 원리는 [그림 19-7]에서 보여 주고 있다. 파이프 안의 가변 날개가 압력 차를 만들어 낸다. 파이프의 단면을 더 좁게 조여도 비슷한 효과를 낼 수 있지만, 이때는 조절이 불가능하다.

출력

질량 유속계의 많은 제품들이 기체 흐름에 비례하는 아날로그 전압값을 출력한다. 공급 전압은 일반적으로 5VDC이며, 출력 전압은 대략 1VDC에서 4VDC 사이이다.

최근 출시된 센서 중에는 아날로그-디지털 변환기와 데이터 처리기가 통합되어 SLM 디지털 값으로 출력해 주는 제품도 있다. 이 출력값은 I2C 인터페이스를 통해 마이크로컨트롤러로 읽을 수 있다.

주의 사항

유속계를 사용할 때 가장 주의할 점은 기체 흐름 내의 입자와 오염 물질로 인한 손상이다. 이를 방지하기 위해 5마이크론 필터5-micron filter의 사용을 권장한다. 먼지 분리 시스템dust segregation system을 사용하는 것도 좋은 대안이다. 이 시스템은 작은

20장

포토레지스터

포토레지스터photoresistor의 기능은 포토트랜지스터phototransistor와 비슷하지만, 이름에서 암시하듯이 빛에 반응해 저항값이 변하는 순수한 수동형 소자다.

예전에는 광전지photocell라는 용어가 사용되었으나 현재는 포토레지스터로 대체되었는데, 이 편이 소자의 기능을 더 정확히 설명한다(국내에서는 광전지라는 용어도 함께 사용한다 – 옮긴이). 광전도 셀photoconductive cell이나 광저항light-dependent resistor(약어로 LDR)이라는 용어를 쓰기도 한다.

관련 부품

· 저항(1권 참조)
· 포토다이오드(21장 참조)
· 포토트랜지스터(22장 참조)

역할

포토레지스터photoresistor는 이전에는 광전지photo-cell로 불리던 부품으로, 단자가 두 개 달린 원반 모양의 부품이다. 원반 표면에 빛을 비추면 두 단자 사이의 저항이 감소한다. 포토레지스터 중 일부는 어둠 속에서 최대 $10M\Omega$의 저항을 갖는다. 환한 환경에서 최저 500Ω의 저항을 갖는 제품도 있으나, 수 $K\Omega$ 정도가 가장 일반적인 값이다.

포토레지스터는 포토트랜지스터phototransistor나 포토다이오드photodiode 보다 빛에 대해 덜 민감하며, 이 둘과는 달리 극성이 없는 수동 소자다. 포토레지스터는 전류의 방향에 상관없이 저항값이 같으며, DC나 AC 모두 사용할 수 있다.

포토레지스터에는 일반적으로 황화카드뮴이 들어가는데, 이 물질이 환경 유해 물질로 분류되면서 현재 일부 지역에서는 구할 수 없다(특히 유럽). 그러나 이 책을 쓰는 시점에 수많은 아시아 업체에서는 구할 수 있었으며, 미국의 몇몇 수입 업체를 통해서도 구할 수 있었다.

회로 기호

포토레지스터의 회로 기호 6종이 다음 페이지 [그림 20-1]에 나와 있다. 저항 기호를 비스듬히 가로지르는 화살표 기호가 있는 것과 없는 것이 있는

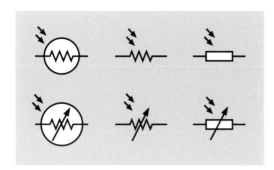

그림 20-1 여기 있는 여섯 개의 포토레지스터 기호는 모두 기능적으로 동일하다.

데, 기능은 모두 동일하다.

작동 원리

황화카드뮴은 반도체다. 빛에 노출되면 더 많은 전하 나르개charge carrier가 들뜬상태가 되어 운동성이 강해지면서 전도도가 높아진다. 그 결과 전기적 저항이 감소한다.

구조

[그림 20-2]는 포토레지스터를 확대한 사진이다. 갈색 물질은 세라믹 기판 위에 침전된 황화카드뮴이다. 은색 물질은 전도성 화합물을 황화카드뮴

위에 증착한 것으로, 두 전극이 서로 맞물리는 형태를 이룬다. 이 패턴은 황화카드뮴 또는 전도성 화합물과 반도체 사이에서 경계의 길이를 최대화하는 모양으로 되어 있다. 전극은 도선으로 연결되어 부품 뒷면으로 나온다.

다양한 유형

[그림 20-3]은 크기가 다양한 여러 종류의 포토레지스터를 보여 주고 있다. 작은 것은 지름이 5mm 미만인 것도 있으며, 큰 것은 지름이 25mm가량 된다. 일반적으로 크기가 크면 전류를 잘 통과시키게 된다.

광 아이솔레이터의 포토레지스터

광 아이솔레이터optical isolator는 흔히 옵토 커플러opto-coupler라고 하며, 밀봉 케이스 안에 LED와 포토트랜지스터가 서로 마주 보는 구조로 되어 있다. 백트롤Vactrol(백트롤은 제조 회사인 벡텍 사에서 명명한 고유명사로, 현재는 저항성 광 아이솔레이터resistive opto-isolator라고 한다 - 옮긴이)도 이

그림 20-2 포토레지스터를 확대한 사진. 두 개의 맞물린 전극이 갈색 반도체 층 위에 붙어 있다.

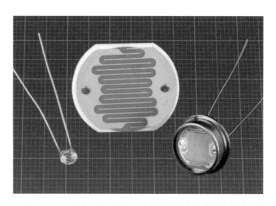

그림 20-3 포토레지스터는 여러 크기의 제품이 출시되어 있다. 가운데 부품도 양 옆에 있는 제품과 같은 스케일로 촬영한 것이다. 일반적으로 크기가 큰 부품은 더 많은 전류를 통과시킬 수 있다. 배경 눈금의 간격은 1mm이다.

그림 20-4 백트롤. 케이스 안에는 LED와 포토레지스터가 마주 보고 있다. 배경 눈금의 간격은 1mm이다.

와 비슷한 부품이지만, LED가 마주 보는 부품이 포토레지스터라는 점에서 차이가 있다. 제품 사진은 [그림 20-4]에 나와 있다.

백트롤은 부품을 최초로 제조한 백텍Vactec 사에서 지은 브랜드 명칭이다. 이 제품의 원래 용도가 진공관 제어라서 그런 이름이 붙었다. 1950년대 백트롤은 기타 앰프에서 트레몰로tremolo를 제어하는 데 사용했다.

포토레지스터는 반응 시간이 상대적으로 느리고 온도에 민감하기 때문에, 포토레지스터 기반의 광 아이솔레이터는 디지털 기기에서는 사용되지 않는다. 그러나 아두이노 부품과 음악 장비에서는 여전히 쓰임새가 많은데, 이 분야에서는 포토레지스터가 AC를 통과시킬 수 있다는 게 큰 장점으로 꼽히며 약간 느린 반응 시간은 허용 가능한 수준으로 받아들이고 있다.

부품값

포토레지스터의 데이터시트를 제공하는 업체가 아직도 일부 있기는 하지만(예: 디지키Digi-Key), 대형 반도체 회사들은 포토레지스터 생산을 중단했기 때문에 데이터시트를 구하기 어렵다. 포토레지스터를 판매하는 업체에서 기본값들을 따로 알려 주는 경우도 있지만, 부품 번호 또는 제조업체의 이름을 모르는 상태에서는 정보를 검증할 수 없다.

저항 범위는 샘플 부품을 테스트해 찾을 수 있다. 일반적으로 빛의 세기가 10럭스lux일 때 50KΩ가량, 암흑에서는 1MΩ가량이다. 최대 전력 손실은 소형 포토레지스터는 100mW, 대형 부품은 500mW가량 된다.

최대 전압이 200V에 이를 수 있지만, 포토레지스터는 낮은 전압에서도 잘 동작한다.

포토트랜지스터와 비교

느린 반응

밝은 빛에 대한 포토레지스터의 반응 시간은 대체로 수 밀리초(ms) 정도다. 그리고 다시 암흑 저항을 얻으려면 1초 이상 걸린다. 포토트랜지스터는 훨씬 반응이 빠르고, 포토다이오드도 포토레지스터보다는 빠르게 반응한다.

저항 변화의 범위가 좁음

포토레지스터의 최대 저항은 암흑 상태에서 포토트랜지스터의 최대 유효 저항보다 대부분 월등히 낮다. 그리고 최저 저항은 포토트랜지스터가 빛을 받을 때보다 훨씬 높다.

전류 전달 능력이 더 큼

보통 포토레지스터는 포토트랜지스터의 출력보다 두 배 더 많은 전류를 전달할 수 있다.

방향성이 없음

포토레지스터는 렌즈가 없기 때문에, 방향과 상관없이 전면에서 입사하는 빛에 모두 반응한다. 만일 빛의 세기가 좁은 각도에 한정되어 있고 다른 방향에서 들어오는 빛을 무시해야 하는 경우라면, 포토트랜지스터나 포토다이오드를 사용해야 한다.

온도 의존성

포토레지스터의 저항은 포토트랜지스터의 유효 저항보다 온도에 따라 더 많이 변한다.

비용

현 시점에서는 포토레지스터가 포토트랜지스터보다 더 비싼 경향이 있다.

정보의 부족

포토레지스터는 데이터시트의 사양을 확인할 방법 없이 판매되는 경우가 많다.

사용법

포토트랜지스터와 포토다이오드의 경우 유효 저항이 걸리는 전압에 따라 변하는 반면, 포토레지스터는 걸리는 전압에 상관없이 빛의 세기가 같으면 저항값이 같다. 이러한 특징 때문에 포토레지스터는 '스톰프 박스stomp box'라고 하는 기타 이펙트 페달guitar effects pedal에 적합하다.

　밝은 빛을 받을 때 포토레지스터의 최저 저항은 상대적으로 높은 편이고 반응 시간은 대단히 느리기 때문에, 기본적으로 스위치보다는 아날로그 부품에 알맞다.

　원리상으로, 회로의 저항은 모두 포토레지스터로 대체할 수 있다. 또한 빛의 변화에 대해 매끄러운 반응을 보이는 특성으로 인해 커패시터의 충전 시간을 결정하는 RC 진동 회로 같은 응용에서 저항으로 사용하기에 적합하다. 이때 회로의 주파수는 빛에 따라 변하게 된다.

　황화카드뮴 포토레지스터는 400~800nm 파장의 빛에 대하여 가장 활발하게 반응한다. 이 특성은 LED 인디케이터LED indicator를 광원으로 사용할 때 특히 중요하다. LED에서 방출되는 빛의 파장 범위는 대단히 좁기 때문이다(LED 인디케이터에 관한 내용은 2권에서 다룬다).

직렬 저항의 선택

포토레지스터를 일반 저항과 직렬로 연결해 분압기voltage divider를 만들면, 빛 세기를 전압으로 변환할 수 있다. 회로를 구성하는 방법은 두 가지이

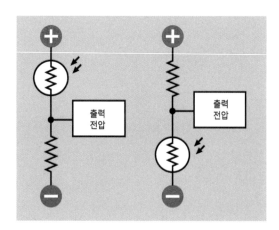

그림 20-5 포토레지스터를 이용해 출력 전압을 변화시킬 수 있다. 자세한 내용은 본문 참조.

며, [그림 20-5]에서 설명한다. 왼쪽 그림은 포토레지스터에 빛을 쬐면 출력 전압이 상승한다. 오른쪽 그림에서는 빛을 쬐면 출력 전압이 떨어진다.

단순한 공식으로 분압기의 중심에서 출력 전압 값의 범위가 가장 넓어지는 저항 R_S, 즉 직렬 저항의 최적의 값을 찾을 수 있다. 가장 밝은 빛에 대한 포토레지스터의 최저 저항을 R_{MIN}, 가장 어두운 빛에 대한 최대 저항을 R_{MAX}라 하면, 다음의 식이 성립한다.

$$R_S = \sqrt{R_{MIN} * R_{MAX}}$$

주의 사항

과부하
포토레지스터는 데이터시트를 구하기 어려우므로 시행착오 기반으로 사용해야 한다. 부품이 파괴될 수 있는 극한 테스트를 통해 부품의 한곗값을 확인해야 한다.

과전압
아무리 짧은 시간이라도 포토레지스터의 최대 정격 전압을 초과하면, 돌이킬 수 없는 손상을 초래한다. 부품에 따라 과전압의 범위는 100~300V 사이다.

부품 간의 혼동
포토레지스터는 부품 위에 새겨진 부품 번호가 없거나 다른 부품과 함께 판매되는 경우가 많다. 따라서 다른 특성을 지닌 부품과 쉽게 혼동할 수 있다. 하나의 장치에서 두 개 이상의 포토레지스터

를 사용할 때는 포토레지스터들의 특징을 확인하고, 기능이 동일한지 여부를 꼭 측정해야 한다.

21장

포토다이오드

관련 부품

- 다이오드(1권 참조)
- 포토레지스터(20장 참조)
- 포토트랜지스터(22장 참조)

역할

포토다이오드photodiode에 빛을 쪼이면 매우 적은
양의 전류가 생성된다. 이 현상을 광기전력 효과
photovoltaic effect라고 한다. 포토다이오드의 기능은
태양광 패널과 비슷하다. 실제로 태양광 패널solar
panel은 대단히 큰 포토다이오드를 늘어놓은 것이
라고 봐도 무방하다.

보통 포토다이오드에 역 바이어스reverse bias를
걸기 위해 DC 전원이 사용된다. 그럴 경우 포토
다이오드는 더 많은 전류를 전달하며, 광전도성
photoconductive 모드에서 작동한다.

회로 기호

포토다이오드의 회로 기호는 [그림 21-1]에서 볼
수 있다. 구불구불한 화살표는 대개 적외선을 나
타내기 위해 사용하지만, 항상 그런 것은 아니다.

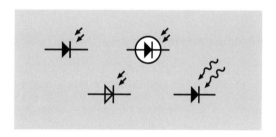

그림 21-1 포토다이오드를 나타내는 기호들.

응용

포토다이오드는 반응이 빠르기 때문에 광디스크
드라이브, 무선 통신, 적외선 데이터 전송, 디지
털카메라, 광 스위치 등에서 사용한다. 본 백과사
전에서 다루는 수많은 센서도 포토다이오드를 이
용한다. 근접 센서proximity sensor, 광 인코더optical
encoder, 노출계light meter 등이 그 예다.

작동 원리

반도체에 빛을 쪼이면 전자가 에너지를 흡수해 들

뜬상태가 되면서 더 높은 에너지 상태로 옮겨 간다. 전자는 운동성을 갖게 되고, 전자가 떠난 자리에는 정공electron hole이 남는다(1권의 다이오드diode에서 자세히 다룬다).

광기전력 모드에서, 빛이 들어오면 반도체 물질 내부에 전자와 정공 쌍이 생성된다. 전자는 다이오드의 캐소드 쪽으로 이동하고 정공은 아노드 쪽으로 이동하면서 전압이 형성된다. 이 작용은 가시광선이 없을 때도 어느 정도 발생하는데, 포토다이오드가 적외선에도 반응하기 때문이다. 가시광선이 없을 때 생성되는 소량의 전류를 암전류dark current라고 한다.

광전도성 모드에서 포토다이오드에 빛을 쪼이면 반도체 물질 내부에 전자와 정공 쌍이 형성된다. 이들은 바이어스 전압으로 인해 반대 방향으로 움직이며, 다이오드에 소량의 전류가 흐른다.

광전도성 모드는 광기전력 모드보다 반응이 더 빠르다. 이유는 역 바이어스 전압으로 인해 공핍층depletion layer이 더 넓어지면서 전기 용량이 감소하기 때문이다(가변 용량 다이오드도 같은 효과

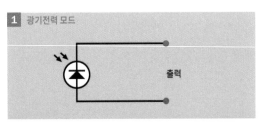

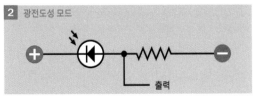

그림 21-2 포토다이오드가 사용되는 두 가지 모드. 광기전력 모드에서는 두 핀 사이의 전압을 측정해야 한다.

를 이용한다).

[그림 21-2]에서는 광기전력 모드와 광전도성 모드의 부품 활용 예를 단순한 회로도로 보여 주고 있다.

다양한 유형

PIN 포토다이오드

PIN 포토다이오드PIN photodiode도 PIN 다이오드PIN diode처럼 도핑된 p층과 n층 사이에 불순물을 주입하지 않은 진성 반도체intrinsic semiconductor 층이 포함되어 있다. PIN 포토다이오드는 일반 PN 포토다이오드보다 훨씬 민감하고 반응 속도도 빠르다. PIN 포토다이오드는 여러 종이 출시되어 있다.

애벌란시 다이오드

애벌란시 다이오드avalanche diode의 도핑되지 않은 영역에 빛이 입사되면, 전자-정공 쌍이 생성된다. 전자가 다이오드의 애벌란시 영역avalanche region 쪽으로 이동하면, 전기장의 세기가 누적되면서 전자의 속도가 더 증가하는데, 이에 따라 결정 격자와 충돌이 가속화되면서 더 많은 전자-정공 쌍이 만들어진다.

이런 작용으로 인해 애벌란시 다이오드는 PIN 포토다이오드보다 감도가 훨씬 좋다. 그러나 감도 때문에 전기 잡음에 취약하며, 열에 상당한 영향을 받는다. 이 문제를 줄이려고 p-n 접합 주위에 보호 링을 삽입하고 방열판을 추가한다.

케이스

포토다이오드는 표면 장착형과 스루홀형으로 많

이 출시되어 있다. [그림 21-3]과 [그림 21-4]에 여러 포토다이오드가 있다. 스루홀 포토다이오드는 렌즈가 없는 3mm 또는 5mm 스루홀 LED와 매우 유사해 거의 구분이 가지 않으며, 측면에서 입사하는 빛에 반응하는 제품도 있다(이 유형은 측면 주시형side-looking 또는 side view으로 표시된다).

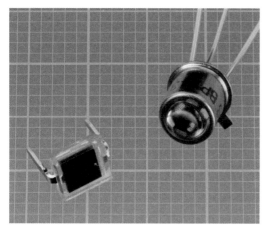

그림 21-3 두 종류의 포토다이오드. 왼쪽: 비셰이(Vishay)의 BPW34 상향 무(無)필터 제품. 오른쪽: 오스람(Osram)의 BPX43. 금속 캔 패키지로 섭씨 125도까지 견딘다.

그림 21-4 측면 주시형 포토다이오드 2종. 왼쪽: 비셰이의 BPV22NF. 렌즈 장착. 오른쪽: 비셰이의 BPW83. 렌즈 없음. 둘 다 일광 차단 필터가 부착된다.

파장 범위

포토다이오드가 광자를 포착하기 위해서는, 광자는 전자-정공 쌍을 생성할 만큼 충분한 에너지가 있어야 한다. 이 에너지는 반도체 물질의 특징으로 정의되는 고유한 값으로, 이를 띠틈 또는 밴드갭band gap이라고 한다. 또한 포토다이오드에 에폭시 패킹epoxy packaging을 추가해 빛의 일부 파장을 차단하도록 만들 수 있다. 경우에 따라 가시광선에는 반응하지 않고 오직 적외선에만 반응하는 부품이 필요할 수도 있다.

포토다이오드 어레이

포토다이오드 어레이photodiode array는 포토다이오드 여러 개를 일렬 또는 격자 형태로 결합해 이미지를 만들거나 측정하는 장치다. 포토다이오드를 일렬로 늘어놓은 형태는 주로 평판 스캐너에서 사용되는데, 스캔하는 물체에 빛을 반사시키며 움직인다.

일부 어레이에서는 포토다이오드에 컬러 필터를 결합한다. 이 어레이는 원색의 빛을 비춰 컬러 스캔에 활용된다.

출력 조건

포토다이오드의 출력값은 편리하게 활용해야 하기 때문에 몇 가지 변환 조건이 있다. 예를 들면 더 넓은 범위의 전압값 출력, 주파수가 빛의 세기에 비례하는 사각파형, 또는 I2C 같은 시리얼 버스를 통해 마이크로컨트롤러로 2진수 값을 읽는 것 등이 그 조건에 해당한다. 센서 출력에 관한 내용은 부록 A를 참조한다.

여러 가지 유형

빛에서 주파수로

타오스Taos 사의 TSL235R은 3핀형의 스루홀 칩이다. 이 부품은 포토다이오드에 로직을 결합해 빛의 세기에 비례하는 주파수의 사각파 펄스 열을 만든다.

로그 노출계

샤프Sharp 사의 GA1A1S202WP 광센서는 출력 전압이 빛의 세기에 대해 로그 스케일로 변한다. 이로 인해 센서는 고분해능이 있는 아날로그-디지털 변환기 없이도 3럭스에서 55,000럭스라는 넓은 동적 범위dynamic range를 갖게 된다(인간이 빛과 소리를 감지하는 수준은 대략적인 로그 스케일 형태를 띠고 있다). 이 부품은 표면 장착형 칩이 기본 형태이지만, 에이다프루트에서 제작한 브레이크아웃 보드도 출시되어 있다.

자외선에서 아날로그로

래피스 세미컨덕터Lapis Semiconductor 사의 ML8511은 자외선에 민감한 포토다이오드를 op 앰프와 결합해, 자외선의 세기에 따라 대략 1~3V 사이의 전압을 출력한다. 스파크펀과 기타 업체에서 이 칩을 탑재한 브레이크아웃 보드를 판매한다.

자외선에서 디지털로

실리콘랩스SiLabs 사의 SI1145는 자외선 감지 기능에 데이터 처리 기능을 결합해 UV 인덱스를 생성한다. 이 인덱스는 I2C를 통해 마이크로컨트롤러로 읽을 수 있다. 에이다프루트에서 브레이크아웃

보드 형태로 출시한다.

색채를 디지털로

타오스Taos 사의 TC3414FN 모듈에는 빨강, 초록, 파랑, (필터링을 거치지 않은) 무색을 감지하는 포토다이오드가 있다. 각각의 채널에 16비트 아날로그-디지털 변환기가 하나씩 할당되며, I2C 버스를 통해 읽을 수 있는 디지털 값을 출력한다. 이 모듈은 주위 빛의 색깔을 대체로 정확하게 결정한다.

색채를 아날로그로

타오스 사의 TCS3200 역시 빨강, 초록, 파랑, 무색 포토다이오드를 사용하지만, 각각의 빛 세기에 해당하는 주파수의 사각파형 출력을 부호화한다. 표면 장착형 칩은 로보트샵Robot Shop 사의 브레이크아웃 보드로 사용할 수 있다. [그림 21-5] 참조.

부품값

다음에 나오는 목록은 데이터시트에 나오는 약어들을 설명한 것으로, 괄호 안의 값은 오스람 SFH

그림 21-5 로보트샵의 브레이크아웃 보드는 타오스 TCS3200 칩을 사용해 입사하는 빛의 색상을 분석한다.

229FA 적외선 포토다이오드의 값이다. 이 제품은 3mm 스루홀 LED와 비슷하게 생겼으며, 880nm의 빛에서 최대 감도를 보인다. 이 제품은 겉보기에는 검은색으로 보이는데, 가시광선 스펙트럼과 적외선의 경계인 700nm보다 짧은 빛은 통과시키지 않는다.

- 정격 순전압: V_F(1.3V)
- 정격 광전류: I_p(20μA)
- 최대 전력 손실: P_{TOT}(150mW)
- 반각half angle은 포토다이오드의 축에서 감도가 50%로 떨어지는 각도를 말한다(±17°).
- 암전류: I_R(50pA)
- 최대 감도에서의 파장: λ_{SMAX}(880nm)
- 광전류의 상승 시간과 하강 시간의 반응 속도: t_r과 t_f(10ns)

[그림 21-6]에서 SFH229와 SFH229FA가 나란히 보

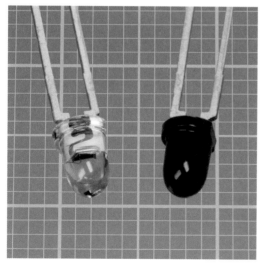

그림 21-6 오스람 적외선 포토다이오드 SFH229(왼쪽)와 SFH229FA(오른쪽). 배경 눈금의 간격은 1mm이다.

인다. SFH229 역시 880nm에서 최대 감도를 보이지만 투명한 케이스에 들어 있어 400nm 이하까지 감도가 서서히 감소한다. 400nm는 가시광선에서 초록색 영역에 해당한다. 스펙트럼 범위의 차이 말고는 두 포토다이오드의 사양은 동일하다.

적외선 포토다이오드의 최고 파장값은 부품에 따라 다르며, 여러 종류가 출시되어 있다. 적외선 포토다이오드는 고유의 최고 파장의 빛을 방출하는 LED와 함께 사용하도록 설계된다.

최고 감도를 보이는 각도는 케이스의 기하학적 형태에 좌우된다.

상승 시간과 하강 시간은 고속 측정, 신호, 데이터 전송에서 매우 중요하다. 일반적인 포토다이오드의 상승 시간과 하강 시간은 포토트랜지스터보다 1,000배가량 빠르다. 22장의 '부품값' 항목에서 이 두 부품을 비교한다. 또한 포토다이오드의 암전류가 포토트랜지스터의 암전류보다 현저히 낮다는 사실도 주목하자.

사용법

포토다이오드가 광전도성 모드일 때, 적절한 값의 직렬 저항과 함께 분압기를 형성할 수 있다([그림 21-2] 참조). 출력 전압은 거의 빛의 세기에 비례한다.

광전도성 모드에서 작동할 때, 출력 신호는 보통 밀리볼트(mV)와 마이크로암페어(μA)로 측정된다. 이 신호는 증폭해야 하는데, 대개는 op 앰프op-amp로 증폭한다(op 앰프는 2권에서 설명한다).

다음 페이지 [그림 21-7]의 그림 1은 표준 전압 증폭기의 단순 회로도이고, 그림 2는 트랜스임피던스 증폭기transimpedance amplifier다.

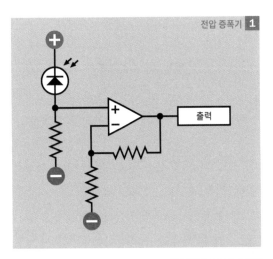

전압 증폭기 **1**

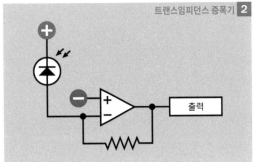

트랜스임피던스 증폭기 **2**

그림 21-7 포토다이오드를 사용하는 단순한 op 앰프 회로.

트랜스임피던스 증폭기는 분압기 없이 포토다이오드를 통과하는 전류를 측정해 이를 전압으로 변환한다. 이 증폭기는 잡음이 적고 전압 분배기의 저항값을 결정할 필요가 없다는 장점이 있다.

증폭기의 출력 전압은 단순한 공식으로 계산할 수 있다.

$$V = R * I_p$$

여기서 R은 증폭기의 이득을 결정하는 피드백 저항의 값이다.

주의 사항

포토다이오드, 그중에서도 특히 적외선 포토다이오드는 포토트랜지스터 또는 LED와 구분하기 매우 어렵다. 이 부품들은 일반적으로 부품 번호가 새겨져 있지 않은 경우가 많다. 일반 LED도 포토다이오드와 비슷하게 작동하므로 멀티미터도 크게 도움이 되지 않는다.

다음의 절차로 포토다이오드를 확인할 수 있다.

1. 부품에 빛이 닿지 않도록 차단했을 때 모든 방향으로 전도성을 갖는가? 그렇다면 이 부품은 포토트랜지스터나 포토다이오드가 아닌 다이오드다.

2. 미세한 전류를 순방향으로 흘려 보자(예: 4mA). 만일 부품이 가시광선 또는 적외선을 방출한다면 이 부품은 LED다(적외선은 디지털카메라를 이용하면 볼 수 있다. 또는 사양을 알고 있는 포토트랜지스터 또는 포토다이오드를 이용해 검출할 수도 있다). 케이스가 투명하지만 탁해서 내부의 다이die가 보이지 않는다면 이 부품은 백색 LED인데, 이때 케이스에 칠한 탁한 물질은 푸른 빛을 흰 빛으로 바꾸는 형광 색소일 것이다.

22장

포토트랜지스터

관련 부품

- 포토다이오드(21장 참조)
- 포토레지스터(20장 참조)
- 수동형 적외선 센서(4장 참조)
- 트랜지스터(1권 참조)

역할

포토트랜지스터phototransistor는 빛에 대한 노출로 제어하는 트랜지스터다(트랜지스터transistor는 1권에서 설명한다). 포토트랜지스터는 양극성이나 전계 효과 트랜지스터field-effect transistor(FET)일 수 있으며, 겉모습은 합성수지나 플라스틱 케이스로 제작된 3mm나 5mm의 포토다이오드photodiode, 또는 LED 인디케이터LED indicator와 비슷하다(LED 인디케이터는 2권에서 설명한다). 그러나 포토트랜지스터는 금속 케이스에 구멍이 나 있는 형태의 제품도 있다.

포토트랜지스터의 구멍 또는 플라스틱 몸체는 가시광선용으로 사용할 경우에는 투명 재질을 사용하고, 가시광선이 아닌 적외선용으로 제작하는 경우에는 검은색을 사용한다. [그림 22-1]에는 여러 포토트랜지스터의 예를 보여 준다(왼쪽: 옵텍/TT 일렉트로닉스Optek/TT Electronics의 OP506A. 중

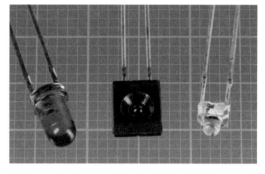

그림 22-1 여러 가지 포토트랜지스터. 배경의 눈금 간격은 1mm이다. 자세한 내용은 본문 참조.

심 파장은 약 850nm이고 넓은 파장 대역에 반응한다. 가운데: 비셰이Vishay의 TEKT5400S. 측면 렌즈도 장착되어 있다. 오른쪽: 비셰이의 BPW17N).

일반적으로 포토트랜지스터에는 두 개의 단자가 달려 있으며, 내부적으로 컬렉터, 이미터와 연결되어 있다(FET일 경우 소스와 드레인). 트랜지스터의 베이스(FET는 게이트)는 빛에 반응하며 단자 사이의 전류 흐름을 제어한다.

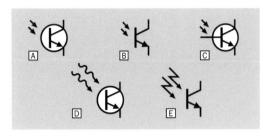

그림 22-2 포토트랜지스터의 회로 기호

빛이 없는 환경에서 양극성 포토트랜지스터의 컬렉터와 이미터 사이에서 허용되는 누설 전류는 100nA 이하다. 빛에 노출되었을 때는 50mA가 흐른다. 바로 이 점이 포토트랜지스터가 포토다이오드와는 다른 중요한 특징이다. 포토다이오드는 이렇게 많은 전류를 통과시키지 못한다.

회로 기호
포토트랜지스터의 기호는 [그림 22-2]에 나와 있다. 이들은 모두 기능적으로 동일하지만, C만 예외적으로 베이스가 외부로 연결되어 있다. 물결치는 화살표는 적외선을 의미하지만 항상 그런 것은 아니다.

응용
포토트랜지스터는 빛을 측정하는 소자 또는 빛을 감지하는 스위치로 사용될 수 있다.

포토트랜지스터의 출력은 아날로그-디지털 변환기가 포함된 마이크로컨트롤러microcontroller와 함께 사용되는 경우가 많다.

깨끗한 ON 또는 OFF 신호가 필요한 경우, 포토트랜지스터로 슈미트 트리거Schmitt trigger가 포함된 논리 칩의 입력을 구동할 수 있다. 이런 칩이 없다면 비교기comparator로 처리할 수 있다.

옵토 커플러optocoupler 또는 무접점 릴레이solid-state relay(1권에서 설명)에는 보통 포토트랜지스터가 있으며, 이 포토트랜지스터는 내부의 LED로 구동된다. 포토트랜지스터의 목적은 전기적으로 절연된 회로 일부에 전류를 스위치하기 위함이다.

작동 원리
포토트랜지스터도 포토다이오드처럼 빛을 반도체 물질에 비추면 전자-정공 쌍을 생성하는 방식으로 빛에 반응한다. 가장 일반적인 양극성 NPN 포토트랜지스터의 경우, 전자-정공 쌍 생성에 중요한 영역은 역 바이어스 컬렉터-베이스 인터페이스다. 이곳에서 생성된 광전류photocurrent는 일반 트랜지스터의 베이스에 유입된 전류와 유사하게 행동하며, 더 많은 양의 전류가 컬렉터에서 이미터로 흐르도록 한다.

포토트랜지스터의 작동 원리는 일반적인 양극성 트랜지스터를 제어하는 포토다이오드 회로와 유사하다. [그림 22-3]을 참조한다.

다양한 유형
대체로 표면 장착형 제품들이 많이 출시되지만, 스루홀형 제품도 쉽게 찾아볼 수 있다. LED 인디케이터와 비슷한 케이스에 들어 있는 포토트랜지

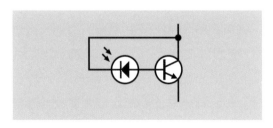

그림 22-3 포토트랜지스터는 기능적으로 포토다이오드로 제어되는 일반 트랜지스터와 비슷하다.

스터는 상대적으로 빛의 입사각이 좁다. 평면형 제품은 부품 전면의 거의 모든 방향에서 들어오는 빛에 반응한다.

조건부 베이스 연결형

일반적으로 포토트랜지스터의 베이스는 전기적으로 연결되어 있지 않다. 그러나 일부 제품은 컬렉터와 이미터(FET에서는 소스와 드레인)와 더불어 베이스의 연결을 제공한다(FET의 경우 게이트 연결). 베이스 연결에는 바이어스 전류를 사용하는데, 이로 인해 약한 빛이 트랜지스터를 구동하는 것을 방지할 수 있다.

포토 달링턴

포토 달링턴photodarlington은 2개의 양극성 트랜지스터 조합이다. 첫 번째 트랜지스터는 빛에 민감하고, 두 번째 트랜지스터는 첫 번째의 증폭기 역할을 한다. 이 구조는 달링턴 트랜지스터darlington transistor(1권에서 설명)와 매우 유사하다. 이렇게 두 단계로 이루어진 디자인의 부품은 일반 포토트랜지스터보다 빛에 대한 감도가 뛰어나지만, 반응 시간이 다소 느리고 선형성이 떨어진다.

광 FET

전계 효과 포토트랜지스터field-effect phototransistor는 흔히 광 FETphotoFET라고 한다. 광 FET는 낱개로 사용되는 일은 흔치 않고 주로 옵토 커플러에서 사용된다. 이유는 다음과 같은 흥미로운 특징 때문이다.

• 광 FET는 인가 전압이 충분히 낮을 때(0.1V 이하), 조절이 가능한 저항처럼 작동한다. 이는 양극성 트랜지스터와는 대조적인 특성이다. 양극성 트랜지스터는 전류를 조절할 수 있고, 상대적으로 인가 전압에는 영향받지 않는다.

• 광 FET는 대칭적이며, 기능적으로 양 극의 신호가 비슷하다. 이 특성으로 인해 AC 신호에 적합한 FET 옵토 커플러를 제작할 수 있다.

부품값

다음 목록은 데이터시트에 나오는 약어들을 설명한 것으로, 괄호 안의 값은 오스람Osram SFH300FA 적외선 포토트랜지스터의 값이다. 이 제품은 3mm 스루홀 LED와 비슷하게 생겼으며, 880nm 빛에서 최대 감도를 보인다. 이 제품은 겉보기에는 검은색으로 보이는데, 가시광선 스펙트럼과 적외선의 경계인 700nm보다 짧은 빛은 통과시키지 않는다.

• 최대 컬렉터-이미터 전압: V_{CE}(35V)
• 최대 컬렉터 전류: I_C(50mA)
• 최대 전력 손실: P_{TOT}(200mW)
• 반각half angle은 포토트랜지스터의 축에서 감

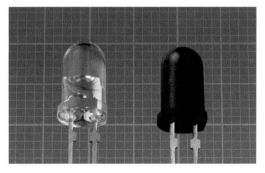

그림 22-4 오스람 적외선 포토트랜지스터 SFH300(왼쪽)과 SFH300FA(오른쪽). 배경 눈금의 간격은 1mm이다.

도가 50%로 떨어지는 경계면의 각도를 측정한 값이다(±25°)

[그림 22-4]에서 SFH300와 SFH300FA가 나란히 보이는데, SFH300 역시 880nm에서 최대 감도를 보이지만 투명한 케이스에 들어 있어 450nm 이하까지 감도가 서서히 감소한다. 450nm는 가시광선에서 초록색 영역에 해당한다. 스펙트럼의 범위 차이 말고는 두 포토트랜지스터의 사양은 동일하다.

최고 감도를 보이는 각도는 케이스의 기하학적 형태에 좌우된다. 끝부분이 원형으로 되어 있어 케이스가 렌즈처럼 작용하는 포토트랜지스터는 LED 인디케이터와 모양이 비슷하며, 이때의 최고 감도 각도는 ±20°이다.

- 암전류(포토트랜지스터에 입사되는 빛이 없을 때): I_{CE0}(1nA)
- 최고 감도의 파장: λ_{SMAX}(880nm)

적외선 포토트랜지스터의 최고 파장값은 부품에 따라 다르며, 여러 종류가 출시되어 있다. 적외선 포토트랜지스터는 고유의 최고 파장의 빛을 방출하는 LED와 함께 사용하도록 설계된다.

- 반응 속도는 광전류의 상승 시간rise time과 하강 시간fall time이다: t_r과 t_f(10μs)

기타 광센서와 행동 비교
포토레지스터와 포토트랜지스터의 비교 내용은 포토레지스터photoresistor 장에서 다룬다. '포토트랜지스터와 비교' 항목을 참조한다.

포토다이오드는 포토트랜지스터보다 반응하는 빛의 범위가 더 넓고 전기적 반응이 선형에 가깝다. 결과적으로 포토다이오드는 더 광범위한 파장에서 정확한 빛 측정이 필요한 응용에서 선택되는 경향이 있다.

포토다이오드는 포토트랜지스터에 비하면 통과시키는 전류의 양이 적다. 이런 특성으로 인해 가급적 적은 전류를 사용해야 하는 배터리 전원 장치에 적합하다.

고속 측정, 고속 신호 전달, 데이터 전송에서는 상승 속도와 하강 속도가 매우 중요하다. 포토트랜지스터 중에는 상승 및 하강 시간이 포토다이오드보다 1,000배 정도 느린 제품도 있다. 21장의 '부품값' 항목에서 비교 내용을 확인할 수 있다. 또한 포토트랜지스터의 암전류가 포토다이오드의 암전류보다 훨씬 높다는 점도 주목해야 한다.

포토트랜지스터는 출력에서 20~50mA 정도를 끌어올 수 있는데, 이는 포토트랜지스터를 상대적으로 임피던스가 낮은 부품과 연결할 때 매우 유용한 특성이다. 예를 들어 압전 오디오 트랜스듀서 piezoelectric audio transducer나 LED 인디케이터를 직접 구동할 때 포토트랜지스터를 이용할 수 있다.

포토트랜지스터는 포토다이오드와 달리 반도체 스위치다. 포화 전압saturation voltage(데이터시트에서는 앞에서 설명한 대로 $V_{SE(SAT)}$으로 표시된다)은 컬렉터와 이미터 사이의 전압 강하를 뜻하며, 0.5V를 넘는 경우는 드물다.

비닝
제조 과정에서 생기는 미세한 차이로 인해, 부품 번호가 같은 포토트랜지스터도 성능에 조금씩 차이가 있다. 부품 응답에 일관성을 부여하기 위해 제조업체에서는 비닝binning이라는 개념을 사용한다. 이는 같은 빈 넘버bin number를 공유하는 부품의 허용 오차를 더 엄격히 적용한다는 의미다 (LED 조명LED area lighting에서도 부품 간의 성능 차이를 최소화하기 위해 이와 유사한 개념을 사용한다. 2권 참조).

데이터시트에서는 빈 넘버의 사용 가능성과 의미에 관한 정보가 실려 있다.

광전류가 높은 빈 넘버 제품들은 일반적으로 반응 시간이 더 길다.

사용법

대다수 포토트랜지스터는 개방 컬렉터 출력open collector output을 제공하는 양극성 소자다. 즉, 트랜지스터의 컬렉터는 2개의 단자 중 하나에 연결해 사용하도록 '개방'한다는 뜻이다. 부록의 [그림 A-4]에서 일반적인 개방 컬렉터 출력의 사용법을 확인할 수 있다. 포토트랜지스터와 관련해서 간단한 설명은 이 장에서 다룬다.

[그림 22-5]의 회로도는 기본 개념을 보여 준다.

여기서 사용한 저항은 풀업 저항pullup resistor이다. 포토트랜지스터가 미세한 세기의 빛을 받으면 유효 저항이 크다. 결과적으로 풀업 저항을 통과해 흐르는 전류 대부분이 출력단에 연결된 소자로 흘러가, 출력 전압이 '높은' 것처럼 보이게 된다.

포토트랜지스터에 상당히 밝은 빛을 쪼이면, 컬렉터와 이미터 사이의 유효 저항이 급격히 떨어지면서, 포토트랜지스터가 전류를 끌어들여 접지한다. 결과적으로 출력은 '낮아' 보이게 된다.

전원과 컬렉터 핀 사이에 연결된 풀업 저항은 빛을 쪼였을 때, 포토트랜지스터가 전류를 지나치게 끌어오지 못하게 보호하는 역할을 한다. 이상적인 저항값은 출력단에 연결된 소자의 임피던스에 어느 정도 좌우된다.

이 상황에서 포토트랜지스터를 빛에 노출하면 낮은 출력값을 얻고, 어두울 때는 높은 출력값을 얻는다. 만일 이와 반대의 경우를 원한다면 어떻게 해야 할까?

이때는 보호용 저항을 이미터 핀으로 옮긴다. 그러면 저항은 풀다운 저항pulldown resistor이 된다.

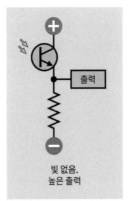
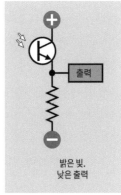

빛 없음. 높은 출력

밝은 빛. 낮은 출력

그림 22-6 저항을 옮기고 출력을 이미터 핀에서 얻으면 포토트랜지스터의 행동이 역전된다. 출력단에 연결된 소자는 상대적으로 임피던스가 높아야 포토트랜지스터에 과도한 전류가 흐르는 것을 막을 수 있다.

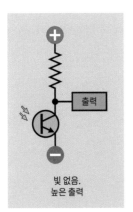
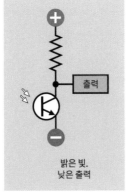

빛 없음. 높은 출력

밝은 빛. 낮은 출력

그림 22-5 개방 컬렉터 출력의 작동 원리

출력단에 높은 임피던스가 연결되어 있으면, 저항은 포토트랜지스터에 과도한 전류가 흐르는 것을 방지한다. 출력은 이미터 핀에서 얻을 수 있으며, 포토트랜지스터를 빛에 노출하면 출력값이 낮은 상태에서 높은 상태로 변한다. 이 내용은 [그림 22-6]에 그려져 있다.

출력 계산

개방 컬렉터 출력을 이용할 경우, 광전류는 공급 전압 V_{CE}에 거의 영향을 받지 않는다. 단, 이때의 공급 전압은 포화 전압 $V_{CE(SAT)}$보다 높아야 하는데, 일반적으로 0.4~0.5V 사이다.

만일 풀업 저항의 값이 R이면, 저항에 걸리는 전압은 다음과 같다.

$$U = R * I_p$$

이때 I_p는 포토트랜지스터를 통과하는 광전류다.

R 값은 측정할 빛 조건에서 예상되는 전류 범위와 그 뒤로 이어지는 회로에 적합한 전압 범위를 고려해야 한다. 10K 정도에서 시작하면 합리적인데(예를 들어, 마이크로컨트롤러의 아날로그 입력값으로 빛 세기를 측정할 경우), 필요하다면 이 값에서 시작해 저항값을 줄여 가며 찾을 수 있다.

풀업 저항값을 정할 때도 포토트랜지스터의 데이터시트에 정해진 전류의 범위 안에 들어갈 수 있도록 선택해야 한다. 안전을 보장하는 저항값은 다음 식으로 구한다.

$$R = V / I_{MAX}$$

이때 V는 전원 전압이고, I_{MAX}는 전류의 최대 허용치다. 이 저항값을 사용하면, 포토트랜지스터에 강한 빛을 쪼여 완전한 도체 상태가 된다고 가정하더라도, 저항은 허용되는 최댓값으로 전류를 제한한다.

V = 5V이고 I_{MAX} = 15mA일 때, 저항 R은 최소 330Ω은 되어야 한다.

주의 사항

육안 분류 오류

포토트랜지스터는 육안으로 보면, LED, 포토다이오드와 비슷하다. 이 부품들은 특히 케이스에 부품 번호가 표시되지 않기 때문에 더욱 구분하기 어렵다. 포토다이오드 장에서 이 세 부품을 구분하는 방법이 설명되어 있다. 21장의 '주의 사항' 항목을 참고한다.

출력 범위를 벗어남

포토트랜지스터의 출력 전압은 입사하는 빛 세기와 풀업 저항값, 그리고 전원 전압값에 좌우된다. 회로를 개발하는 과정에서는 빛의 범위를 예측할 수 있다고 생각하지만, 실제로 사용할 때는 출력값이 기대 범위를 넘어설 수도 있다.

23장

NTC 서미스터

PTC 서미스터PTC thermistor는 온도가 올라갈수록 저항이 증가하는 소자로, 별도의 장으로 설명한다. 24장 참조.

저항 온도 측정기resistance temperature detector(RTD)는 온도가 증가할수록 저항이 증가하지만, 이 부품은 감지 소자가 다른 방식으로 제작되기 때문에 일반적으로 서미스터로 분류하지 않는다. 저항 온도 측정기에 대한 내용은 26장에서 찾을 수 있다.

반도체 온도 센서semiconductor temperature sensor와 열전대thermocouple는 각각 별도의 장에서 설명한다.

적외선 온도 센서infrared temperature sensor와 수동형 적외선 센서passive infrared motion sensor 역시 별도의 장에서 설명한다. 이 두 부품은 적외선 복사에 반응하는 비접촉noncontact 온도 센서다.

관련 부품

· PTC 서미스터(24장 참조)

· 적외선 온도 센서(28장 참조)

· 수동형 적외선 센서(4장 참조)

· 반도체 온도 센서(27장 참조)

· 열전대(25장 참조)

· RTD(26장 참조)

역할

NTC 서미스터NTC thermistor는 온도 센서 중에서 가장 대중적인 개별 부품이며, 가격대가 합리적이다. NTC 서미스터의 저항은 온도가 증가할수록 감소한다. 이 속성을 부온도 계수negative temperature coefficient라고 하며, NTC라는 약어도 이 말에서 왔다.

NTC 서미스터는 단순한 수동 소자로 극성이 없고 별도의 전원 공급이 필요하지 않지만, 외부 장치로부터 소량의 AC 또는 DC 전류를 통과시켜 서미스터의 저항값을 확인해야 한다. 이 전류를 여기 전류excitation current라고 한다.

회로 기호

서미스터의 회로 기호는 [그림 23-1]에 나와 있다.

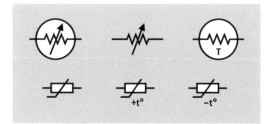

그림 23-1 서미스터를 표현하는 회로 기호. 더하기 또는 빼기 기호에 알파벳 t가 있는 기호는 서미스터가 PTC형인지 NTC형인지를 각각 표시하는 것이다.

윗줄의 기호들은 미국에서 여전히 사용되고 있지만, 유럽은 주로 두 번째 줄의 기호를 많이 사용한다. 기호에 추가된 – t°는 NTC형 서미스터를 나타내며, +t°는 PTC형, 즉 정온도 계수positive temperature coefficient임을 나타낸다(24장 참조). 아무 표시도 없으면 NTC 서미스터일 가능성이 높다.

응용

서미스터는 에어컨 시스템, 세탁기, 냉장고, 수영장과 스파 컨트롤, 식기세척기, 토스터, 그 밖의 가전제품에서 온도를 모니터링할 때 사용한다. 또한 레이저 프린터, 3D 프린터, 각종 산업 공정 관리, 의료 장비에서도 사용된다.

현대의 자동차에서는 20종 이상의 서미스터를 사용하고 있는데, 변속기부터 실내 승차 공간까지 차량 내 여러 공간의 온도를 측정한다.

온도 센서의 비교

본 백과사전에서는 열원과 접촉해 온도를 측정하는 접촉식 온도 센서를 크게 다섯 개의 카테고리로 나눈다. 각 센서에 대한 내용은 별도의 장에서 설명하고, 이 카테고리들은 이 장 마지막 부분에서 비교 요약하여 정리한다. '첨부: 온도 센서 비교' 항목을 참고한다.

NTC 서미스터의 작동 원리

'서미스터thermistor'라는 용어는 열에 민감한 저항 같은 인상을 풍기지만, 사실 NTC 서미스터는 반도체다.

산화제2철 같은 산화 금속에 도판트를 주입하면 n형 반도체가 된다. 정확한 혼합 비율은 제조업체의 기밀이다. 이 물질의 온도를 높이면 내부적으로 전하 나르개의 개수가 증가하고, 전자의 운동성이 촉진되어 유효 저항이 낮아진다.

서미스터의 제작 과정은 다음과 같다. 먼저 산화제2철 혼합물을 가열하면 녹아 세라믹으로 변한다. 이를 얇은 판으로 제작한 후 센서 형태로 작게 자른다. 두 개의 단자를 연결한 다음, 조립된 부품을 에폭시나 유리 캡슐 안에 밀봉한다. 케이스는 유리 구슬, 표면 장착형 칩, 또는 세라믹 원판 형태가 가장 일반적이다.

[그림 23-2]에는 세 유형의 NTC 서미스터가 있다. 왼쪽은 무라타Murata 사의 NXFT15XH103FA2B

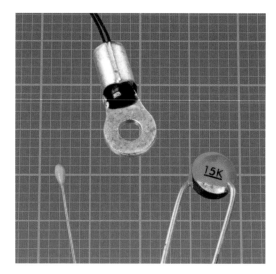

그림 23-2 NTC 서미스터. 자세한 내용은 본문 참조. 배경의 눈금 간격은 1mm이다.

100으로, 지름은 약 1mm 정도이며 기준 저항은 10K, 허용 오차는 ±1%이다. 가운데 작은 돌출부가 있는 제품은 비세이Vishay 사의 NTCALUG03A 103GC이며, 기준 저항 10K, 허용 오차 2%이다. 오른쪽 제품은 TDK 사의 B57164K153K이며 기준 저항과 허용 오차는 각각 15K와 3%이다.

온도 감지에 따른 출력 변환

이상적인 온도 센서라면 온도에 대한 전기적 응답이 선형 함수 형태로 나와야 한다. 서미스터는 이 점에서는 부적절한데, 서미스터의 저항은 온도에 대해 역 지수 함수 형태를 띠기 때문이다. 이 내용은 [그림 23-3]에서 확인할 수 있다. 이 그래프는 25℃에서 저항이 5K인 서미스터의 저항값을 0℃~120℃ 범위에서 측정해 작성한 것이다.

> 데이터시트에 실린 서미스터 저항 그래프는 대부분 평평하다. 데이터시트는 관례적으로 수직축을 로그 스케일로 잡기 때문이다.

서미스터를 [그림 23-4]와 같은 단순한 형태의 분

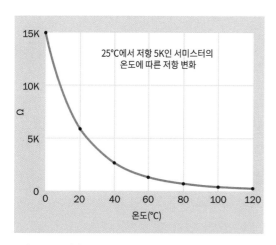

그림 23-3 0℃에서 120℃ 사이의 온도에서 서미스터의 저항.

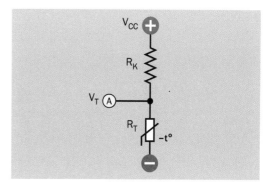

그림 23-4 서미스터의 저항을 측정하는 반 브리지 회로

압기voltage divider에 포함시키면 서미스터의 저항을 모니터링할 수 있다. 서미스터의 저항에 변화가 생기면 A 지점의 전압도 함께 변한다.

> 이 전압은 아날로그-디지털 변환기가 포함된 마이크로 컨트롤러의 입력으로 사용될 수 있다. 또는 무접점 릴레이에 직접 연결하거나, op 앰프로 증폭하거나, 비교기를 통과시켜 값을 조절하는 한계 스위치를 만들 수 있다.

이 회로는 기본적으로는 분압기이지만, 휘트스톤 브리지 회로의 절반이기 때문에 반 브리지half bridge라고도 한다.

V$_{CC}$가 전원 전압이고, V$_T$를 A 지점에서 측정된 전압, R$_T$를 서미스터의 저항, R$_K$를 직렬 저항의 고정 저항값이라 할 때, 분압기의 기본 공식은 다음과 같다.

$$V_T = V_{CC} \left(R_T / (R_T + R_K) \right)$$

항의 위치를 바꾸면, 측정된 전압과 R$_K$로부터 R$_T$의 값을 구하는 공식을 유도할 수 있다.

$$R_T = (R_K * V_T) / (V_{CC} - V_T)$$

직렬 저항의 선택

공식에서 R_K의 값은 서미스터가 측정할 온도 범위에 대하여 적절히 넓은 응답 폭을 제공하도록 선택해야 한다. R_K를 계산하기 위해서는 다른 공식도 적용해야 한다. R_{MIN}이 가장 낮은 온도에서 서미스터 저항, R_{MAX}가 가장 높은 온도에서 저항이라고 하면, R_K는 다음과 같다.

$$R_K = \sqrt{R_{MIN} * R_{MAX}}$$

이 공식은 [그림 20-5]에서 포토레지스터에서 사용할 직렬 저항의 값을 구하는 공식과 같다.

휘트스톤 브리지 회로

반 브리지 회로는 서미스터의 비선형성을 보상하지 않는다는 단점이 있다. 측정 온도 범위 중 온도가 낮은 지점에서는 전압이 급격히 변하겠지만, 높은 온도 영역에서는 서서히 변하기 때문에 출력된 전압값을 구분하려면 고도의 정밀성을 지닌 아날로그-디지털 변환기가 필요하다.

완전한 휘트스톤 브리지 회로Wheatstone bridge circuit는 서미스터의 역 비선형성을 어느 정도 보상하는 비선형 형태의 출력이 있다. [그림 23-5]의 회로에서, 세 개의 저항 R_K는 위 공식을 사용해 선택한다.

표준 공식으로 열전대의 저항인 R_T와 공급 전압 V_{CC}, 고정 저항인 R_K, 그리고 A와 B 지점 사이에서 측정된 출력 전압 V_{AB} 사이의 관계를 구할 수 있다.

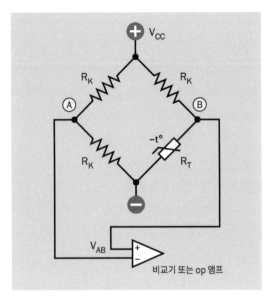

그림 23-5 완전한 휘트스톤 브리지 회로 안에 서미스터를 넣을 수 있다. 출력 A와 B는 op 앰프 또는 비교기의 두 입력단과 연결된다.

$$V_{AB} = (V_{CC} / 2) * (R_T - R_K) / (R_T + R_K)$$

이 공식에서 출력 전압 V_A를 측정함으로써 R_T를 계산하는 공식을 유도할 수 있다.

$$R_T = R_K * (V_{CC} + (2 * V_{AB})) / (V_{CC} - (2 * V_{AB}))$$

> V_{AB}의 극성은 R_T가 R_K보다 큰지 아니면 작은지에 따라 바뀔 수 있다. 이 상황에 맞춰 A와 B는 비교기 또는 op 앰프의 두 입력단에 연결할 수 있다

온돗값 구하기

서미스터의 저항을 계산하면, 이 값을 온돗값으로 변환할 수 있다. 일반적으로 서미스터의 데이터시트는 저항값과 온돗값의 관계를 표로 제공하며, 이를 이용해 마이크로컨트롤러 프로그램에서 참조 테이블을 만들 수 있다.

간혹 데이터시트에서 저항 대 온도 변환 방정식에 삽입할 수 있는 상수를 제공하는데, 계산은 간단하지 않으며 자연로그를 사용해야 할 수도 있다. 일부 마이크로컨트롤러는 이 내용을 사용할 수 없다.

돌입 전류 차단기

회로의 스위치를 켜거나 전원 공급기 내의 대형 커패시터가 매우 빠르게 충전되는 경우 돌입 전류가 발생하기 쉬운데, 이때 적합한 조건의 NTC 서미스터를 돌입 전류 차단기inrush current limiter(ICL)로 사용할 수 있다.

돌입 전류 차단기는 서지 전류 차단기surge limiter라고도 하며, 약어는 ICL이다. 돌입 전류 차단에 쓰이는 NTC 서미스터는 온도가 증가할 때 초기 저항값이 급격히 감소하는 특성이 있다.

돌입 전류 차단에는 NTC 서미스터가 일반적으로 사용되지만, PTC 서미스터도 배선을 다르게 연결하면 같은 목적으로 사용할 수 있다. 이 내용은 'PTC 돌입 전류 차단PTC inrush current limiting' 항목을 참조하고, 이 장에서는 NTC 서미스터를 이용한 전류 차단기에 대해서만 논의한다.

[그림 23-6]의 회로도처럼 적합한 조건의 NTC 서미스터를 삽입할 수 있다. 여기서 정류된 AC 전원은 DC-DC 변환기에 연결되며, 대형 평활 커패시터smoothing capacitor가 사용된다. 처음에 서미스터에는 저항이 있어 전류를 제한하고 열을 생성한다. 그러나 온도가 증가하면 서미스터의 저항이 떨어진다. 결국 평형 상태가 이루어지면 저항이 낮게 유지될 정도로 따뜻한 온도가 유지되는데, 이때 저항으로 인한 부하는 회로에서 무시할 수 있는 수준이다.

온도 측정에 사용되는 서미스터에서 자체 가열은 별로 바람직하지 못한 특성이다. 그러나 돌입 전류 차단기의 기능을 수행할 때는 자체 가열이 매우 중요한 특성이 된다.

[그림 23-7]은 TDK 사의 B57237S509M 돌입 전류 차단기다. 이 제품은 정격 전류가 5A이고 초기 저항값은 전류가 흐르지 않을 때 25℃에서 5Ω이다. 110VAC에서 2,800μF으로 테스트했을 때, 저항값은 전류 5A일 때 최소 0.125Ω까지 떨어졌다. 전류와 저항의 관계는 다음 페이지 [그림 23-8]에 나타나 있다.

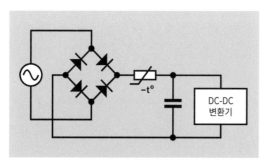

그림 23-6 돌입 전류 차단을 위해 NTC 서미스터를 사용한다.

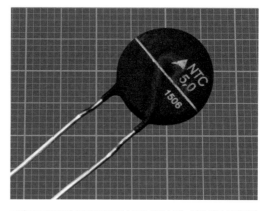

그림 23-7 TDK의 B57237S509M NTC 서미스터는 돌입 전류 차단기로 설계된 제품이다. 초기 저항은 정격 전류 5A에서 5Ω이다. 배경 눈금의 간격은 1mm이다.

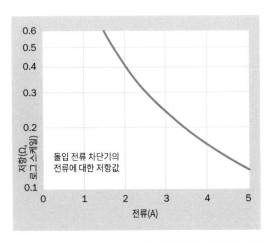

그림 23-8 TDK의 B57237S509M 돌입 전류 차단기의 저항과 전류 사이의 관계 그래프.

재시동

장치의 전원이 순간적으로 꺼졌다가 다시 켜질 경우 서미스터로 장치를 보호할 수 없다. 서미스터가 냉각되었다가 다시 저항을 회복할 시간이 없기 때문이다. 그러나 서미스터의 열을 식히는 데 30초에서 2분가량이 필요한데, 그동안에는 평활 커패시터에 축전된 전기를 많이 잃지 않는다. 따라서 장치가 불시에 재시동된다 해도 돌입 전류는 발생하지 않는다.

서미스터의 부품값

서미스터의 데이터시트는 다른 부품의 데이터시트보다 훨씬 복잡하고 아리송하다.

데이터시트를 읽을 때는 제일 먼저 서미스터가 온도 측정용인지 아니면 돌입 전류 차단용인지부터 확인해야 한다. 온도 측정용으로 설계된 제품은 돌입 전류에 견디지 못하고, 돌입 전류 차단용으로 설계된 제품은 저항이 매우 낮아 온도 측정에 적합하지 않다.

시간과 온도

데이터시트에서는 대체로 소문자 t는 시간, 대문자 T는 온도와 관련된 값을 설명할 때 사용된다. 무척이나 혼란스럽겠지만, T는 서미스터thermistor의 기호로도 사용되는 경우가 있다.

저항과 반응

알파벳 R은 흔히 저항을 의미하는데, 맥락에 따라 반응 시간response time을 의미할 수도 있다. 예를 들어 R_T는 서미스터의 저항을 뜻하고, t_R은 반응 시간을 뜻한다.

킬로옴과 켈빈

알파벳 K는 켈빈온도를 의미할 수 있다. 섭씨 0도는 약 273켈빈온도다. 그러나 알파벳 K가 저항에서 쓰일 때는 10의 3승을 의미하며, 때때로 같은 데이터시트에서 두 의미가 함께 쓰이기도 한다. 두 경우 모두 K는 대문자로 쓴다.

기준 온도

기준 온도reference temperature는 온도 계수와 저항 같은 부품의 특성을 측정할 때의 온도다. 일반적으로 기준 온도는 섭씨 25도지만, 간혹 0도나 다른 온도에서 측정할 때도 있다. 기준 온도 기호는 약어로 T_{REF}로 쓴다.

기준 저항

서미스터의 기준 저항reference resistance(간혹 표준 저항이라고도 한다)은 RR로 표현되며, 기준 온도에서의 저항을 말한다. 흔히 'R 값'이라고 하는데, 소형 칩에서 설명할 때는 단순히 '저항'이라 하기도 한다.

데이터시트에서 R25 또는 R_{25}는 섭씨 25도에서의 저항을 말한다. 기준 온도가 25℃라면 R_R과 R_{25}는 같은 개념이다.

소실 상수

소실 상수dissipation constant 즉, DC는 전력 소실 상수power dissipation constant를 말하는 것으로, 일반적으로 섭씨 온도에 대한 밀리와트(mW/℃)로 표현된다. 소실 상수는 주위 온도가 1℃ 증가할 때 서미스터가 전달하는 열에너지를 의미한다.

온도 계수

온도 계수temperature coefficient는 줄여서 TC로도 쓰는데, 서미스터의 감도를 나타낸다(간혹 TC 대신 TCR을 쓰기도 하는데, 여기서 R은 저항을 뜻한다. 두 약어 모두 같은 개념이다). 이 값은 온도가 1℃만큼 변할 때 저항의 변화를 퍼센티지(%)로 표현한다. 그러므로 온도가 28℃에서 29℃로 증가했을 때 서미스터의 저항이 800Ω에서 768Ω으로 감소했다면, TC=-4%이다. 온도가 증가할 때 저항이 감소하는 NTC 서미스터의 온도 계수는 항상 음수다. 그러나 마이너스 부호는 종종 생략하기도 한다.

온도 계수는 퍼센티지 대신 백만분율, 즉 ppm으로 표현될 수 있다. ppm을 퍼센티지로 변환하려면 10,000으로 나누면 된다. 그러므로 50,000ppm은 5%와 동일하다.

온도 시간 상수

불행히도 TC라는 약어는 열의 시간 상수time constant(TC)를 나타낼 때도 사용된다. 서미스터의 초기 온도와 더 높은 새 온도 사이의 온도 차를 TD라고 하면, TC는 서미스터의 온도가 현재 온도에서 TD의 63.2%만큼 증가할 때까지 걸리는 시간을 말한다. TC의 단위는 초이며, 외부에서 서미스터에 에너지를 가하지 않은 상태에서 정의된다. 크기가 작은 서미스터는 열을 빠르게 흡수하기 때문에 열의 시간 상수가 낮다는 특징이 있다(TC는 충전하는 커패시터의 시간 상수 개념과 매우 유사하다. 1권의 커패시터capacitor 장을 참고한다.)

허용 오차

서미스터의 허용 오차tolerance는 정확도의 척도이며, 온도에 대한 언급이 특별히 없으면 25℃에서 측정된다. 정격 저항이 5K이고 25℃에서 허용 오차가 ±1%인 서미스터는 실제로 저항 범위가 4,950~5,050Ω 사이에 있다. 일부 서미스터는 허용 오차가 ±20%에 이른다. 허용 오차가 ±1%보다 더 좋은 제품은 상대적으로 드물다.

온도 범위

이산화규소를 사용하는 서미스터의 가동 온도 범위working temperature range는 일반적으로 -50~+150℃ 사이다(유리 캡슐 안에 들어 있는 제품의 온도 범위는 이보다 약간 넓으며, 정확도가 중요한 제품은 이보다 약간 좁을 수 있다).

스위칭 전류

응답 특성이 비선형인 서미스터의 경우, 스위칭 전류는 저항의 급격한 전환을 강제하는 대략적인 전룻값이다. 이 값은 I_S로 표기한다.

전력 제한

동작 전류operating current는 자체 가열을 일으키지 않는 최대 권장 전류다. 전력 소요량power rating은 최대 허용되는 전력이다(일반적으로 100~200mW 정도).

호환성

온도를 신뢰성 높게 측정하려면, 한 제조업체에서 제작한 같은 유형의 두 서미스터는 동일한 특성을 보여야 한다. 이를 '호환성interchangeability'이라고 한다. 현대식 서미스터에서는 이 호환성이 대략 ±2℃ 정도인데, 데이터시트에서는 언급하지 않는 경우가 많다.

주의 사항_____

자체 가열

자체적으로 가열되는 특성은 온도 측정에 사용되는 NTC 서미스터의 정확도에 영향을 미칠 수 있다. 정확한 온돗값을 얻기 위해서는 흐르는 전류의 양을 최대한 적게 유지해야 한다. 서미스터의 저항이 허용 범위의 상한에 가까우면 간단한 전류 펄스를 사용할 수 있다.

열 손실

서미스터를 돌입 전류 차단에 사용할 경우, 보호할 장치에 전원이 있는 동안에는 열을 생성할 수 있다. 서미스터와 다른 부품 사이에 공간을 충분히 두지 않으면 부품이 열로 인해 영향받을 수 있다.

열 부족

간혹 NTC 서미스터가 돌입 전류 차단기 역할을 제대로 못할 때가 있다. 매우 추운 환경에서 충분히 가열되지 않으면 저항이 허용 가능한 수준까지 떨어지지 않을 수 있다. 이와 반대로 매우 더운 환경에서(예를 들면 온수 펌프에 매우 가깝게 설치되었을 때) 장치를 보호할 수 있을 만큼 충분히 냉각되지 않을 수 있다.

첨부: 온도 센서 비교_____

접촉식 센서는 크게 다섯 개의 카테고리로 나누는데, 각 카테고리에는 다양한 부품들이 있다. [그림 23-9]의 차트에서 확인할 수 있다.

NTC 서미스터

NTC 서미스터의 저항은 온도가 증가하면 감소한다. 그러므로 NTC 서미스터는 부온도 계수negative temperature coefficient가 있다고 하며, 이것이 바로

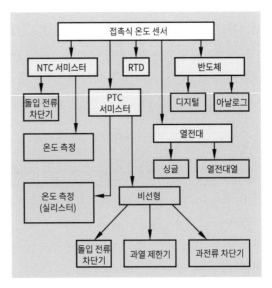

그림 23-9 다섯 개 유형의 접촉식 온도 센서(초록색 상자)와 변형(빨간색)

NTC의 의미다.

NTC 서미스터는 일반적으로 저렴한 비용에 단순한 장치가 필요하고, 측정 온도 범위가 상대적으로 넓지 않을 때(대략 -50~+150℃ 사이) 사용된다. 이 제품은 수십 년 동안 사용해서 친숙하다는 장점이 있다. NTC 서미스터는 여러 온도 센서 중에서도 가격대가 저렴한 제품에 속하며, 마이크로컨트롤러를 쓰지 않고 무접점 릴레이 같은 외부 장치에 직접 연결할 수 있다는 장점이 있다.

PTC 서미스터

정온도 계수 서미스터positive-coefficient thermistor의 감지 소자는 다결정질 복합체로, 문턱 온도보다 높은 온도에서는 저항이 급격히 상승한다. 이런 특성으로 인해 회로 과부하를 막기 위해 높은 전류를 차단할 때 적합하다.

실리콘 온도 센서silicon temperature sensor는 실리스터silistor라고도 하며, PTC 서미스터로 분류된다. 실리스터는 정온도 계수를 갖는 저항성 부품이다. 감지 소자는 실리콘에 식각되어 있다.

PTC 서미스터는 수동 소자, 극성이 없는 부품으로 두 개의 단자 또는 납땜 패드가 달려 있다. 자세한 내용은 24장을 참고한다.

열전대

열전대thermocouple는 서로 다른 금속으로 만든 두 개의 도선이 한 끝에서 만나는 형태로 되어 있다. 도선의 열적 특성 차이로 인해 두 도선의 개방된 끝 쪽에 미세한 전압이 생성된다. 열전대는 접촉식 센서 중에서도 측정 온도 범위가 가장 넓다. 이 부품은 단순하고 견고하며, 전력을 소비하

지 않기 때문에 자체 가열 효과를 염려하지 않아도 된다. 반응은 빠르지만 응답 특성은 비선형성이 강하고, 감도도 제한되어 있다. 열전대는 주로 산업 현장과 실험실에서 사용되는데, 보통 열전대의 신호를 해석할 수 있는 하드웨어와 디지털 온도 디스플레이가 결합된 패널 미터panel meter에 꽂아 사용한다.

열전대에 관한 자세한 내용은 25장에서 찾아볼 수 있다.

저항 온도 측정기

저항 온도 측정기resistance temperature detector는 약어로 RTD라 쓰며, 간혹 저항성 온도 장치resistive temperature device를 뜻하기도 한다. 감지 소자는 보통 순수한 백금, 니켈, 또는 구리로 제작되며, 코어를 감은 도선의 형태이거나 절연체 위에 매우 얇은 막을 씌운 형태로 되어 있다.

RTD는 정온도 계수를 가지는데, 그 말은 온도가 증가하면 저항도 함께 증가한다는 뜻이다. RTD는 매우 정확하고 안정적이다. 출력도 거의 선형에 가까우며, 특히 측정 범위의 가운데 영역에서는 반듯한 직선 형태다. 그러나 감도는 NTC 서미스터의 10분의 1에 불과하다.

RTD 역시 서미스터나 열전대처럼 수동 소자로, 넓은 범위의 전압에서 작동 가능하고 따로 전원은 필요하지 않다. 극성이 없으며 두 개의 단자 또는 납땜 패드가 붙어 있다.

저항 온도 측정기에 관한 자세한 내용은 26장에서 확인할 수 있다.

반도체 온도 센서

반도체 온도 센서semiconductor temperature sensor는 칩 기반 센서로, 선형화는 칩에서 이루어지므로 출력을 선형화하기 위해 부품을 추가할 필요가 없다.

측정 온도 범위는 NTC 서미스터와 비슷하고, 칩 안에 내장된 op 앰프에서 1℃당 20mV씩 증가하는 전압값을 받아 출력한다. 반응 시간은 4~60초다.

반도체 온도 센서는 외부 전원이 필요하며, 전원 전압은 대체로 5VDC 이하다. 서미스터보다 정확도를 높이기 위해 제조 과정에서 보정하기 때문에, 사용 전 보정이 필요 없다. 일반적인 측정 온도 범위인 -50~+150℃에서 제조업체가 주장하는 허용 오차는 ±0.15℃이며, 정확도를 더 높인 제품의 오차는 이보다 더 좁다.

반도체 온도 센서의 출력값은 선형적인 아날로그 값으로 아날로그-디지털 변환기가 포함된 마이크로컨트롤러와 함께 사용하기 편리하며, 가격도 상대적으로 저렴하다. 이런 이유로 반도체 온도 센서는 서미스터에 비해 점점 더 경쟁력을 얻고 있다.

반도체 온도 센서에 아날로그-디지털 변환기가 포함된 제품은 디지털 온도 센서digital temperature sensor 또는 디지털 온도계digital thermometer라고 한다. 출력은 섭씨로 표현되며(간혹 화씨인 제품도 있다), I2C 또는 SPI 버스로 읽을 수 있다. I2C와 SPI 같은 프로토콜에 관한 자세한 내용은 부록 A를 참고한다.

디지털 온도 조절 장치digital thermostat 또는 온도 조절 스위치thermostatic switch는 반도체 온도 센서로, 온도가 설정된 최댓값보다 높아지거나 최솟값 이하로 떨어질 때 HIGH에서 LOW로, 또는 그 반대로 이행하는 이진 출력을 제공한다. 최댓값과 최솟값은 칩에 프로그래밍할 수 있다.

반도체 온도 센서는 여러 가지 다양한 이름으로 불린다. 자세한 내용은 27장에서 확인할 수 있다.

24장

PTC 서미스터

실리스터silistor 또는 실리콘 기반 서미스터는 PTC 서미스터PTC thermistor에 포함해 이 장에서 설명한다.

리셋 가능 퓨즈resettable fuse는 PTC 서미스터에 속하지 않는다. 이에 관한 자세한 설명은 1권의 퓨즈fuse에서 확인한다.

온도가 증가할 때 저항이 감소하는 NTC 서미스터NTC thermistor는 별도의 장으로 다룬다. 23장 참조.

저항 온도 측정기resistance temperature detector 또는 RTD는 온도가 증가하면 저항도 함께 증가하지만, 감지 소자가 다른 방식으로 제조되기 때문에 서미스터로 분류하지 않는다. RTD는 26장에서 설명한다.

적외선 온도 센서infrared temperature sensor, 반도체 온도 센서semiconductor temperature sensor, 열전대thermocouple는 각각 별도의 장으로 설명한다.

관련 부품

· 적외선 온도 센서(28장 참조)

· 반도체 온도 센서(27장 참조)

· 열전대 (25장 참조)

· NTC 서미스터(23장 참조)

· RTD(26장 참조)

역할

PTC 서미스터PTC thermistor는 온도가 증가하면 저항이 증가한다. PTC 서미스터에 해당하는 제품들은 온도 측정에 사용하거나 과도한 열 또는 전류를 감지해 회로를 보호하는 용도로 사용한다.

　　PTC 서미스터는 저항성 센서이므로 극성이 없다. 전류는 방향에 상관없이 흐를 수 있어, AC도 사용할 수 있다.

온도 센서의 비교

본 백과사전에서는 열원과 접촉해 온도를 측정하는 접촉식 온도 센서는 크게 다섯 개의 카테고리로 나눈다. 각 센서에 대한 내용은 별도의 장에서 설명하고, 이 카테고리들은 NTC 서미스터 장의 마지막 부분에서 비교 요약하여 정리한다. '첨부: 온도 센서 비교' 항목과 [그림 23-9]를 참고한다.

회로 기호

PTC 서미스터의 회로 기호는 NTC 서미스터와 매우 유사하다. [그림 23-1]을 참조한다.

PTC 개요

PTC 서미스터는 크게 두 부류로 나눈다.

선형성

칩 크기의 실리콘 기반 감지 소자가 들어 있다. 선형 서미스터는 실리스터silistor라고도 한다. 소자의 응답 특성이 매우 선형적이어서 주로 온도 측정에 사용된다. 마이크로컨트롤러에 직접 연결할 수 있다.

비선형성

다결정질 복합체에 티탄산바륨이 포함된 감지 소자를 사용한다. 이 물질은 문턱 온도에서 저항이 대단히 급격하게 증가하는 경향을 보인다. 비선형 서미스터의 비선형 출력이 스위칭 장치를 가동할 수 있기 때문에 스위칭 서미스터switching thermister 라고도 한다.

PTC 서미스터의 감지 소자는 NTC 서미스터의 소자와 작동 원리가 다르다.

비선형 서미스터는 두 가지 방식으로 사용된다.

• 외부 가열식: 외부 가열식 서미스터는 주위의 열 또는 부착 장치의 온도에 반응한다. 이 서미스터는 회로를 보호하거나 모터가 과열되는 것을 방지하기 위해 사용된다. 서미스터의 자체 가열을 방지하기 위해 서미스터에 흐르는 전류

그림 24-1 NXP의 KTY81 서미스터. 배경 눈금의 간격은 1mm이다. 가운데에 절단된 단자가 있는 것을 확인할 것.

는 최소화한다.

• 내부 가열식: 내부 가열식 서미스터는 흐르는 전류로 인해 발생하는 열의 온도에 반응한다. 이 유형의 서미스터는 회로가 단락되면, 경고 신호를 내보내거나 장치의 전원을 차단할 수 있다. 또한 모터나 형광등을 시동하기 위한 전류를 제어할 수 있으며, 간혹 국소적인 열을 생성하는 열원으로도 사용된다.

온도 측정용 실리스터

실리콘 기반의 PTC 서미스터는 실리스터silistor라고도 하는데, 온도와 저항 사이의 관계가 선형에 가깝다는 장점이 있다. 가장 인기 있는 예는 NXP 사의 KTY81 시리즈로, [그림 24-1]에 사진이 나와 있다.

[그림 24-2]는 KTY81의 응답 특성을 그래프로 나타낸 것이다.

다른 수많은 서미스터의 성능 곡선 그래프에서 수직축이 로그 스케일인 것과는 달리, 이 그래프는 수직축이 선형적으로 증가한다는 사실에 주목

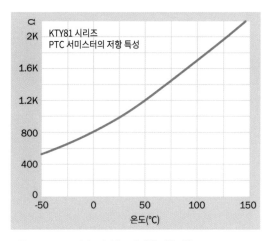

그림 24-2 KTY81 서미스터의 온도에 대한 저항 변화.

하자. 로그 스케일에서 그래프를 그리면 응답 곡선이 더 평평하게 보이는 경향이 있다.

이 센서는 '확산 저항 원리spreading resistance principle'에 따라 실리콘 칩으로 설계된 것이다. 이 원리에 따르면 전류는 금속 접점으로부터 실리콘 박막을 통해 금속을 입힌 바닥 평면으로 퍼져 나간다. 이 효과는 온도가 증가하면 약해진다. 이렇게 제작된 센서는 극성에 따라 약간의 영향을 받긴 하지만, 두 번째 금속 접점은 반대 방향으로 바이어스되어 있어, 칩의 두 활성 영역을 직렬로 연결하면 극성이 거의 없는 부품이 된다.

> 이 유형의 센서는 출력이 거의 선형에 가까워 아날로그-디지털 변환기가 포함된 마이크로컨트롤러와 함께 사용하기에 편리하다.

허용 오차는 ±1~5%이며, 온도에 따라 변한다. 제품은 일반적으로 1K 또는 2K가량의 기준 저항이 있다. 온도 계수는 보통 1% 안팎인데, 일반적인 NTC 서미스터의 온도 계수가 4%인 점을 감안할 때 상당히 낮은 편이다.

서미스터 데이터시트를 읽는 요령은 NTC 서미스터를 설명하는 23장에서 찾아볼 수 있다. '서미스터의 부품값' 항목 참조.

실리스터가 정확히 동작하려면 0.1~1mA가량의 전류가 필요하다.

> - PTC 온도 측정용 서미스터는 NTC 서미스터와 비교해 감도가 낮고 가격은 상대적으로 비싼 편이라 NTC형보다 인기가 없다. NTC 서미스터는 여러 가지 다양한 형태로 출시되어 있으며 허용하는 전류의 변화 폭도 더 넓다.
> - 실리스터는 자동차에서 꾸준히 사용되고 있다. 이를테면 연료와 변속기의 온도 측정, 실내 냉난방 조절 등에 사용된다.

저항을 결정하기 위해 PTC 센서에 직렬 저항을 부착해 분압기를 만들 수 있다. 회로는 NTC 서미스터용으로 제작한 것과 동일하다. '온도 감지에 따른 출력 변환' 항목 참조.

RTD

저항 온도 측정기resistance temperature detector(RTD)는 때로 PTC 서미스터로 분류되는 경우도 있다. 그러나 RTD는 PTC 서미스터와는 달리 감지 소자가 순수 금속으로 제작되었으며, 서미스터에 비해 감도가 훨씬 떨어진다. RTD는 본 백과사전의 별도의 장으로 설명한다(26장 참고).

비선형 PTC 서미스터

과열 방지

과열 방지용 비선형 서미스터는 외부적으로 가열 externally heated되지만 스위치 기능이 있다. 서미스터를 회로 기판에서 다른 부품들과 결합했다면, 출력을 사용해 경고 신호를 활성화하거나 온도가 내려갈 때까지 릴레이를 트리거해 회로를 차단할 수 있다. 이 특성은 특히 배터리 충전기에 매우 적합한데, 배터리 충전기는 과열이 항상 문제이기 때문이다. 물론 다른 일반적인 전자 장치에서도 유용하게 쓸 수 있다.

자체 과열의 가능성을 차단하기 위해, 서미스터를 통과하는 전류는 수 mA 수준으로 최소화되어야 한다.

비셰이Vishay 사의 PTCSL 시리즈의 일부는 섭씨 70도 미만의 온도에서 전이가 일어난다. 다른 제품들은 100℃ 이상에서 트리거된다. 일반적인 응답 곡선은 [그림 24-3]에서 볼 수 있는데, 25℃에서 100Ω 가량이던 저항이 전이를 일으키는 기준 온

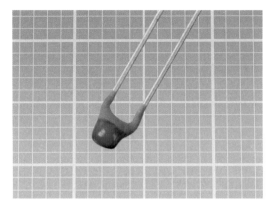

그림 24-4 TDK의 PTCSL 계열 서미스터 제품. 제조업체의 분류 방법에 따라 색 코드로 구분한다. 사진 속 제품은 기준 온도가 90℃인 제품이다. 배경 눈금의 간격은 1mm이다.

도인 90℃에서 약 1K까지 증가한다. 105℃에서는 최소 4K에 이른다.

이 전이에 대응하기 위해, 제조업체에서는 휘트스톤 브리지 회로를 구성하고 그 출력단을 비교기에 연결할 것을 권장한다. NTC 서미스터에서도 같은 내용이 제안된다([그림 23-5] 참조). 비교기는 신호 또는 릴레이로 활성화할 수 있다.

[그림 24-4]는 PTCSL20T091DBE 서미스터다.

이 유형의 서미스터는 최대 30V(AC 또는 DC)까지 허용할 수 있다.

과전류 방지

과전류 방지용 비선형 서미스터는 통과하는 전류로 인해 발생하는 내부 열에 반응하기 때문에 퓨즈를 대체할 수 있다. 과다 전류가 흐르면 서미스터의 저항이 증가하면서 전류의 흐름을 막는다. 과전류 문제가 해결되면 서미스터는 다시 정상 상태로 돌아간다. 퓨즈는 교체가 잦고 쉽게 교체할 수 있는 위치에 설치해야 하는 번거로움이 있지만, 서미스터는 전이를 일으켜도 손상되지 않아

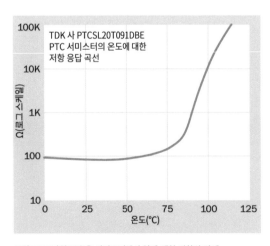

그림 24-3 과열 보호용 서미스터에서 열에 대한 저항의 관계

매번 교체할 필요가 없다.

과전류는 정류 다이오드나 커패시터에 문제가 있을 때, 또는 DC 모터가 갑자기 잠기는 록업lock up 현상을 일으킬 때도 발생할 수 있다.

TDK 사의 B598 시리즈는 AC 또는 DC 전압으로 240V 이상 허용할 수 있다. 이 계열의 제품들은 일반적으로 전류가 100mA~1A를 넘을 때 반응하는데, 제품에 따라 범위는 조금씩 다르며 대다수 제품들이 1~7A까지 견딜 수 있다. [그림 24-5]의 B59810C0130A070은 980mA에서 스위치되며 7A까지 견딘다. 기준 저항은 3.5Ω이고, 과전류로 열이 충분히 발생하면 저항은 10K까지 오른다.

이 유형의 과전류 방지용 서미스터는 전원 공급 장치에 영구적으로 연결해 사용한다. 서미스터의 기준 저항으로 인해 약간의 열이 발생할 수 있다. 보통 트리거 전류가 1A 미만인 경우에는 서미스터의 사용이 금지된다.

[그림 24-6]은 무라타Murata 사의 PTGL07BD

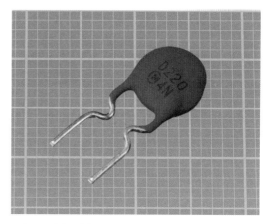

그림 24-6 과전류 방지용 PTC 서미스터. 트립 전류는 200mA이다. 배경 눈금의 간격은 1mm이다.

220N3B51B0으로, 기준 저항은 22Ω이며 과전류 방지용이다. 트립 전류trip current는 200mA이고, 최대 1.5A까지 견딜 수 있다.

PTC 돌입 전류 차단기

이 비선형 서미스터는 장치에 전원이 들어올 때 돌입 전류로 인해 발생하는 열에 반응한다. 돌입 전류는 전류가 평활 커패시터로 급격히 흘러들어 충전을 일으킬 때 발생한다. 돌입 전류는 전원 공급 장치에 과부하를 일으키고 수명을 단축시킨다.

기존의 돌입 전류 차단기는 주로 NTC 서미스터를 많이 이용했다. NTC 서미스터는 초기 저항이 높아 돌입 전류를 차단하지만, 열이 발생하면 저항이 급격히 떨어진다. 그러면서 회로에 상대적으로 적은 부하로 작용하면서 장치는 정상적으로 작동한다. 이 내용에 관해서는 NTC 서미스터를 설명한 23장의 '돌입 전류 차단기inrush current limiter' 항목을 참조한다.

그러나 NTC 서미스터를 돌입 전류 차단용으로 사용할 경우에는 전력 낭비가 불가피하다.

그림 24-5 과전류 방지용 대형 PTC 서미스터. 배경 눈금의 간격은 1mm 이다.

120VAC 전원 공급기를 사용한다고 가정하자. 장치의 전력 소비량이 1,000W일 때 전류는 대략 8A이다. 저항이 0.2Ω인 NTC 서미스터가 뜨거워지면 대략 1.6V의 전압 강하를 일으키고, 약 13W가량을 소비한다. 전력 손실은 전기 자동차 충전소처럼 더 높은 전류를 이용하는 응용에서는 더 커진다.

손실을 막기 위해 서미스터 주위에 일정 시간이 지나면 작동하는 지연 바이패스 릴레이timed by-pass relay를 추가할 수 있다. 릴레이가 짧은 시간이 흐른 후 자동으로 닫히면서 전력 손실을 차단한다. 이를 능동형 돌입 전류 차단active inrush current limiting이라고 한다.

그러나 이런 구성이라면 NTC 서미스터 대신 일반 저항을 사용해도 된다. 그렇다면 냉각 상태에서 기준 저항이 50Ω 이상인 PTC 서미스터를 이용하는 것은 어떨까? PTC 서미스터는 돌입 전류만 제한하는 것이 아니라 다른 보호 기능도 수행할 수 있다. 예를 들어 회로 안의 평활 커패시터에 단락이 발생하거나 바이패스 릴레이가 제때 차단되지 못하면, PTC 서미스터를 통과하는 과전류가 저항을 급격히 상승시켜 나머지 회로를 보호한다.

TDK 사의 PTC 서미스터 B5910 시리즈는 돌입 전류 차단용으로 설계된 것이다. 이 제품은 난연성 페놀수지 플라스틱 케이스에 들어 있으며, [그림 24-7]에서 볼 수 있다. B59105J0130A020은 기준 저항이 22Ω이며, 온도가 섭씨 120도를 넘어서면 저항이 10K 이상으로 급격히 증가한다([그림 24-8] 참조). 이 제품은 220V 전원 공급기를 횡단하는 회로 단락도 견딜 만큼 견고하다.

그림 24-7 이 돌입 전류 차단용 PTC 서미스터는 TDK 사 제품으로 난연성 케이스에 들어 있다. 배경 눈금의 간격은 1mm이다.

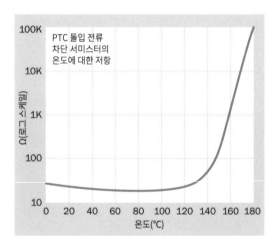

그림 24-8 돌입 전류 차단용 PTC 서미스터의 저항과 온도 간의 관계. 수직축이 로그 스케일임에 주목한다.

PTC 서미스터의 시동 전류

응용 중에는 초기의 돌입 전류가 실질적으로 필요하고 또 바람직한 경우도 있다. 에어컨의 컴프레서를 예로 들면, 휴면 상태에서 가동을 시작할 때

'토크 보조torque assist'를 위해 높은 돌입 전류가 필요하다.

이 상황에서는 고전류 PTC 서미스터를 사용할 수 있다. 비셰이 사의 PTC305C 시리즈가 그 예다. 이 제품은 가혹 사용을 위한 부품으로, 스위칭 시간이 약 0.5초 정도, 최대 정격 전압은 410VAC 이상, 정격 전류는 6~36A이다.

PTC 서미스터는 모터가 가동되는 동안에는 상대적으로 온도가 높고, 전원 차단 후 재시동이 가능할 때까지는 냉각 시간이 있어야 한다. 온도 조절기나 별도의 시간 지연 릴레이로 대기 시간을 3~5분가량 허용할 수 있다.

형광등 안정기용 PTC 서미스터

형광등의 시동 과정에서는 전류가 내부의 캐소드 가열기를 통해 흘러야 하는데, 커패시터를 우회해 서미스터로 전류를 흐르게 하면 가능하다. 서미스터의 저항이 증가해 1초 미만의 시간 동안 전류를 차단한다. 이때 히터가 제 역할을 하면 고주파 AC에서 형광등이 가동된다.

가열 소자로서 PTC 서미스터

소규모 응용에서는 PTC 서미스터의 내부 저항을 발열체로 사용하여 가열 소자처럼 사용할 수 있다. 이 디자인에서는 서미스터의 저항이 온도에 따라 증가하므로 자체적인 제한 기능을 장점으로 활용할 수 있다. [그림 24-9]에 나와 있는 TDK 5906 시리즈가 그 예다. 이 부품은 지름이 대략 12mm이며, 납땜으로 고정하는 것이 아니라 끼워 넣도록 고안된 제품이다. 이 부품은 자동차에서 디젤 연료를 예열하거나 스프레이 노즐을 해동할

그림 24-9 TDK의 B59060A0060A010 가열 소자는 PTC 서미스터로 제작되었으며, 섭씨 80도 부근에서 저항이 급격히 상승한다. 정격 전압이 12VDC인 이 제품은 자동차에서 사용하기 위해 디자인된 제품이다. 배경의 눈금 간격은 1mm이다.

때 사용되고, 가전제품에서는 방향제의 분무기에서 사용된다.

초기 저항은 3~4Ω 정도로 낮은 편이지만, 70~200℃의 전이 온도에서는 저항이 매우 빠르게 증가한다. 구체적인 사양은 부품마다 다르다.

주의 사항

자체 가열

자체 가열은 온도 센서의 정확성에 영향을 미칠 수 있다. 정확한 값을 얻기 위해 전류가 적게 흐르도록 유지한다. 서미스터의 저항이 범위의 최댓값 근처로 높으면, 간단한 전류 펄스를 사용할 수 있다.

다른 부품 가열

서미스터의 자체 가열 현상이 다른 유용한 목적으로 사용되는 경우(예를 들어 돌입 전류 차단기에서 시간 지연을 위해 사용될 때), 발생하는 열이 근처의 다른 부품이나 물질을 손상시킬 수 있다.

25장

열전대

열전대열thermopile은 열전대thermocouple를 여러 개 조합한 것이므로, 이 장 마지막에서 다룬다. 다른 유형의 온도 센서들은 각각 별도의 장에서 설명한다.

관련 부품

- NTC 서미스터(23장 참조)
- PTC 서미스터(24장 참조)
- 반도체 온도 센서(27장 참조)
- RTD(26장 참조)
- 적외선 온도 센서(28장 참조)

역할

열전대thermocouple는 서로 다른 금속으로 만든 도선 두 개를 이용해 온도를 측정한다. 두 도선은 한 끝에서 만나며, 보통 용접으로 붙인다. 두 도선의 열전기적thermoelectric인 특성 차이로 인해 개방된 끝 사이에 미세한 전압이 형성되는데, 이 값으로부터 용접된 쪽의 온도를 유도해 낼 수 있다.

열전대는 전원 공급이 필요 없지만, 생성되는 전압이 대단히 적고(밀리볼트(mV)도 아닌 마이크로볼트(μV) 수준이다) 비선형성이 강해, 이 값을 온돗값으로 변환할 하드웨어 그리고/또는 소프트웨어가 필요하다. 이 용도로 사용할 수 있는 실험 장비나 집적회로 칩이 출시되어 있다.

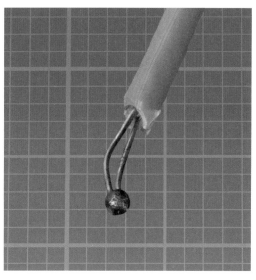

그림 25-1 K 타입 열전대의 용접 부분을 확대한 사진. 배경 눈금의 간격은 1mm이다.

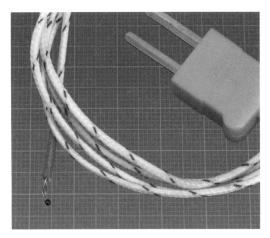

그림 25-2 [그림 25-1]의 열전대의 전체 모습.

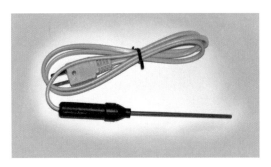

그림 25-3 열전대가 들어있는 탐침.

다양한 온도 범위를 측정할 수 있는 열전대가 여럿 출시되어 있으며, 각 유형마다 고유의 특성이 있어 적절한 변환이 필요하다.

'가공하지 않은' 열전대의 모양은 대단히 보잘 것없다. 단지 두 도선의 한쪽 끝을 용접으로 붙여 놓은 모양새다([그림 25-1] 참조). 열전대의 전체 모습은 [그림 25-2]에서 확인할 수 있다.

상업용으로 판매되는 열전대는 [그림 25-3]과 같이 탐침 안에 들어 있는 경우도 있다.

회로 기호

[그림 25-4]는 열전대를 표현하기 위해 주로 사용

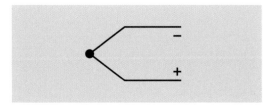

그림 25-4 열전대의 회로 기호.

하는 회로 기호다. 이 부품은 전류를 소모하지 않기 때문에, +와 – 부호는 도선에 가해야 하는 전력을 의미하지 않는다. 여기서 + 부호는 – 부호가 붙은 도선보다 전압이 높다는 의미다.

> 온도 센서의 비교
>
> 본 백과사전에서는 열원과 접촉해 온도를 측정하는 접촉식 온도 센서를 크게 다섯 개의 카테고리로 나눈다. 각 센서에 대한 내용은 별도의 장에서 설명하는데, 이 카테고리들은 NTC 서미스터 장의 마지막 부분에서 비교 요약하여 정리한다. '첨부: 온도 센서 비교' 항목과 [그림 23-9]를 참고한다.

응용

열전대는 어떤 접촉식 온도 센서보다도 측정 온도 범위가 넓은데, 제품에 따라서는 최대 1,800℃ 까지 측정할 수 있다. 열전대 성능에서 가장 큰 제약은 두 도선의 결합 부분이 열을 얼마나 견딜 수 있느냐이다. 적절히 단열해 주어야 하지만, 필요할 경우 단열 용도로 세라믹 관을 판매하고 있다.

열전대는 열용량thermal mass이 매우 작기 때문에 온도의 미세한 변화에도 재빨리 반응한다. 또한 전력을 소비하지 않으므로 자체 가열도 발생하지 않는다. 기본적으로 열전대는 단순하면서 견고하다. 그러나 응답 특성의 비선형성이 매우 강하고 전기 잡음으로 인한 작은 전압에도 잘못된 결과를 내놓을 위험이 높다. 정확도는 일반적으로 ±0.5℃보다 좋지 않은 편이며, 더 낮은 온도에서는 이보다 더 떨어진다.

열전대는 대체로 실험실과 일부 산업 현장에서 찾아볼 수 있다. 폭발하는 용광로나 연소 기관 내부의 온도를 모니터링할 때도 사용된다.

열전대로 -200℃ 이하의 온도도 측정할 수 있지만, -100℃ 이하의 온도에서는 온도 계수가 감소해 전압 증가 폭이 섭씨 1도당 30μV만큼도 되지 않는다.

작동 원리

도선 가닥 양 끝의 온도가 다르면 도선 전체에 걸친 온도 차로 인해 작은 기전력이 발생하며, 도선 양 끝에는 전기적인 전위차와 같은 효과가 발생한다. 이 효과를 제벡 효과Seebeck effect라고 하는데,

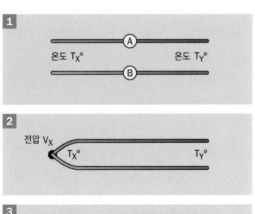

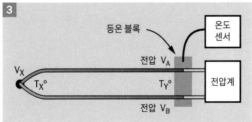

그림 25-5 열전대의 기본 원리. 자세한 내용은 본문 참조.

이 현상을 처음 발견한 사람의 이름을 딴 것이다. 전위차의 크기는 두 요소로 결정된다. 하나는 도선 양 끝 사이의 온도 차이고, 다른 하나는 도선의 재질이다.

[그림 25-5]는 이 개념을 그림으로 표현한 것이다. 그림 1에 두 개의 도선 A와 B가 있다. 도선의 왼쪽 끝은 같은 온도 T_X로 가열되고, 오른쪽 끝은 더 차가운 온도 T_Y를 유지한다. 두 도선은 서로 다른 금속으로 제작되었기 때문에, 각 도선의 길이만큼 떨어지는 전압 강하도 다르다.

가설을 좀 더 단순하게 만들기 위해 일부 요소를 제거해 보자. [그림 25-5]의 그림 2에서, 두 도선의 뜨거운 끝부분은 용접으로 결합되어 있다. 이로 인해 이 두 도선은 같은 온도와 같은 전압 V_X를 공유한다. 우리는 아직 이 X 값이 무엇인지 모른다.

그림 3에서, 두 도선의 차가운 끝 부분은 등온 블록에 고정된다. 이 등온 블록은 같은 온도를 유지하기 위한 것인데, 온도는 여전히 T_Y로 표시된다. 블록은 전기적으로 전도성을 띠지 않으므로, 도선의 차가운 끝부분의 전압은 여전히 V_A와 V_B로 서로 다르다. 이 전압을 직접 측정할 수는 없다. 그 이유는 이 전압이 V_X에 대해 상대적인데, V_X 값을 모르기 때문이다. 그러나 전압계를 이용해 서로에 대한 상대적인 값으로서 V_A와 V_B를 측정할 수 있다.

전압계의 탐침에도 자체의 전압 변화도와 온도 변화도가 있다. 그러나 전압계의 탐침들은 동일한 금속(구리가 많이 사용된다)으로 제작되었으므로 온도 변화의 정도가 같다. 따라서 전압계의 탐침이 미치는 효과는 동일하다.

열전대의 두 도선에 대하여 온도 변화도와 전압 차 사이에 수학적 관계식이 존재한다. K_A를 상수 또는 도선 A의 온도 변화도에서 전압 차를 결정하는 함수라고 하자. 그리고 K_B는 도선 B에 대하여 같은 역할을 하는 상수 또는 함수다. T_{DIF}를 T_X와 T_Y 사이의 온도 차라고 하면, 다음의 식이 성립한다.

$$K_A * (T_{DIF}) = V_X - V_A$$

$$K_B * (T_{DIF}) = V_X - V_B$$

두 번째 방정식을 처음 방정식에서 빼고 항을 정리하면, 다음의 식을 얻는다.

$$T_{DIF} * (K_A - K_B) = V_X - V_A - V_X + V_B$$

두 V_X 항은 상쇄되고, 우변에는 $V_B - V_A$만 남는다. 이 $V_B - V_A$는 전압계로 측정되는 전압 차다. 이를 V_M이라고 하자. 그렇다면, 식은 다시 다음과 같이 정리할 수 있다.

$$T_{DIF} = V_M / (K_A - K_B)$$

이 식을 이용하면 전압계로 측정한 값과 각 도선의 변환 계수를 이용해 도선 끝 사이의 온도 차를 계산할 수 있다. 전압계의 측정값과 도선의 변환 계수는 실험을 통해 구할 수 있다. T_Y는 상수로 알고 있는 값이기 때문에, T_X를 결정할 수 있다.

$$T_X = T_Y + T_{DIF}$$

열전대의 세부 사항

열전대가 처음 발명됐을 때는 도선의 차가운 끝을 얼음물에 담가서 우리가 아는 온도인 0℃를 유지하도록 했다.

이후 정확하게 보정할 수 있는 서미스터가 등장하면서 차가운 쪽의 온도를 간단히 측정할 수 있게 되었다. 서미스터가 열전대의 작동에 활용된 것이다. 이 지점에서 의문이 생긴다. 그냥 서미스터로 T_X를 측정하면 될 텐데 왜 군이 열전대를 계속 쓸까? 그 이유는 서미스터가 측정할 수 있는 온도 범위가 더 제한적이고, 150℃ 이상의 온도에서는 사용이 거의 불가능하기 때문이다.

'뜨거운 쪽'과 '차가운 쪽'이라는 말이 일반적으로 사용되고 있긴 하지만, 열전대 도선의 '뜨거운 쪽'이 실제로 '차가운 쪽'보다 더 뜨거워야 할 이유가 없다는 사실에 주목하자. T_X를 구하는 방정식은 T_Y가 T_X보다 클 때에도 마찬가지로 적용할 수 있다. 다만 이 경우에는 온도 차가 양수가 아닌 음수로 나올 것이다.

'뜨겁다'와 '차갑다'라는 표현은 오해를 불러일으키므로, 현대의 문서에서는 보통 도선의 '측온 접점measurement junction'과 '기준 접점reference junction'이라고 표현한다. 그러나 실제로 기준 접점에서 도선이 접합되지는 않는다는 사실을 유념해야 한다.

일반적으로 도선 측온 접점의 결합 부위에서 전압이 발생한다는 오해가 있다. 이는 틀린 개념이다. 전압은 각 도선 측온 접점과 기준 접점 사이에서 발생하는 온도 변화도의 함수다. 따라서 도선이 결합된 방식은 전압과는 무관하며, 두 도선의 접합은 단순히 전기적 결합을 제공할 뿐이다.

두 도선은 용접이나 납땜 등 여러 방식으로 붙일 수 있다.

사용법

실험실에서 사용하는 열전대의 경우, 일반적으로 각 도선은 절연되어 있고 끝은 측정기에 꽂을 수 있도록 플러그가 달려 있다. 기준 접점은 측정기 안에 숨어 있으며, 온도 데이터를 해석하는 일부 회로도 측정기 안에 함께 위치한다. 측정기는 열전대 유형에 적합한 설정이 있어야 변환 계수를 정확히 사용할 수 있다.

측온 접점에서 기준 접점까지 도선의 금속 재질은 균일해야 하기 때문에, 다른 금속 도선으로 열전대의 길이를 늘려서는 안 된다. 길이를 꼭 늘려야 한다면 도선과 같은 종류의 금속을 사용해야 한다. 커넥터의 핀과 소켓 역시 도선의 금속 재질과 일치시켜야 한다.

[그림 25-6]은 열전대의 도선을 확장한 것이다.

열전대의 종류

열전대는 알파벳 한 글자로 이루어지는 ANSI 표준 코드로 정의되어 있으며, 다음에서 설명한다.

그림 25-6 K 타입 열전대를 확장한 도선. 극성 플러그에 주목하자.

온도 범위는 모두 섭씨이고, 최솟값과 최댓값은 각각 대략 50도 가까이 반올림한 값이다. 일부 데이터 자료에서는, 실제로 사용할 때 더 좁은 온도 범위에서 사용할 것을 권장한다.

K형

-250~+1,350℃. 가장 대중적인 열전대. + 도선은 니켈-크롬 합금이고, - 도선은 니켈-알루미늄 합금이다. 3D 프린터에서 흔히 이용된다.

J형

-200~+1,200℃. + 도선은 철이고, - 도선은 구리-니켈 합금이다. 철 도선은 자성이 있으며 부식에 취약하다. 이론적으로는 가능해도, 이 열전대는 낮은 온도 측정에서는 권장되지 않는다.

T형

-250~+400℃. 극저온 측정용으로 권장된다. + 도선은 구리이고, - 도선은 구리-니켈 합금이다.

E형

-250~+1,000℃. 감도가 가장 뛰어나며 온도 계수도 가장 높다. + 도선은 니켈-크롬 합금, - 도선은 구리-니켈 합금이다.

N형

-250~+1,300℃. K형의 대안으로, 높은 온도에서 더 안정적이다. + 도선은 니켈-크롬 합금, - 도선은 니켈-실리콘-마그네슘 합금이다.

R형

-50~+1,750℃. 고온 측정용. + 도선은 플래티넘-
로듐 합금, - 도선은 플래티넘이다. 온도 계수가
매우 낮다.

S형

-50~+1,750℃. 고온 측정용. + 도선은 플래티넘-
로듐 합금, - 도선은 플래티넘이다. 온도 계수가
매우 낮다.

제벡 계수

열전대의 데이터시트에는 제벡 계수Seebeck coeffi-
cient 목록이 실려 있다. 제벡 계수는 제벡 효과로
인해 발생하는 온도 계수로, 온도 1℃당 마이크로
볼트(μV)로 측정된다. 다른 말로, 제벡 계수는 온
도가 1℃ 상승할 때 열전대에서 발생하는 전압을
마이크로볼트로 표현한 값이다.

　제벡 계수는 열전대 금속의 종류에 따라 달라
지며, 응답 특성이 매우 비선형적이기 때문에 온

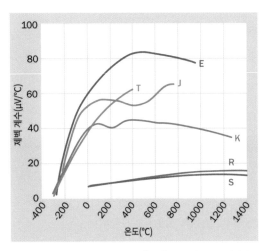

그림 25-7 여섯 가지 열전대의 제벡 (온도) 계수. 아날로그 디바이스
(Analog Devices) 사에서 발간한 데이터시트에서 일부 발췌.

도에 따라서도 다르다. [그림 25-7]에서는 -400℃
에서 +1,400℃ 범위에서 여섯 가지 열전대 응답
특성의 차이를 비교한다. 유의할 점은 그래프의
수직축이 각 열전대의 제벡 계수라는 점이다. 즉,
수평축의 온도 변화에 대한 실제 전압값actual volt-
age이 아니라 전압의 변화change in voltage를 보여
준다.

　R형과 S형의 응답 곡선이 비교적 균일하지만
정확도가 높지는 않다. 이유는 전압의 증가분이
온도 변화에 대해 너무 작기 때문이다. K형 열전
대는 0℃에서 1,200℃ 사이에서는 상대적으로 괜
찮다. 그러나 J형만이 0℃에서 800℃ 사이에서 적
절히 변하며, T형과 E형은 대단히 불균일하다.

　전압이 낮을 때는 전기 잡음이 문제가 된다. 열
전대 도선은 대개 서로 꼬아 놓거나 차폐해서 잡
음에 대한 감도를 줄인다. 열전대의 전압을 해석
하는 회로에는 인근 배선에서 들어오는 간섭 신호
인 50Hz 또는 60Hz를 차단하는 필터가 포함되어
야 한다.

출력 변환을 위한 칩

열전대의 출력을 해석해 온도를 표시하도록 설계
된 측정기는 가격이 비싼 경향이 있고, 주문 제작
한 제품은 사용하기에 불편할 수 있다. 다행스럽
게도 열전대의 출력을 증폭하고, 선형적인 응답을
생성하기 위한 신호 조정signal conditioning에 적용
할 수 있는 집적회로 칩이 출시되어 있다.

　아날로그 디바이스Analog Device 사의 AD8494와
AD8496은 레이저 웨이퍼 트리밍laser wafer trimming
을 통해 J형 열전대의 특성에 맞게 미리 조정되
었으며, AD8495와 AD8497은 K형에 맞게 조정

되어 있다. 이 칩들은 최소 3VDC의 전원을 사용해, 1℃당 5mV의 아날로그 출력을 제공하며 대략 1,000℃까지 측정할 수 있다. 필요한 공급 전류도 매우 낮은 편으로 약 180μA 정도다. 제조업체에서 주장하는 정확도는 ±2℃이다.

칩에는 온도 센서가 포함되는데, 온도 센서는 열전대의 기준 접점과 온도가 같아야 한다. 이는 기준 접점(일반적으로 열전대의 플러그를 삽입하는 소켓 쪽 부분)이 칩에 최대한 가까이 있어야 하며, 칩은 다른 부품에서 발생하는 열로부터 보호되어야 한다는 뜻이다. 기준 접점과 칩 사이에 온도 차가 생기면 온도 측정에 오류가 생긴다.

맥심 인터그레이티드Maxim Integrated Products 사의 MAX31855K 칩도 열전대-디지털 변환기다. 이 제품은 열전대의 출력을 선형화하고 디지털 처리를 한다. 이 데이터는 시리얼 SPI 버스를 통해 마이크로컨트롤러로 읽을 수 있다. MAX31885K 칩이 장착된 브레이크아웃 보드가 판매되고 있다. 칩 번호의 마지막 글자는 열전대의 종류를 가리킨다. J, K, N, T, S, R 형이 출시되어 있다.

AD8495는 에이다프루트Adafruit 사의 브레이크아웃 보드에 장착되어 있고, MAX31855K는 스파크펀Sparkfun 사의 브레이크아웃 보드에 장착되어

있다. 이 보드의 사진은 [그림 25-8]에 실려 있다.

열전대열

열전대열thermopile은 [그림 25-9]와 같이 열전대를 일렬로 연결한 제품이다. 뜨거운 영역은 왼쪽에, 차가운 영역은 오른쪽에 표시되어 있다. 그림에서는 오렌지색 도선 오른쪽과 왼쪽 사이에는 5mV의 전압 차가 있다고 가정했으며, 이는 온도 차로 인해 발생한다. 보라색 도선은 왼쪽과 오른쪽 사이에 1mV의 전압 차가 있다. 따라서 각 기준 접점과 그다음 기준 접점 사이의 전압 차는 4mV이다. 이 차이는 그림 오른편에 나와 있다. 온도 차가 존재하게 되면 전압 차는 계속 누적되는데, 이 예제에서는 위에서 아래 사이에 총 16mV의 전압 차가 발생한다.

열전대의 여러 접점들이 각 온도 영역에서 전

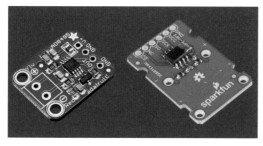

그림 25-8 열전대 증폭기/변환 칩. 에이다프루트(왼쪽)와 스파크펀(오른쪽) 제품.

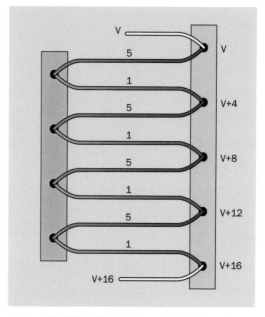

그림 25-9 열전대열의 작동 원리. 숫자는 mV를 나타낸다. 그러나 이 예제의 전압값은 임의로 선택한 것이다.

기적으로 서로 연결되지 않았음에 주목하자.

실제로는 이보다 더 많은 열전대가 추가될 수 있어, 전압 차는 더 낮아질 수 있다.

일반적으로 열전대는 소매상에서 별도의 부품으로 판매하지 않지만, 다른 장치에 포함되어 있을 수 있다. 열 온도 차이로 소량의 전류를 생성하기 위해 열전대열을 사용하는데, 적외선 온도계에서 그 예를 찾아 볼 수 있다. 또한 가스 버너에 불이 붙지 않을 때 가스 공급을 차단하는 안전 장치용으로도 사용될 수 있다. 28장 참조.

주의 사항

극성
열전대의 출력값에는 극성이 있다. 이를 관찰하지 않으면 오류가 발생할 수 있다.

전기적 간섭
열전대의 도선들은 전기적 간섭에 취약하므로, 서로 꼬아 놓거나 차폐해야 한다.

금속 피로와 산화
일부 열전대에서 사용하는 도선은 상대적으로 부러지기 쉬우므로, 휘게 해서는 안 된다. 일부 금속 또는 합금은 산화에 취약하다.

잘못된 유형 사용
열전대는 종류에 따라 특성이 모두 다르다. 열전대의 신호를 해석하는 회로는 사용하는 열전대의 유형과 정확히 일치시켜야 한다. 열전대 도선 끝에 있는 플러그는 흔히 나사로 고정한다. 분리된 플러그는 다른 유형의 열전대에 부착하는 오류를 피하기 위해 즉시 교체해야 한다.

열전대 제작 시 열 손상
만일 도선의 양 끝을 납땜해 열전대를 직접 만들려면, 열을 최소한으로 사용해 도선의 합금이 분리되는 것을 막아야 한다.

26장

RTD

RTD는 저항 온도 측정기resistance temperature detector 또는 저항성 온도 장치resistive temperature device의 약어다. 어느 용어가 정확한지는 정보가 부족하지만, 일반적으로 저항 온도 측정기가 더 많이 쓰인다.

간혹 RTD를 PTC 서미스터PTC thermistor의 한 종류로 설명하기도 하지만, 감지 소자가 다르다. RTD의 감지 소자는 순수 금속 도선 또는 필름으로 구성되어 있다.

관련 부품

· 열전대(25장 참조)

· NTC 서미스터(23장 참조)

· PTC 서미스터(24장 참조)

· 반도체 온도 센서(27장 참조)

· 적외선 온도 센서(28장 참조)

역할

저항 온도 측정기resistance temperature detector 또는 저항성 온도 장치resistive temperature device는 일반적으로 RTD로 많이 쓴다. RTD는 정온도 계수를 지닌 부품이지만(온도가 증가할수록 저항도 증가하는 부품이라는 뜻이다), 감지 소자가 반도체가 아닌 순수 금속이라는 점에서 PTC 서미스터PTC thermistor와 차이가 있다.

속성

RTD의 바람직한 속성은 다음과 같다.

온도 센서의 비교

본 백과사전에서는 열원과 접촉해 온도를 측정하는 접촉식 온도 센서를 크게 다섯 개의 카테고리로 나눈다. 각 센서에 대한 내용은 별도의 장에서 설명하고, 이 카테고리들은 NTC 서미스터 장의 마지막 부분에서 비교 요약해 정리한다. '첨부: 온도 센서 비교' 항목과 [그림 23-9]를 참고한다.

• 정확성. 대체로 ±0.01℃ 이다. 허용 오차가 매우 작으므로 호환성이 뛰어나다.

• 안정성. 응답 편차가 1년에 약 0.01℃ 정도밖에 되지 않는다.

- 온도에 대한 출력값이 거의 선형에 가까우므로, 마이크로컨트롤러와 함께 사용하면 편리하다.
- 전기 잡음에 무관하다.
- 온도 변화에 대해 대체로 응답이 빠른 편이다 (약 1~10초).

바람직하지 못한 속성은 다음과 같다.

- NTC 서미스터와 비교할 때 온도 계수가 약 10분의 1 수준이다.
- 저항을 측정하기 위해서는 어느 정도 전류가 흘러야 하며, 이로 인해 자체 가열의 가능성을 높인다(열전대를 제외한 다른 온도 센서의 경우도 마찬가지다).
- 상대적으로 가격이 비싸다. 특히 도선을 감은 형태는 더 비싸다.

[그림 26-1]은 세 종류의 NTC 서미스터의 저항 곡선에 플래티넘 RTD의 저항 특성을 함께 그린 것으로, RTD의 기준 저항은 0℃에서 100Ω이다. 그래프의 NTC 서미스터 특성이 여느 데이터시트에서 볼 수 있는 특성과 많이 다르다는 점에 주목하자. 이 그래프의 수직축은 로그 스케일이 아니라 선형적으로 증가한다.

회로 기호
RTD를 표시하는 회로 기호는 따로 없다. 간혹 서미스터 기호를 사용하기도 한다. [그림 23-1] 참조.

응용
RTD는 정확도가 높아 정확성을 중요시하는 분야

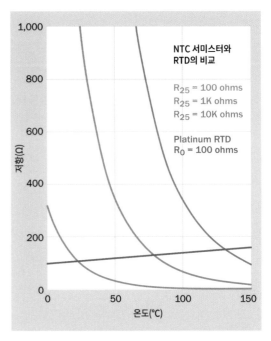

그림 26-1 갈색, 초록색, 파란색 곡선은 온도에 따라 변하는 일반적인 NTC 서미스터의 저항 특성을 보여 주고 있다. 빨간색 선은 플래티넘 RTD의 저항 특성이다. 텍사스 인스트루먼트(Texas Instruments)에서 제작한 차트에서 발췌.

에서 사용될 수 있다. 온도 센서의 보정에 사용할 수 있으며, 열전대의 기준 접점 온도 측정에도 사용할 수 있다. 그러나 RTD는 온도 계수가 낮기 때문에 신호 조정signal conditioning을 위한 민감한 회로가 필요하다.

작동 원리
RTD는 금속의 온도가 증가할 때 금속 막, 금속 필라멘트, 또는 (간혹) 탄소 막의 전기 저항이 미세하게 증가하는 현상을 이용한다. 가장 단순한 형태의 RTD는 두 개의 도선으로 이루어지며 극성이 없다.

감지 소자는 보통 플래티넘으로 제작한다. 플래티넘은 넓은 범위의 온도에서 선형 응답 특성이 있는 금속이다. 측정 온도 범위가 넓은 고품질 RTD 센서는 일반적으로 유리나 세라믹 심을 백금 도선으로 감은 형태로 제작된다. 크기가 작은 센서는 백금을 절연 물질 기판 위에 증착해 얇은 막 형태로 제작하기도 한다. 플래티넘 대신 니켈을 사용할 수 있는데, 이 경우 감도는 더 좋지만 응답 특성의 선형성은 떨어진다.

도선을 감아 놓은 형태의 센서는 온도가 500℃ 이상일 때도 사용이 가능하다(일부 플래티넘 부품 유형은 1,000도까지도 가능하다). 일부 제품은 최저 -250℃까지 측정할 수 있다.

DIN 60751은 백금 RTD의 성능을 정의하는 국제 표준이다. 이 표준에서는 기준 저항을 섭씨 0도에서 100.00Ω으로 정의하며, 온도 계수는 0~100℃ 사이로 정한다. 이 범위를 벗어나면 공식으로 응답 특성을 정의한다.

응답은 거의 정확한 선형이며, 0℃에서 100Ω, 100℃에서 대략 138Ω이다. 0℃부터 100℃ 사이에서 온도 편차는 ±0.8℃를 넘지 않는다.

그러나 자체 발열을 막기 위해 RTD를 통과하는 전류를 제한해야 한다. 0.5~1mA 정도가 권장된다.

다양한 유형

일부 RTD는 [그림 26-2]과 같이 유리나 수지로 만든 케이스 안에 들어 있다. 사진의 제품은 비셰이 Vishay 사의 TFPTL 계열 RTD로, 니켈 박막 감지 소자를 포함하고 있다. 이 감지 소자의 온도 계수는 약 0.4%이고, 허용 오차는 0.01%이다. 선택할 수 있는 기준 저항의 범위는 매우 넓으며, 100Ω부터 5KΩ까지 다양하다(25℃에서 측정). 온도 범위

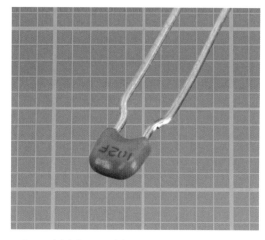

그림 26-2 비셰이의 TFPTL 계열 RTD. 배경 눈금의 간격은 1mm이다.

는 -55~+70℃ 또는 -55~+150℃이며, 최대 전압은 30~40V이다. 이 값들은 소자의 재질에 따라 달라진다.

[그림 26-3]의 평평해 보이는 패키지는 플라스틱 또는 실리콘 고무로 만든 보호 피복에 싸여 있으며, 감지 소자는 평평한 면의 바깥쪽에 붙어 있어 표면 온도 감지에 사용할 수 있다. 이 RTD는 헤라우스 센서 테크놀로지Heraeus Sensor Technology 사의 L420 계열 제품이며, 온도 계수가 0.385%

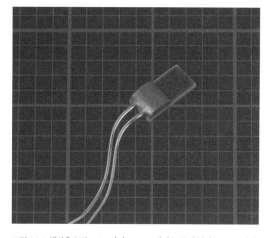

그림 26-3 헤라우스의 L420 시리즈 RTD. 배경 눈금의 간격은 1mm이다.

인 플래티넘 박막 감지 소자가 포함되어 있다. L420 계열로 기준 저항 100, 500, 1,000Ω인 제품이 출시되어 있다(25℃에서 측정). 온도 범위는 -50~+400℃이다.

배선

RTD의 단자가 오류의 원인이 될 수 있다. 도선 두 개로 단순하게 구성된 RTD를 사용할 경우, 단자 자체도 알려지지 않은 저항이 있는데, 이 저항 역시 RTD 내부의 온도 감지 저항과 마찬가지로 측정하는 온도에 영향을 받게 된다.

온도 보상을 하기 위해 도선을 3개 사용하는 디자인이 있다. [그림 26-4]에서는 그 원리를 보여준다. 그림 1에서 저항 R_A와 R_B는 알려지지 않은 값이다. 그림 2에서 하나의 도선에 시험 전류를 흘리고 부품을 우회해 다른 도선으로 흘러나오도록 해 저항 R_B와 R_C를 구할 수 있다. 모든 단자가 동일한 길이와 성분으로 되어 있다고 가정하면, R_A+R_B는 R_B+R_C와 같다.

RTD 탐침

실용적으로 사용하기 위해 RTD 센서가 탐침 내부에 들어 있는 경우가 많다. 이 탐침은 열전대

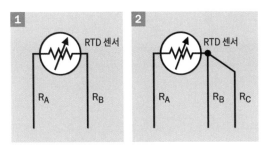

그림 26-4 도선 3개의 구성은 단자가 RTD에 대한 온도 보상을 가능하게 한다. 자세한 내용은 본문 참조.

그림 26-5 강철 탐침 내부에는 세 개의 도선을 사용하는 RTD가 들어 있다.

thermocouple에서 사용되는 탐침과 비슷하게 생겨 구분하기 어렵다. 그러나 열전대의 탐침에서는 항상 두 개의 도선이 나와 있고 도선 자체에서 전압이 생성된다. RTD는 대체로 3개의 도선을 사용한다([그림 26-5] 참조). 이 특별한 센서는 상업용 생맥주를 증류하는 설비인 '브류 매직Brew-Magic' 시스템에서 사용하는 제품이다.

신호 조정

RTD의 신호를 처리하기 위해 칩을 사용할 수 있다. 내셔널 세미컨덕터National Semiconductor 사의 LM75 같은 칩이 대표적인 예다. 이 칩은 백금 RTD와 사용할 수 있게 조정된 것이다. LM75는 RTD의 저항을 1℃당 5mV의 값으로 변환하고, 이 값을 I2C 버스로 읽을 수 있도록 칩 내부의 아날로그-디지털 변환기를 이용해 디지털 값으로 변환한다.

주의 사항

자체 가열

자체 가열은 서미스터와 마찬가지로 RTD에서도 문제가 된다. RTD에 흐르는 전류는 1mA로 제한

되어야 하며, 특히 낮은 온도를 측정할 때 주의해야 한다.

열로 인한 절연

센서에 연결되는 도선 절연체의 저항은 온도에 따라 변할 수 있는데, 이로 인해 저항값이 부정확하게 읽힌다. 이는 서미스터에서는 찾아보기 어려운 RTD만의 문제인데, RTD가 보통 고온 측정에서 사용되고 온도 계수가 낮기 때문일 것이다.

호환되지 않는 감지 부품

만일 호환되지 않는 감지 소자가 들어 있는 RTD에 신호 조정이 적용되면, 온돗값이 부정확할 수 있다. 예를 들어 니켈 소자를 사용하는 RTD는 백금 소자용으로 고안된 신호 조정에 적용해서는 안 된다.

27장

반도체 온도 센서

반도체 온도 센서는 띠틈 온도 센서bandgap temperature sensor, 다이오드 온도 센서diode temperature sensor, 칩 기반 온도 센서 chip-based temperature sensor, 또는 IC 온도 센서IC temperature sensor라고도 한다.

간혹 집적 실리콘 기반 센서integrated silicon-based sensor라는 표현도 사용되면서 PTC 서미스터의 일종인 실리콘 온도 센서 silicon temperature sensor(흔히 실리스터silistor로 알려져 있다)와 혼동을 일으키기도 한다. 24장을 참조한다.

일부 업체는 온도 센서를 명확히 분류하지 않는다. 반도체 온도 센서는 단자가 달린 제품이 많고 특별히 회로 기판에 올라 가는 용도가 아닌데도 표면 장착용board-mount 온도 센서로 분류하기도 한다.

디지털 출력의 반도체 온도 센서를 디지털 온도 센서digital temperature sensor, 또는 디지털 온도계digital thermometer라 하는 경 우도 있다. 이 역시 오해를 낳을 수 있는데, 다른 온도 센서도 적절한 과정을 거치면 출력값을 디지털로 처리할 수 있기 때 문이다.

관련 부품

· 열전대(25장 참조)

· NTC 서미스터(23장 참조)

· PTC 서미스터(24장 참조)

· 적외선 온도 센서(28장 참조)

· RTD(26장 참조)

역할

반도체 온도 센서semiconductor temperature sensor는 집적회로 칩에 트랜지스터 접합으로 구성된 감지 소자가 포함된 제품이다. 반도체 온도 센서의 응 답 특성은 대체로 선형적이어서 사용하기 쉽고, 마이크로컨트롤러에 직접 연결하도록 설계되어 있어 추가 부품이 필요 없다.

아날로그 값을 출력하는 제품은 온도에 따라 변하는 전압 또는 전류를 출력한다. 이 제품들은 정온도 계수를 갖는데, 일부 CMOS 제품 중에는 온도가 증가하면 전압 출력값이 감소하는 예외적 인 것도 있다.

최근에는 마이크로컨트롤러로 직접 읽을 수 있게 숫자를 출력하는 디지털 출력 제품이 더 보편화되고 있다.

반도체 온도 센서의 온도 측정 범위는 이산화규소의 특성에 따라 대략 -50~+150℃로 제한된다 (때로는 이보다 더 좁을 수 있다).

반도체 온도 센서는 (아직은) 서미스터처럼 가격이 저렴하지 않지만, 자체적인 증폭 기능, 신호 처리, 그리고 (조건적인) 아날로그-디지털 변환 기능이 하나의 칩에 포함될 수 있어 편리하다.

> **온도 센서의 비교**
>
> 본 백과사전에서, 열원과 접촉해 온도를 측정하는 접촉식 온도 센서를 다섯 개의 주요 카테고리로 나눈다. 각각에 대해서는 별도의 장에서 설명한다. 편의상 이 카테고리들은 NTC 서미스터 장의 마지막에 비교 요약해 정리한다. '첨부: 온도 센서 비교' 항목과 [그림 23-9]를 참고한다.

응용

반도체 온도 센서를 표면 장착형으로 사용하면 기판의 온도를 측정할 수 있다. 이렇게 하면 전원 공급기에서 발생하는 과열을 방지해 준다.

감지 소자와 신호 처리 회로가 모두 칩 기반이므로, 다른 종류의 센서에 이식할 수 있다. 예를 들어 기체 압력 센서나 근접 센서에 반도체 온도 센서를 추가해 기판에서 직접 온도 보정을 할 수 있다. 반도체 온도 센서는 인텔 펜티엄 시리즈 같은 컴퓨터의 CPU에도 포함되어 있다.

반도체 온도 센서 중에는 3개의 단자가 달린 TO-92 패키지에 들어가는 형태로 생산되는 제품이 있다. 이 제품은 겉으로만 보면 양극성 트랜지

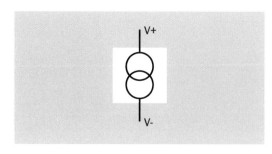

그림 27-1 센서의 전류 출력이 온도에 따라 변하는 경우, 온도 센서는 회로에서 전류원처럼 보일 수 있다. 이때 이 기호를 사용한다.

스터와 비슷하게 생겼다. 이 제품은 원거리 온도 감지에 적합하며, 자동차에서 변속기, 엔진 오일, 탑승 공간의 온도를 측정하는 데도 활용된다. 또한 냉난방 시스템과 부엌용 설비에서도 찾아볼 수 있다.

회로 기호

반도체 온도 센서만을 위해 사용하는 고유의 회로 기호는 없으며, 다른 집적회로 칩과 유사하게 각 핀의 기능이 적힌 직사각형 기호를 사용한다.

센서의 전류 출력이 온도에 따라 변하는 경우, 전류원current source의 기능을 하는 것으로 보아 [그림 27-1]의 기호를 사용한다. 그러나 이 기호는 온도 센서에서만 사용하는 것은 아니며, 전류를 공급하는 부품에는 모두 사용할 수 있다.

속성

반도체 온도 센서의 바람직한 속성은 다음과 같다.

- 사용이 간편하다. 외부 부품이 거의 필요 없거나 소량 필요하므로, 따로 신호 처리를 할 필요도 없다.
- 공장에서 보정된 형태로 출시되며, 응답 특성

은 거의 선형적이다.

- 디지털 출력 제품은 I2C 버스가 있는 시스템에 쉽게 추가할 수 있다. I2C와 같은 프로토콜에 대한 자세한 내용은 부록 A를 참고한다.

반도체 온도 센서의 바람직하지 못한 속성은 다음과 같다.

- 서미스터와 마찬가지로 온도 범위가 제한적이다.
- 자체 발열 문제가 있다. 특히 같은 칩에 신호 처리 기능이 있는 제품은 더욱 문제가 된다.
- 다른 온도 센서처럼 견고하지 못하다.

데이터시트에서 사용하는 온도 센서에 관한 용어는 '서미스터의 부품값' 항목을 참조한다.

작동 원리

다이오드의 p-n 접합에 일정한 전류가 흐르면, 다이오드를 가로지르는 전압은 온도 1℃의 변화에 약 2mV 정도 변한다. 이는 [그림 27-2] 그림 1에서 보듯이 단순한 회로로 표현할 수 있다.

이와 유사하게, NPN 트랜지스터의 p-n 접합을 가로지르는 전압도 전류가 일정할 경우 온도에 따라 변화한다. [그림 27-2] 그림 2에서 제안한 것처럼 트랜지스터가 다이오드를 대체할 수 있다. 트랜지스터가 포함된 집적회로 칩은 이런 현상을 활용해 온도를 측정할 수 있다.

CMOS 센서

일부 반도체 온도 센서는 양극성 트랜지스터 대신

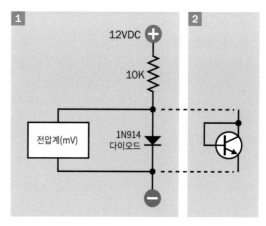

그림 27-2 왼쪽: 다이오드의 온도 감도를 표현하기 위한 기본 회로. 오른쪽: NPN 트랜지스터로 다이오드를 대체할 수 있다.

CMOS를 사용한다. 전체적인 개념은 비슷하지만, 다음에 별도로 설명한다. 'CMOS 반도체 온도 센서' 항목을 참조한다.

다중 트랜지스터

양극성 트랜지스터의 열 민감도는 방정식으로 정의할 수 있다. 베이스-이미터 전압을 V_{BE}라 하고, q를 전하의 전하량, k는 상수(볼츠만 상수), T는 켈빈온도(절대영도에 대한 상대 온도), I_C를 컬렉터 전류, I_S를 포화 전류라 하면(I_C보다 적다) 다음의 식이 성립한다.

$$V_{BE} = ((k * T) / q) * log_e(I_C / I_S)$$

log_e의 의미는, 'e를 밑으로 하는 괄호 항의 로그'라는 의미다.

k와 q는 아는 값이므로, 베이스-이미터 전압은 컬렉터 전류를 포화 전류로 나눈 값의 로그에 비례하는 것으로 나온다. 그러나, 포화 전류는 트랜지스터의 외부 형태에 영향을 받으며, 온도에 따

라 비선형적으로 변한다.

포화 전류항을 없애기 위해, 하나의 트랜지스터를 이미터 면적이 더 넓은 다른 트랜지스터와 비교할 수 있다. 이로써 비선형적인 행동으로 골치 아픈 포화 전류가 제거되고 온도를 결정할 수 있는 새로운 방정식이 유도된다.

그러나 이미터 면적만 크고 다른 특성은 모두 동일한 트랜지스터 두 개를, 같은 실리콘 칩에 제조하는 것은 쉽지 않다. 차라리 첫 번째 트랜지스터와 동일한 여러 개의 트랜지스터를 병렬로 추가하는 게 훨씬 쉽다. 이렇게 하면 총 이미터 면적은 하나의 트랜지스터에 트랜지스터의 개수를 곱한 것과 같다.

[그림 27-3]에서 모든 트랜지스터의 온도가 같고 사양이 동일하다고 가정하면, 이제 두 개의 방정식을 사용할 수 있다. 그림에서는 트랜지스터가 3개만 나와 있지만, 일반화를 위해 트랜지스터가 N개 있다고 가정해 보자. 왼쪽의 트랜지스터 Q0의 베이스 이미터 전압을 V_{BE0}라고 하고, V_{BEN}을 오른쪽 트랜지스터 N개의 베이스-이미터 전압의 총합이라고 하면, 다음의 식이 성립된다.

$V_{BE0} = ((k * T) / q) * \log_e(I_C / I_S)$

$V_{BEN} = ((k * T) / q) * \log_e(I_C / N * I_S)$

이 두 식으로부터 I_C와 I_S를 제거한 방정식을 유도할 수 있다.

$V_{BE0} - V_{BEN} = ((k * T) / q) * \log_e(N)$

PTAT와 브로코 셀

이제 여기에 전류를 제어하기 위해 비교기를 추가하면 브로코 셀Brokaw Cell이라는 회로가 만들어진다. 이는 [그림 27-4]에 나와 있다. 브로코 셀은 일반적으로 띠틈 온도 센서bandgap temperature sensor라고도 한다(그림의 단순성을 위해 저항 두 개를 생략했다).

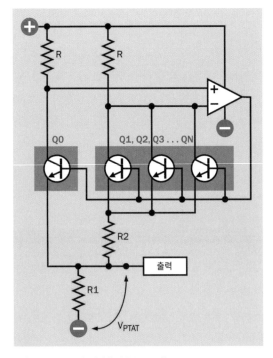

그림 27-4 브로코 셀. 자세한 내용은 본문 참조.

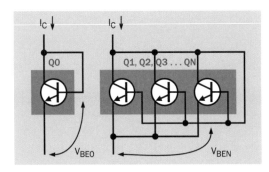

그림 27-3 한 트랜지스터의 베이스-이미터 전압을 동일한 트랜지스터 묶음과 비교하면 컬렉터 전류와 포화 전류와는 상관없이 온도를 측정할 수 있다. 이때 트랜지스터들은 온도가 모두 같아야 한다. 자세한 내용은 본문 참조.

일반적으로 N=8이다. 이 말은 Q0에 여덟 개의 트랜지스터가 추가된다는 의미다(그림에서는 세 개만 보인다). 앞의 방정식에서 전압 차, 즉 V_{BE0}–V_{BEN}은 그림에서 R2에 걸리며, R1에 걸리는 전압은 '절대온도에 비례proportional to absolute temperature'한다. 앞 글자만 따서 PTAT라고도 한다. 이 전압은 다음 방정식에서 찾을 수 있다.

$$V_{PTAT} = ((k * T) / q) * \log_e(N) * (2 * R1 / R2)$$

브로코 셀은 아날로그 디바이스Analog Devices 사에서 1974년 출시한 AD580 칩의 기본으로, 현재 이 원리는 반도체 온도 센서에서 폭넓게 적용되고 있다.

다양한 유형

반도체 온도 센서의 출력에는 세 종류가 있다.

* 아날로그 전압 출력(온도에 따라 전압이 변함)
* 아날로그 전류 출력(온도에 따라 전류가 변함)
* 디지털 출력

네 번째 유형은 주파수 또는 파장이 온도에 비례하는 사각파 형태로 출력을 생성한다. 맥심Maxim 사의 MAX6576과 MAX6577이 그 예다. 그러나 이 출력을 제공하는 제품이 매우 드물기 때문에 여기서는 상세히 다루지 않는다.

일부 반도체 온도 센서는 CMOS 기반이며, 부온도 계수의 전압 출력이 있다. 이 부품은 별도로 설명한다. 'CMOS 반도체 온도 센서' 항목을 참고한다.

아날로그 전압 출력

LM35 시리즈

LM35는 일반적으로 널리 사용되는 반도체 온도 센서로, 아날로그 디바이스, 텍사스 인스트루먼트, 그 밖의 여러 제조업체에서 출시되고 있다. 출력 전압은 섭씨 1도당 10mV씩 변하며, 온도 범위는 대략 -50~+150℃ 정도다. 정확도는 실온에서 ±0.25℃이고 전체 범위에서는 ±0.75℃이다.

센서는 TO-92 플라스틱 캡슐이나 금속 캔 등 트랜지스터와 비슷한 케이스에 들어 있다. 표면 장착형으로도 출시되며, 5V 전압 조정기처럼 TO-220 패키지에 들어 있는 제품도 있다. [그림 27-5] 참조.

이 제품에는 단자가 3개 달려 있는데, 그중 두 개는 전원 공급용, 남은 하나는 센서 출력용으로 사용된다. 공급 전압은 일반적으로 4~30V 사이다. 필수 전류 소비량은 60μA밖에 되지 않아 자체 가열을 최소화한다.

특별히 섭씨 온도 범위를 사용하도록 설계되었

그림 27-5 사진 속 LM35는 나사로 고정되며 표면 온도를 측정할 때 사용된다. 배경의 눈금 간격은 1mm이다.

기 때문에, 출력값은 0℃에서 0mV로 조정되어 있다. 풀다운 저항을 추가하면 0도 이하 온도에서도 측정할 수 있다.

도선에서 일어나는 용량 결합 효과capacitive coupling effect를 방지하기 위해 출력단과 접지 사이에 200Ω짜리 바이패스 저항을 추가할 것을 권장한다.

LM34는 LM35와 사양은 같지만, 출력값이 섭씨가 아닌 화씨 1도당 10mV로 변한다는 점이 다르다.

LM135 시리즈

이 센서는 여러 개의 NPN 접합을 포함하지만, 제조업체는 이 제품이 항복 전압breakdown voltage이 절대온도에 비례하는 제너 다이오드와 유사하게 행동한다고 설명한다. 온도 범위가 -55~+150℃ 사이에서 출력은 1℃당 10mV씩 증가한다.

제조업체는 LM135의 오차가 0~100℃ 사이에서 ±1℃ 미만이라고 주장한다. 같은 계열 제품인 LM235와 LM335는 측정 온도 범위가 더 좁고, 정확도가 더 낮으며, 가격이 저렴하다. LM335 센서는 [그림 27-6]에 나와 있다.

센서는 TO-92 패키지(플라스틱 재질로 주로 트

그림 27-6 TO-92 패키지에 들어 있는 LM335 온도 센서. 배경 눈금의 간격은 1mm이다.

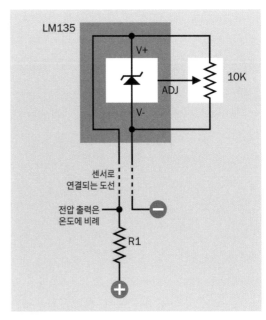

그림 27-7 LM135를 사용한 기본 회로. 출력 조정 포함. 감지 소자가 제너 다이오드처럼 행동하기 때문에, 제너 다이오드 기호로 표현했다.

랜지스터에서 많이 사용됨) 또는 TO-46 패키지(금속 캔)에 든 제품으로 출시되어 있다. 표면 장착형 제품으로 제조되기도 한다. 음극 단자는 그라운드로 직접 연결되고, 양극 단자는 직렬 저항을 통해 범위가 5~40V인 전원 공급기의 양극과 연결된다. 세 번째 단자는 데이터시트에서 'ADJ'라고 표시하는데, 출력값을 조정하는 단자다. [그림 27-7]은 이 제품이 포함된 기본 회로다. 센서를 통과하는 전류의 크기가 적정한 값이 되도록 R1 값을 선택한다. 센서의 허용 전류 범위는 400 μA~5mA이지만 1mA가 적당하다.

아날로그 전류 출력

출력 전류로 온도를 측정하는 부품은 거의 없다. 출력은 접지된 저항으로 연결되고, 저항에 걸리는 전압은 센서에서 나오는 전류에 따라 변한다.

전류 출력은 도선의 길이가 60~90미터가 되더라도 정확도에 영향을 미치지 않는다는 점에서 유용하다. 그러므로 전류 출력은 원거리 측정 센서에 적합하다.

LM234-3 시리즈

이 제품은 단자가 세 개인 센서로, 두 단자는 바이어스 전원 공급과 접지로 사용되고(데이터시트에서는 V+와 V-로 표시한다), 세 번째(R로 표시)는 온도에 비례하는 전류를 전달한다. R 핀에서 나오는 전류는 외부 저항을 통과해 접지로 흐르고, 이 저항에 걸리는 전압은 1켈빈온도당 214μV만큼 변한다. 바이어스 전압의 범위는 1~40V이다.

LM234는 [그림 27-8]에서 볼 수 있다.

원거리 온도 측정에 부품을 사용한다면 저항은 230Ω이어야 하며, 도선에서 먼 쪽으로 센서의 R 핀과 V- 핀 사이에 직접 연결할 수 있다. 도선 가까운 쪽에서 온도 출력은 [그림 27-9]와 같이 센서를 거쳐 돌아오는 도선과 접지 사이에 위치한 10K 저항에서 측정된다. 이 설정에서 출력 전압은 1켈빈온도당 10mV씩 변한다.

LM234-3은 플라스틱 TO-92 패키지나 금속 캔

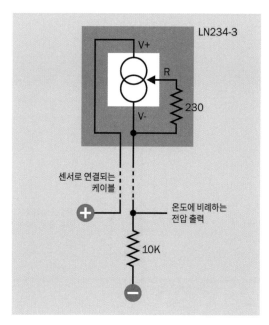

그림 27-9 LM243-3 센서는 온도에 따라 전류가 변한다. LM243-3을 이용한 회로.

그림 27-8 TO-92 패키지에 들어 있는 LM234Z 온도 센서. 배경 눈금의 간격은 1mm이다.

TO-46 패키지에 밀봉될 수 있다. 표면 장착형 버전도 출시되어 있다.

제조업체에서 주장하는 정확도는 ±3℃이다. 측정 온도 범위는 -25~+100℃이다.

AD590 시리즈

아날로그 디바이스Analog Devices 사의 AD590(AD580의 후속 모델)은 전류 출력 센서로서 단자는 두 개만 사용한다. 이 제품 역시 LN234-3처럼 금속 캔 TO-46 패키지로 출시되어 있는데, 단자 하나는 내부적으로 연결되어 있지 않다. 단자가 두 개 달린 '플랫팩flatpack' 형태로도 출시되며, 표면 장착형 칩으로도 구매할 수 있다(납땜 패드가 여덟 개 있지만, 그중 두 개만 내부적으로 연결되어 있다).

4~30V의 공급 전원을 사용할 때, 센서의 높은

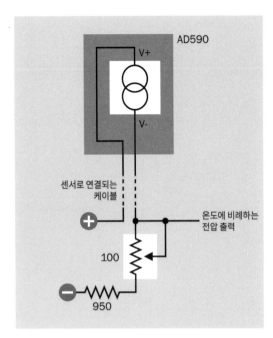

그림 27-10 섬세한 조정이 가능한 AD590 센서를 이용한 회로.

임피던스 출력은 1켈빈온도당 1μA씩 변한다. 공급하는 전압에 변화가 있어도 출력 전류에 미치는 영향은 매우 적다. 10V를 5V로 교체할 때 편차는 1μA 정도다.

[그림 27-10]은 AD590의 응용을 보여 주고 있다. 저항과 트리머로 환산 계수scale factor를 조정한다. 제대로 설정하면 그림의 회로 출력은 1켈빈온도당 1mV가 변한다.

디지털 출력

가장 인기 있는 디지털 출력 반도체 온도 센서로는 텍사스 인스트루먼트Texas Instruments 사의 TMP102 시리즈, 마이크로칩Microchip 사의 MCP9808 시리즈, 텍사스 인스트루먼트와 내셔널 세미컨덕터National Semiconductor 사의 LM73 시리즈, 맥심Maxim 사의 DS18B20 시리즈 등이 있

다. 이들 부품의 온도 측정 범위는 일반적인 반도체 온도 센서의 측정 범위와 동일한 -50~+150℃이다. 이들 대다수는 정확도가 전체 온도 범위에 대하여 ±1℃, 그리고 0~100℃ 사이에서는 ±0.5℃라고 알려져 있다. 고유의 프로토콜을 사용하는 맥심 DS18B20를 제외하고, 부품들은 모두 I2C나 SMBus 프로토콜을 이용해 통신할 수 있다.

TMP102 시리즈

표면 장착형만 출시되어 있다. 이 제품은 여기서 언급하는 다른 센서에 비해 기능이 적고 정확도도 최대 측정 범위인 -40~+125℃에서 ±3℃로 그리 좋지 않다(정확도가 더 좋은 제품으로는 TMP112가 출시되어 있다). 이 제품은 저전압 칩으로서, 공급 전원으로 1.4~3.6V가 필요하고, 정동작 전류quiescent current로 10μA를 끌어당긴다. 온도는 12비트 또는 13비트 형식으로 저장되는데, 변환이 필요하다. 1비트는 0.0625℃에 해당한다. 측정 온도가 사용자의 설정 범위를 벗어나면, 경고 핀이 활성화된다. 경고 기능에는 히스테리시스 특성이 없다. TMP102는 스파크펀의 브레이크보드 형태로 출시되어 있으며, [그림 27-11]에 사진이 나와 있다.

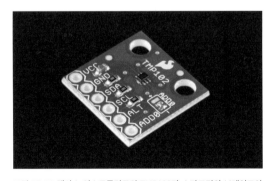

그림 27-11 텍사스 인스트루먼트의 TMP102가 스파크펀의 브레이크아웃 보드에 장착되어 있다.

MCP9808 시리즈

이 다기능 센서는 일반적인 표면 장착형 또는 '열패드'가 노출된 표면 장착형으로 출시되어 있다. 이 부품은 400kHz까지는 I2C 버스 표준을 따르며, 하나의 버스를 16개의 센서가 공유할 수 있다. 이 칩에는 다양한 온도 경고 기능이 있는데, 지정된 '경고' 핀을 활성화하는 상한값과 하한값을 설정할 수 있으며, 경곗값을 지정할 수 있는 히스테리시스 기능도 있어 측정 범위를 살짝 벗어나는 정도의 요동은 무시한다. 또한 '비교 모드'로도 설정할 수 있는데, 측정 온도가 사용자가 지정한 값보다 높거나 낮으면 출력값으로 단순히 HIGH 또는 LOW를 내놓는다. 이런 기능 때문에 칩을 온도계처럼 사용할 수도 있다. 온도 분해능은 사용자가 선택할 수 있다. 온도 데이터 저장에서 섭씨 온돗값을 얻으려면 음수와 분수를 처리하는 변환을 거쳐야 한다. 이 칩은 에이다프루트의 브레이크아웃 보드 형태로 출시되며([그림 27-12] 참조), 아두이노 코드 라이브러리도 제공된다.

LM73 시리즈

이 센서는 표면 장착형 제품으로만 출시되어 있

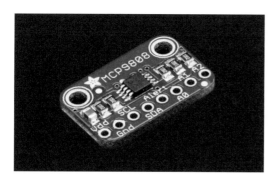

그림 27-12 에이다프루트의 브레이크아웃 보드에 올라간 마이크로칩 MCP9808.

다. 400kHz까지는 I2C 버스 표준을 따른다. 온도 분해능은 11, 12, 13, 또는 14비트로 설정된다. '경고' 핀은 온도가 설정된 한계를 넘어서면 활성화된다. '어드레스' 핀은 세 가지 고유 장치 어드레스 중 하나로 선택할 수 있으며, 선택 방법은 핀을 '로직-HIGH' 또는 접지에 연결하거나 아예 연결하지 않는 것이다. 절전 기능이 필요할 경우 셧다운 모드로 들어갈 수 있다.

DS18B20 시리즈

대다수 디지털 센서와는 달리 이 제품은 단자가 세 개 있다. 이유는 이 제품이 맥심 사의 고유 프로토콜인 '1-도선 버스' 프로토콜을 사용하기 때문이다. 버스를 이용하면 온도 센서의 디지털 출력을 저장하는 2바이트 레지스터에 접근할 수 있다. 뿐만 아니라 사용자는 기판 위 아날로그-디지털 변환기의 분해능 설정(최대 12비트의 분해능이 있다), 경보를 울릴 고온과 저온의 한곗값 설정, 각 부품의 48비트 일련번호를 ROM에 저장하는 것처럼 고유 번호를 부여할 수도 있다.

칩을 작동하기 위한 전력은 데이터 버스에서 끌어올 수 있는데, 이때 버스는 4.7K 풀업 저항으로 HIGH 상태를 유지해야 한다(맥심 사에서는 이를 '기생 전원parasite power'이라고 한다). 내부 커패시터는 버스를 데이터 전송 용도로 사용하는 동안 칩이 작동하도록 유지해 주지만, 저전압이 480μs 이상 지속될 때는 칩이 자체적으로 리셋된다. '기생 전원' 기능 또한 섭씨 100도 이상에서는 작동하지 않는다. 아마도 기생 전원 기능이 문제를 해결하기보다 문제를 만드는 경우가 더 많다는 점을 인식했는지, 맥심에서도 이 부품에 일반 전원 입력 핀을 추가했다.

DS18B20은 TO-92 패키지로도 출시되며, 표면 장착형 칩은 두 가지 크기로 나와 있다. 표준 I2C 버스 프로토콜을 사용하지 않고 복잡한 고유의 코드를 사용하기 때문에 사용법을 익히기가 매우 어렵다. 그럼에도 이 제품은 여전히 인기 있는 센서이며, 이 제품에서 사용하는 아두이노 코드 라이브러리는 온라인에서 구할 수 있다.

CMOS 반도체 온도 센서

CMOS 반도체 온도 센서는 양극성 센서와 비교할 때 상대적으로 최신 제품이다. CMOS 센서의 정동작 전류는 대단히 낮은 편이며(일반적으로 수 µA 수준이다), 공급 전압도 5.5VDC부터 최저 2.2VDC까지 사용할 수 있어 배터리로 작동하는 휴대용 기기에 적합하다. 출력 형태는 대개 아날로그 출력이 일반적이다. 가장 인기 있는 제품은 LM20과 LMT86 시리즈다.

LMT86 센서도 양극성 센서처럼 측정 온도 범위가 제한적인데, 범위는 대략 -50~+150℃ 사이다. 또한 양극성 센서처럼 TO-92와 표면 장착형 패키지 형태로 제작된다. 양극성 센서와 다른 점

그림 27-13 LMT86 CMOS 온도 센서. 배경 눈금 간격은 1mm이다.

은 출력이 부온도 계수라는 점인데, 1켈빈온도당 10mV가 감소한다. 이는 CMOS 반도체의 특성 때문이다.

제조업체에서 말하는 정확도는 ±0.25℃이다. 출력 전압의 범위는 약 2V가량이며, -50℃에서는 공급 전원보다 0.5V 정도 감소한다.

LMT86의 사진은 [그림 27-13]에서 볼 수 있다.

주의 사항

다른 온도 스케일

일부 전압 출력 센서는 켈빈온도로 변환할 수 있는 출력을 제공하고, 어떤 제품은 섭씨 온도를 사용한다. 켈빈온도와 섭씨 온도는 스케일이 같기 때문에, 밀리볼트(mV) 출력을 내는 부품의 0mV는 섭씨 0도거나 0켈빈온도일 수 있다(0켈빈온도는 섭씨 -273.15도이다). 켈빈온도의 장점은 온돗값에서 음수가 나오지 않는다는 점이다.

매우 드문 경우지만 화씨를 사용하는 센서도 있다.

도선의 간섭

전압 출력을 내는 센서는 전기적 간섭에 민감하다. 센서가 멀리 떨어진 곳에 위치할 경우에는 도선 한 쌍을 서로 꼬거나 차폐 케이블을 사용할 것을 권장한다.

1-도선 버스를 사용하는 맥심 사의 DS18B20은 여러 개의 센서를 중심점에 연결하는 것이 아니라(성형 구조) 하나의 도선을 따라 연결해야 한다(선형 구조). 만일 도선의 길이가 몇 미터 이상으로 길다면, 구조 자체가 문제가 될 수 있다.

대기 시간

반도체 온도 센서 패키지는 응답 시간에 대기 시간을 둘 수 있다. 열전대thermocouple는 두 도선의 끝을 용접으로 붙여 작은 점을 만드는 단순한 구조로 되어 있는 반면, TO-92 반도체 패키지는 열 용량이 추가되어 응답이 상당히 늦어질 수 있다. 뿐만 아니라 회로 기판이 주위 환경보다 뜨거워지면 구리 단자를 통해 이 열이 전달된다.

표면 장착형 칩은 열 용량이 매우 낮지만, 그렇다 하더라도 보드에 납땜한 후 사용해야 한다.

빠른 응답이 꼭 필요한 작업이라면 다른 유형의 센서가 적합할 수 있다.

처리 시간

디지털 값을 출력하는 센서에서, 아날로그-디지털 변환기가 데이터를 읽기 전에 약간의 지연 시간을 두어야 한다. 이 지연 시간 동안에는 센서가 새로 변한 온도에 반응하지 못한다. 온도 변화를 빠르게 감지해야 할 때는 아날로그 값을 출력하는 센서가 더 적합할 수 있다.

28장

적외선 온도 센서

적외선 온도 센서infrared temperature sensor는 열전대열thermopile이라 부르기도 한다. 실제로 센서 모듈에 열전대열이 포함되기도 한다. 본 백과사전에서 열전대열은 별도의 부품으로 간주하고 25장 열전대thermocouple에서 논의한다. 25장의 '열전대열' 항목을 참조한다.

적외선 온도 센서를 지칭할 때는 무접촉 온도계contactless thermometer 또는 적외선 온도계infrared thermometer라 하기도 한다. 본 백과사전에서는 온도계를 부품이 아닌 상업적으로 판매되는 제품으로 분류한다.

복사 고온계radiation pyrometer, IR 고온계IR pyrometer, 광학 고온계optical pyrometer, 열화상 카메라thermal imager 같은 장치도 적외선 복사를 측정하지만, 본 백과사전의 범위를 벗어나는 장치들이다.

수동형 적외선 동작 센서passive infrared motion sensor(PIR)는 적외선 복사를 감지하지만, 단순히 강도의 미세한 요동에만 반응한다. 적외선 온도 센서는 일반적인 적외선 복사의 정상 상태값을 측정한다.

관련 부품

· 수동형 적외선 센서(4장 참조)
· 열전대(25장 참조)

역할

본 백과사전에서 설명하는 온도 센서들은 대부분 접촉식 센서contact sensor다. 이 말은 물체, 액체, 또는 기체의 온도를 측정하려면 센서가 측정 대상과 접촉해야 한다는 의미다. 접촉이 불가능하거나 바람직하지 않은 상황에서는 적외선 온도 센서infrared temperature sensor가 유용하다. 이 센서는 흑체 복사black-body radiation(때로 특성 복사characteristic radiation라고도 한다)에 반응한다. 흑체 복사란 모든 물질이 절대영도(0켈빈온도) 이상에서 복사하는 현상을 말한다. 흑체 복사는 분자 운동의 결과로 온도에 따라 변한다.

무접촉 센서가 접촉식 센서보다 바람직한 상황은 다음과 같다.

· 물체가 측정하기 불편한 위치에 있거나 너무 멀리 있을 때
· 넓은 영역의 온도를 측정해야 할 때

- 물체가 작아 접촉으로 인해 물체의 온도를 변화시킬 때. 측정 행위가 측정하는 값에 영향을 미칠 때.
- 물체가 부식성이거나, 거칠거나, 그 밖의 다른 이유로 센서에 손상을 입힐 위험이 있을 때.
- 물체가 움직이거나 진동할 때.
- 물체 표면이 오염되어서는 안 될 때(예: 음식물).
- 물체의 온도가 -50℃ 미만이거나 +1,300℃ 이상일 때.

그러나 무접촉 센서에도 제약이 있다.

- 대체로 목표 물체의 표면 온도만 측정할 수 있다.
- 센서의 광학 부품에 먼지, 때, 액체 등이 묻는 것을 방지해야 한다.
- 목표 물체가 시선 안에서 선명하게 보여야 한다.
- 대기 오염이 온도 측정을 방해할 수 있다. 이산화탄소 같은 기체는 적외선 복사infrared radiation를 흡수하는 경향이 있다.
- 센서가 다른 열원의 반사열, 전송열, 대류열 등에 영향을 받는다.
- 적외선 센서는 이론적으로는 대단히 광범위한 온도에 반응하지만, 현실적으로 전체 범위를 측정하려면 감도가 다른 별도의 센서가 필요하다.
- 물체의 재질이 다르면 온도가 같더라도 흑체 복사의 세기가 다르다. 이에 대해 보정하거나, 아니면 물체의 표면을 특수한 페인트로 칠해야 한다.

응용

무접촉 센서로 초창기에 개발된 제품은 휴대용 무접점 온도계였다.

천문학에서 태양과 별의 열 복사는 천문학자들의 관심 대상이다.

최근에는 적외선 온도 센서의 가격도 많이 저렴해지고 사용이 간편해지면서 소비자 제품에 적합하게 되었다. 적외선 온도 센서가 중요하게 응용되는 분야는 노트북 컴퓨터와 휴대용 기기들이다. 프로세서의 성능이 좋아질수록 과열되면서 휴대가 불편할 수 있기 때문이다. 온도 모니터링을 위해 접촉식 센서를 사용한다면 케이스 내부에 센서를 접착제로 붙여야 하고 도선도 연결해야 한다. 그러나 적외선 온도 센서를 회로 기판에 장착해 케이스를 관찰하면, 보다 쉽고 간편하게 온도를 모니터링할 수 있다.

무접촉 센서는 레이저 프린터의 롤러처럼 회전 물체의 온도를 측정할 때도 매우 유용하다.

회로 기호

적외선 온도 센서를 표현하는 회로 기호는 별도로 존재하지 않는다.

작동 원리

가시광선의 파장을 측정할 때는 일반적으로 나노미터(줄여서 nm) 단위를 사용하는 반면, 파장이 더 긴 적외선은 마이크로미터(줄여서 μm) 단위로 측정한다. 측정 가능한 적외선 값은 0.7μm에서 14μm 사이로 정의되는데, 이 값은 흑체 온도가 200~6,000켈빈온도 사이일 때의 최대 복사에 해당된다(섭씨로는 약 -70~+5,700℃).

불행하게도 물체는 하나의 온돗값에서 하나의 파장만 복사하는 것이 아니다. 물체에서 복사되는 파장은 광범위하게 퍼져 있고, 온도가 증가하면 그 폭이 더 넓어진다. 그러나 복사의 최대 강도 peak intensity는 온도와 함께 증가한다. 최대 강도는 스펙트럼 휘도spectral radiance당 파장의 마이크로미터로 측정되며, 스펙트럼 휘도는 단위 스테라디안steradian당 와트로 정의되는 값이다(스테라디안은 원뿔의 꼭대기 각을 말하며, 원뿔은 에너지가 복사되는 형태다). 최대 강도는 온도와 함께 증가하므로 이 값을 온도 계산에 이용할 수 있다.

[그림 28-1]은 이 개념을 설명하고 있다. 수직, 수평축이 모두 로그 스케일임에 유념한다.

그림의 곡선들은 모두 하나의 물체에 관한 것이다. 각각의 곡선은 하나의 절대온도에 해당되며, 복사되는 강도가 파장에 따라 어떻게 변하는지 보여 준다. 파장이 0.7µm보다 짧을 때의 복사는 가시광선 영역에 들어온다는 점에 주목하자. 따라서 절대온도가 1,000도 이상일 때는 물체가

빛나는 것을 눈으로 볼 수 있다.

강도와 온도의 변화폭이 넓기 때문에, 절대온도 1,000도에서 측정하기 적합한 적외선 센서는 절대온도 200도에서는 정확한 결과를 제공하지 않는다. 1,000도에서 최대 스펙트럼 휘도는 200도의 휘도보다 10,000배가량 크다. 또한 [그림 28-1]의 곡선들은 순수 흑체 복사를 하는 '이상적인' 물체에 관한 것이다. 현실에서 접하는 유리나 플라스틱 같은 수많은 물질들은 복사율emissivity이 이보다 훨씬 더 낮은데, 이 말은 물체들의 복사량이 더 적다는 의미다. 이 물체들은 회색체gray body로 분류한다. 표면에 광을 낸 금속 물체는 흑체 복사량의 10분의 1 정도를 복사한다.

이 문제는 완전히 무시할 수는 없지만, 상대적으로 단순한 방법으로 처리할 수 있다. 적외선 센서는 다양한 온도 범위에 대한 적합성이 규격화되어 있으며, 측정할 물체의 복사율은 표준 테이블을 참조해 확인할 수 있다. 대안으로 물체에 특수 검정 페인트('세노덤Senotherm'이나 '3-M 블랙') 스프레이를 입히는 방법이 있다. 이렇게 하면 순수한 흑체 복사의 복사율이 약 0.95까지 올라간다고 한다. 온도가 적정 범위에 있다면 특별히 제작된 검정 스티커를 측정할 물체에 붙이는 방법도 있다.

그러나 기본형의 적외선 온도 센서로 온도 변화가 심한 여러 물체를 임의로 측정할 때는 신뢰성 있는 결과를 얻지 못한다. 고가의 특화된 산업용 장비는 이 문제를 해결하는 보상 기능이 있지만, 이 제품은 본 백과사전이 다루는 범위를 벗어난다.

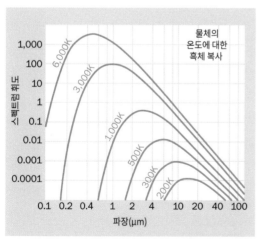

그림 28-1 하나의 물체가 서로 다른 여섯 가지 온도(켈빈온도)에서 흑체 복사할 때, 강도의 증가와 파장의 확산을 나타내는 그래프.

그림 28-2 적외선 센서 칩 내부의 열전대열 배치를 단순화한 그림. 칩 창을 통해 들어오는 복사열은 가운데 열전대 접합부에 영향을 미치고, 가장자리 접합부는 낮은 온도에 머물러 있다.

열전대열

전형적인 저가형 칩 기반 적외선 온도 센서에는 열전대열thermopile이 포함되어 있다. 열전대열은 여러 개의 열전대thermocouple를 실리콘에 식각해 직렬로 연결한 것이다. 열전대열의 개념은 [그림 25-9]에 나와 있으며, 간단한 설명도 포함되어 있다.

열전대열은 열전대의 뜨거운 접합 부위가 좁은 중앙 영역에 모두 모여 있도록 배치된다. 이 중앙 영역에서 열전대들은 적외선 파장을 투과시키는 창(대개는 실리콘으로 만든다)을 통해 들어오는 복사열을 받는다. 차가운 접합은 주변부로 확산되어 있어, 창을 통해 들어오는 복사열로부터 보호된다. [그림 28-2]는 이 구조를 그림으로 표현한 것이지만, 실제 센서를 그대로 묘사한 것은 아니다.

칩 기반 열전대열은 열전대처럼 서로 다른 종류의 도선을 사용하지 않고, 대신 서로 다른 n형 과 p형 실리콘 조각을 사용한다. 뜨거운 접합부는 열 용량이 매우 적은 얇은 필름 위에 붙어 있고, 차가운 접합부는 열 흡수재로 작용하는 더 두꺼운 기판에 올라가 있다.

온도 측정

열전대열에서 발생되는 전압은 열전대의 뜨거운 접합부와 차가운 접합부 사이의 온도 차와 관계가 있다. 따라서 온도 측정과 관련된 변수는 뜨거운 온도, 차가운 온도, 전압, 이렇게 세 가지다. 하나의 변수를 계산하려면 나머지 둘을 알아야 한다.

뜨거운 온도는 우리가 알고자 하는 것이다. 그러므로 전압(쉽게 측정할 수 있다)과 차가운 온도를 먼저 확인해야 한다. 차가운 온도는 칩 내부에 서미스터를 추가해 확인할 수 있다.

아날로그 값을 출력하는 적외선 온도 센서는 대부분 내부 서미스터에 접근할 수 있는 핀이 두 개 있으므로, 서미스터의 온도는 저항을 통해 계산할 수 있다. 다른 두 핀은 열전대열 양 끝 사이의 전압을 출력한다.

이 값들을 해석하고 조정하는 것은 간단한 일은 아니다. 특히 서미스터가 부온도 계수와 비선형 출력 특성이 있고, 열전대열 역시 어느 정도의 비선형성이 있다는 점을 감안해야 한다. 이 상황을 단순화하기 위해, 일부 적외선 온도 센서에는 필요한 계산을 수행하고 디지털 값을 출력하는 회로가 결합된 제품이 있다. 출력값은 외부 마이크로프로세서에서 간단한 수학적 연산을 거쳐 온도로 변환될 수 있다.

그림 28-3 디지털 출력의 표면 장착형 적외선 온도 센서. 밑면에는 작은 납땜 패드가 여덟 개 달려 있다. 배경 눈금의 간격은 1mm이다.

그림 28-4 아날로그 출력의 스루홀형 적외선 온도 센서. 배경 눈금 간격은 1mm이다.

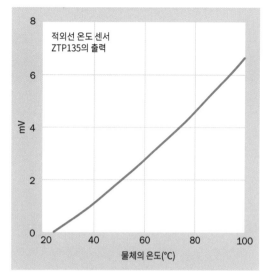

그림 28-5 적외선 온도 센서의 아날로그 출력

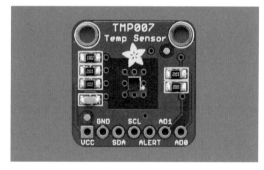

그림 28-6 TMP007 센서가 에이다프루트의 브레이크아웃 보드에 올라가 있다.

다양한 유형

적외선 온도 센서로 인기 있는 유형은 크게 두 부류다. 하나는 표면 장착형 제품으로 [그림 28-3]의 TMP006이 그 예다. 이 제품은 일반적으로 디지털 값을 출력한다. 다른 유형의 개별 부품으로는 [그림 28-4]에서 보여 주듯이, 단자가 네 개 달려 있는 암페놀Amphenol 사의 ZTP135이다. 개별 부품들은 아날로그 또는 디지털 값을 출력한다.

두 유형의 센서 모두 가시광선은 차단하고 적외선을 투과시키는 창이 달려 있다.

ZTP135는 [그림 28-5]와 같이 아날로그 값을 출력한다.

TMP006은 가로세로의 크기가 겨우 1.5mm 밖

에 되지 않으며, 스파크펀Sparkfun 사의 브레이크아웃 보드로 출시되어 있다. 후속 제품인 TMP007은 에이다프루트Adafruit 사의 브레이크아웃 보드로 출시되는데, [그림 28-6]에 나와 있다.

표면 장착형 사양

TMP006과 TMP007은 3.3~5V 사이의 전원 공급이 필요하다. 이 칩들은 SMBus와 I2C 버스 프로토콜을 지원하며, 버스 어드레스는 사용자가 선택할 수 있다. 내부 아날로그-디지털 변환기에서 최하위 비트 1은 1/32℃을 표현하며, 데이터는 부호가 있는 14비트 정수로 저장된다. 최대 16개의 온도 샘플에 대해 내부적으로 평균을 낼 수 있다.

측정 가능한 온도 범위는 -40~+125℃이다. 히스테리시스 기능도 지원한다. TMP007은 측정 온도가 사용자가 지정한 값을 벗어나면 경고 기능을 작동할 수 있다.

센서 어레이

여러 개의 열전대열 센서를 렌즈 어레이와 함께 일렬 또는 격자 형태로 배열하면, 표면이나 장면의 온도 변화 영상을 포착하는 것이 가능하다. 이를 열화상thermal imaging이라고 한다. 단열 기능이 열악한 건물에서 새는 열을 감지하거나 회로에서 과열되는 지점을 찾아내는 데 활용할 수 있다. 하이만 센서Heimann Sensor 사는 31×31 그리드의 열전대열 센서를 TO-8 또는 TO-39 단일 페이지로 소형화하는 일을 개척했다.

부품값

온도 범위

칩 기반 적외선 온도 센서는 일반적으로 -20~+125℃ 사이의 온도를 측정하도록 설계되어 있다. 최고 감도는 파장 4~16μm 사이에서 일어난다.

측정 온도 범위가 더 넓은 적외선 온도 센서도 있지만 가격이 비싸다.

관측 시야

관측 시야field of view는 흔히 약어로 FOV라고 쓰며,

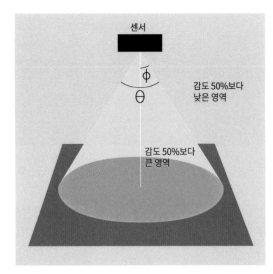

그림 28-7 센서의 관측 시야 측정. 관측 시야는 감도가 50% 미만으로 떨어지는 가상의 원뿔면으로 정의한다.

센서에서 퍼져 나가는 원뿔을 가정할 때 원뿔 꼭대기에서의 각도를 뜻한다. 원뿔면은 센서의 감도가 센서 바로 앞에서보다 50% 미만으로 떨어지는 경계면을 의미한다. 원뿔의 곡면과 중심선 사이의 각도는 그리스 알파벳 ϕ로 표시하며, θ는 원뿔면 사이의 각도를 표시한다(즉, $2*\phi$다). [그림 28-7]은 이 내용을 그림으로 표현한 것이다. 관측 시야는 일반적으로 θ를 말한다.

대다수 적외선 온도 감지 소자들은 렌즈가 없기 때문에 넓은 각도를 감지한다. 관측 시야는 일반적으로 90°이다.

주의 사항

부적절한 관측 시야

주위의 다른 물체를 측정하는 일이 없도록, 측정하는 물체는 센서의 관측 시야를 채워야 한다.

반사성 물체

반사율이 높은 물체는 적외선 복사율이 낮은데, 센서가 측정 물체의 표면에서 반사되는 열 복사를 측정할 경우 출력에 오류가 생길 수 있다. 장치 내부에 영구적으로 설치하는 측정 물체는 반사를 막기 위해 페인트로 칠해야 한다.

유리 방해

유리는 적외선에 대해서는 불투명해 차단하므로, 유리창을 통해서는 온도를 측정할 수 없다. 실리콘은 가시광선에는 불투명하지만, 2μm보다 긴 파장에 대해서는 투명하다.

여러 개의 열원

열은 대류, 복사, 전도에 의해 전달된다. 적외선 온도 센서는 복사에 민감하도록 설계되어 있지만, 다른 열원에도 반응한다. 따뜻하거나 차가운 공기 흐름이 센서의 반응에 영향을 미치며, 장착되어 있는 물질을 통해 전도되는 열에도 센서는 반응한다. 따라서 센서의 배치는 신중하게 결정해야 한다. 중앙에 작은 구멍을 낸 차폐 장치를 센서 위에 씌우면 대류 열을 방지할 수 있다. 다만 회로 기판 위에 정확히 배치해야 전도열로 인한 영향을 최소화할 수 있다.

온도 경사

적외선 온도 센서는 온도 변화도thermal gradient(즉 한쪽 끝이 다른 쪽보다 더 뜨거운 상황)에 노출되지 않는 안정적인 환경에 설치해야 한다. 이러한 비대칭은 부정확한 값을 측정하는 원인이 된다.

29장

마이크로폰

관련 부품

· 스피커(2권 참조)
· 헤드폰(2권 참조)

역할

공기 압력의 빠른 파동이 귀 고막에 영향을 미치면 인간은 소리를 감지하게 된다. 마이크로폰은 이 압력파를 전기 신호로 변환하는 장치다. 변환된 전기 신호는 증폭, 녹음, 방송, 전선을 통한 전송, 헤드폰이나 스피커의 소리 재생 등에 사용될 수 있다. 그 원리는 [그림 29-1]에 나와 있다(소리 재생에 관한 자세한 내용은 2권의 헤드폰head-phone과 스피커speaker 장을 참고한다).

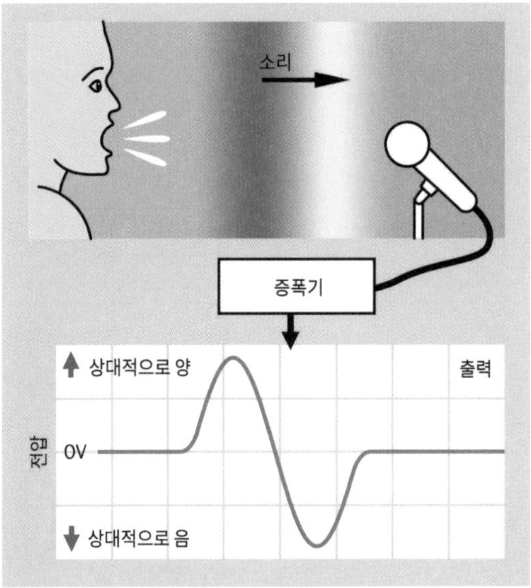

회로 기호

마이크로폰이 발명된 이후 수십 년 동안 여러 회로 기호가 사용되었다. 그중 일부를 [그림 29-2]에서 소개했다. 각각의 기호는 소리가 왼쪽에서 오른쪽으로 움직인다고 가정한다. 특히 맨 위 오른쪽의 기호를 해석할 때 방향은 매우 중요한데, 방향이 반대로 향하면 이어폰을 뜻하기 때문이다. 불행하게도 이 규칙을 따르지 않는 회로도도 있다.

그림 29-1 압력 파동을 전기 신호로 변환하는 원리(출처: 찰스 플랫의 《짜릿짜릿 전자회로 DIY 플러스》)

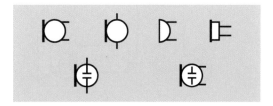

그림 29-2 마이크로폰을 나타내는 회로 기호 모음

아래 두 기호에는 마이크로폰 안에 커패시터가 보이는데, 이 기호는 콘덴서 마이크로폰condenser microphone 또는 일렉트릿 마이크로폰electret microphone을 의미한다.

작동 원리

어떤 마이크로폰은 미세한 전압을 생성하는 반면, 또 어떤 종류는 저항이 미세하게 변하면서 DC 전류를 변조한다.

탄소 마이크로폰

탄소 마이크로폰carbon microphone은 소리 재현 장치가 개발되던 초창기 제품이다. 이 제품에는 탄소 알갱이가 들어 있으며, 공기 압력파에 반응해 알갱이의 부피 밀도packing density가 증가하거나 감소한다. 밀도가 증가하면 입자 사이의 저항이 감소하고, 반대로 밀도가 감소하면 저항이 증가한다. [그림 29-3]은 이 원리를 그림으로 표현한 것이며, 이 개념은 1877년에 토머스 에디슨이 전화기 사용 용도로 특허를 냈다. 1950년대 말(일부 국가에서는 이보다 더 늦게), 유선 전화 송화기에 탄소 마이크로폰이 들어가게 되었다. 탄소 마이크로폰의 대역폭은 극히 제한적이었다.

가동 코일 마이크로폰

가동 코일 마이크로폰moving-coil microphone은 다이내믹 마이크로폰dynamic microphone이라고도 하며, 영구자석의 축을 따라 진동하는 원통형 관에 매우 작고 가벼운 얇은 도선을 감은 코일이 들어 있다. 이 원리는 [그림 29-4]에 나와 있다. 원통형 관 앞에는 진동판이 붙어 있어, 마이크로폰 구멍을 통해 들어오는 공기의 압력 파동에 진동한다. 이에 코일이 자석 주위에서 운동하면서 코일에 미량의 교류 전류가 유도된다. 그러나 이 구조는 코일과 원통형 관 그리고 진동판의 관성, 코일과 자석 사이의 상호작용을 극복하는 데 필요한 힘 때문에 높은 주파수에서는 제대로 반응하지 못한다.

콘덴서 마이크로폰

콘덴서 마이크로폰condenser microphone에는 두 개의 얇은 원판 또는 판이 들어 있으며, 이 판이 커

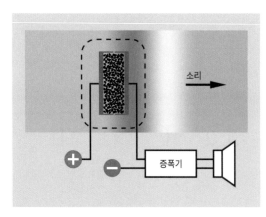

그림 29-3 탄소 마이크로폰의 원리

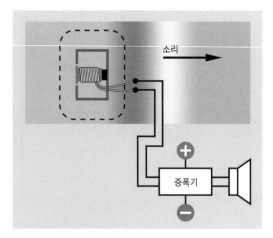

그림 29-4 가동 코일 마이크로폰의 원리.

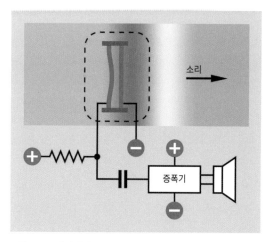

그림 29-5 콘덴서 마이크로폰의 원리

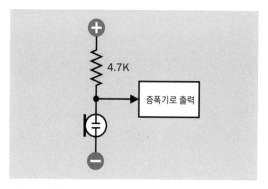

그림 29-6 일렉트릿 마이크로폰의 기본 회로.5

패시터를 형성한다(전기가 발명될 당시에는 커패시터를 콘덴서라고 했다. 이 용어가 마이크로폰에서 지금까지 살아남았다). 크기가 같고 방향이 반대인 전하가 판에 걸린다. 판 하나는 유연하고 다른 하나는 단단하다. 압력 파동이 들어오면 유연한 판과 단단한 판 사이에서 전기 용량이 미세하게 변한다. 전기 용량이 변하는 동안 판의 전하량이 대략 일정하게 유지되면, 커패시터에 걸리는 전압도 함께 변한다. 이 변화를 [그림 29-5]와 같이 증폭할 수 있다.

일렉트릿 마이크로폰

일렉트릿 마이크로폰은 콘덴서 마이크로폰과 같은 원리로 작동하지만, 원판의 재질이 강유전성 물질로 만들어졌다는 점만 다르다. 강유전성 물질은 철이 자기 편극magnetic polarization을 갖고 있는 것처럼 자체적으로 전하가 있는 물질이다. 이 마이크로폰의 이름은 정전기를 뜻하는 'electrostatic'과 자석의 'magnet'을 합친 것이다. 초기 일렉트릿 마이크로폰의 성능은 조악했지만, 경쟁 상대인 콘

덴서 마이크로폰에 필적하도록 진화했고 가격도 상당히 저렴해졌다. 일렉트릿 마이크로폰은 생성하는 전류가 극소량이라, 대개는 신호를 증폭하기 위해 트랜지스터나 op 앰프가 패키지 안에 포함되며 개방 컬렉터 출력을 갖는다. 일렉트릿 마이크로폰의 기본 회로는 [그림 29-6]에 나와 있다. 개방 컬렉터 출력에 대한 자세한 내용은 [그림 A-4]를 참고한다.

[그림 29-7]은 저가형 일렉트릿 마이크로폰이다. 일렉트릿 마이크로폰은 도선 또는 납땜 패드가 붙은 형태로 판매된다.

그림 29-7 일반형 일렉트릿 마이크로폰. 배경 눈금의 간격은 1mm이다.

MEMS 마이크로폰

MEMS 마이크로폰MEMS microphone은 휴대전화에서 많이 사용된다. 이 부품은 실리콘에 식각되어 있고 진동판도 가로세로 크기가 1mm밖에 되지 않지만, 콘덴서 마이크로폰과 같은 원리로 작동하는 용량성capacitive 장치다. 대다수 MEMS 마이크로폰은 아날로그 값을 출력하는데, 이 신호는 같은 칩 안에서 증폭된다. PDM 인코딩PDM encoding을 이용해 디지털 값을 출력하는 제품도 있다. 이 제품은 아날로그 신호를 매우 빠른 비트열bit stream로 바꾸는데, 이때 비트의 밀도는 음파 변화의 진폭을 의미한다. PDM은 펄스 밀도 변조pulse density modulation의 약자다. 펄스 밀도 변조는 비트열 흐름의 동기화를 위해 외부 클록 신호가 필요하다.

[그림 29-8]에서는 프리앰프가 있는 아날로그 디바이스Analog Devices 사의 ADMP401 MEMS 마이크로폰이 스파크펀Sparkfun 사의 브레이크아웃 보드에 장착되어 있다.

압전 마이크로폰

압전 마이크로폰piezoelectric microphone은 크리스털

그림 29-8 MEMS 마이크로폰이 장착된 브레이크아웃 보드(맨 끝의 직사각형 금속 케이스 부품이 MEMS 마이크로폰이다.)

마이크로폰crystal microphone이라고도 한다. 이 마이크로폰 안에는 트랜스듀서의 기능을 하는 진동판이 들어 있다. 진동판이 압력 파동에 반응해 휘어지면, 물리적 힘이 미세한 전기 에너지로 변환된다. 가정용 오디오 장치에서 진공관이 트랜지스터로 교체되었을 때 압전 마이크로폰도 가동 코일형 마이크로폰으로 대체되었지만, 지금도 여전히 어쿠스틱 음악 장비를 증폭하는 콘택트 마이크로폰contact microphone으로 사용되며, 디지털로 샘플링된 음악 사운드의 재생을 트리거하는 데에도 사용된다.

다른 유형으로는 리본 마이크로폰ribbon microphone(1950년대와 1960년대의 녹음 스튜디오에서는 많이 사용되었지만 지금은 매우 드물다), 레이저 마이크로폰laser microphone, 그리고 광섬유 마이크로폰fiber-optic microphone 등이 있다. 이 제품들은 여기서 설명할 정도로 일반적이지 않다.

부품값

감도

음압sound pressure은 복잡한 주제이며, 자세한 내용은 2권의 트랜스듀서 장에서 다루었다. 음압의 측정 단위는 파스칼pascal이며, 1파스칼 = $1N/m^2$ 이다.

음압 레벨sound pressure level은 이와는 다른 개념이다. 음압 레벨은 소리의 '상대적relative' 세기를 측정하며, 로그 스케일에서 데시벨decibel(약어로는 dB)로 보정된다. 이 상대적인 스케일의 기준값은 20마이크로파스칼(μPa)이며, 이 값은 가청 주파수의 문턱값으로 간주된다. 이 값은 3미터 떨어

데시벨	소리의 예
140	제트 엔진에서 50미터 떨어진 곳
130	고통을 느끼기 시작
120	시끄러운 록 콘서트
110	1미터 떨어진 곳의 자동차 경적
100	1미터 떨어진 곳의 착암기 드릴
90	300미터 상공의 프로펠러 비행기
80	15미터 떨어진 곳의 화물 열차
70	진공청소기
60	사무실
50	대화
40	도서관
30	조용한 침실
20	낙엽이 바스락거리는 소리
10	1미터 떨어진 곳의 조용한 숨소리
0	소리가 들리는 최저 한계

그림 29-9 일반적인 음원의 데시벨 값. 본 백과사전의 2권에서 발췌.

진 곳에서 모기가 내는 소리로 비교할 수 있다. 이 값을 0dB로 정한다.

0dB부터 증가하면서 실질적인 음압은 6dB마다 두 배로 증가한다. 소음 음원과 그에 해당하는 대략적인 데시벨 값에 대한 표가 [그림 29-9]에 나와 있다. 이것은 비슷한 내용의 표 8개의 평균을 정리한 것으로, 추정값이 언제나 일관적인 것은 아니다. 단지 대략적인 가이드로 이해하는 게 좋다.

데시벨 단위는 마이크로폰의 사양을 이해할 때 매우 중요하다. 이유는 데시벨이 마이크로폰의 응답을 측정하는 단위이기 때문이다. 마이크로폰의 감도는 주파수 1kHz, 세기가 94dB(이는 실제 음압에서 1파스칼과 동일하다)인 표준 사인파 입력에 대하여 마이크로폰이 생성하는 전압을

측정하여 정한다. 따라서 아날로그 마이크로폰의 감도는 출력 신호가 1V인 데시벨 수로 정의된다. 출력이 AC 신호이기 때문에, 전압은 RMS 값으로 측정한다.

디지털 마이크로폰의 경우, 감도는 FSO full scale output에 의해 재현되는 데시벨로 측정한다. 이 값의 단위는 약어인 dBFS로 표기한다.

지향성

방향에 대한 반응성이 있는 마이크로폰이 필요한 경우는 상당히 많다. 예를 들어 마이크로폰 앞의 소리는 마이크로폰 뒤의 소리보다 더 중요하다.

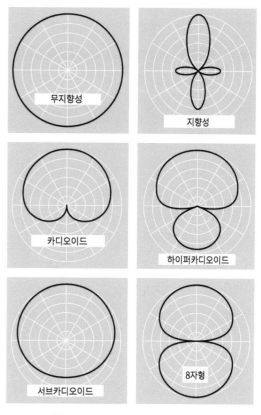

그림 29-10 마이크로폰의 일반적인 감도 패턴. 이 곡선은 일반적인 것이며 마이크로폰의 종류에 따라 어느 정도는 벗어날 수 있다.

마이크로폰의 지향성directionality(방향성directivity
이라고도 한다)은 일반적으로 극좌표 그래프polar
graph로 표현된다. [그림 29-10]의 그래프에서 마이
크로폰은 위에서 내려다보고 있는 것으로, 다양한
방향의 소리 감도는 곡선으로 표현된다. 5dB 간
격으로 원이 그려져 있고, 가장 외곽의 원이 0dB,
가운데는 -30dB이다. 마이크로폰의 정확한 응답
특성은 문서로 제공된다.

주파수 응답

마이크로폰은 특정 주파수에서 더 민감한 경향이
있다. 제조업체에서는 이 감도 특성을 보여 주는
그래프를 제공하는데, 가로축은 로그 스케일이며
소리의 주파수를 데시벨 값으로 표시한다. 이론적
으로 인간의 가청 주파수는 20Hz에서 20kHz 사
이지만, 현실적으로 20kHz의 고주파 영역을 들을
수 있는 사람은 거의 없다. 젊은 사람도 15kHz 정
도가 현실적인 한계이고, 중년이 되면 10kHz 정
도로 감소한다.

　　마이크로폰이 모든 주파수에 대해 균일한 감도
를 보인다면, 이상적인 평탄 특성flat response이 있
다고 할 수 있다. 그러나 현실에서는 낮은 주파수
와 높은 주파수 대역에서 감쇠rolloff가 일어난다.
높은 주파수에서는 감쇠 이전에 음의 고조 현상
이 발생한다. 그래프의 중심 부분이 ±1dB 이내로
평평한 특성은 전에는 고가의 스튜디오용 마이크
로폰에서나 볼 수 있는 특성이었지만, 최근에는
개당 1~2달러 정도의 일렉트릿 마이크로폰이나
MEMS 마이크로폰도 전문 장비 못지않은 주파수
응답 특성을 보인다.

　　[그림 29-11]은 eMerging i436 제품의 응답 곡선

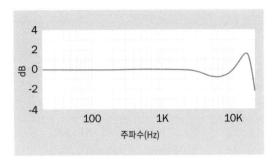

그림 29-11 일렉트릿 마이크로폰의 주파수 응답.

이다. 이 제품은 일렉트릿 마이크로폰으로서, 휴
대용 기기에서 고품질 녹음을 지원하도록 액세서
리 모듈 형태로 판매되고 있다. 15kHz에서 상승
하는 현상은 인간의 귀가 이 영역에서 감도가 떨
어지는 현상을 보상하기 위해 제조업체가 의도적
으로 도입했을 가능성이 있다.

임피던스

마이크로폰의 임피던스는 저항, 전기 용량, 인덕턴
스의 함수다. 증폭기 입력에도 역시 정격 임피던스
가 있으며, 마이크로폰과 증폭기 사이에 이상적인
전력 전송을 위해 임피던스 값은 같아야 한다. 그
러나 오디오 장비에서 더 중요하게 고려할 점은 출
력 장치(마이크로폰)와 입력 장치(증폭기)에서 전
압 손실을 피해야 한다는 점이다. 이를 위해 출력
장치의 임피던스는 낮고 입력 장치의 임피던스는
높아야 한다. 대다수 마이크로폰은 150~200Ω, 증
폭기는 1.5~3K로 규격이 정해져 있다.

총고조파 왜곡

가청 주파수의 사인파가 마이크로폰에 의해(그리
고 프리앰프가 모듈에 포함되어 있는 경우 프리앰
프에 의해) 전기 출력으로 변환되면, 출력은 기본

수파수의 중첩으로 인해 왜곡될 수 있다. 이 현상을 고조파harmonics라고 하며, 이는 신호의 왜곡으로 간주된다. 총고조파 왜곡은 전체 주파수 대역에 대하여 스펙트럼 분석기로 측정할 수 있으며, 이상적으로는 0.01% 미만이어야 한다.

신호 대 잡음비

신호 대 잡음비signal-to-noise ratio는 흔히 S/N 또는 SNR의 약어로 쓴다. 마이크로폰의 경우 데시벨로 측정되며, 60dB 이상이어야 한다.

주의 사항

케이블 감도

전기 잡음은 신호와 함께 증폭되는 경향이 있기 때문에 소리 증폭은 항상 전기 잡음에 취약하다. 차폐 케이블을 사용해 윙윙거리는 잡음이나 다른 형태의 간섭을 줄여야 한다.

잡음이 있는 전원 공급기

비슷한 이유로, 전원 공급기도 가능한 전압 스파이크나 다른 요동이 없어야 한다.

30장

전류 센서

이 장에서 다루는 전류 센서는 알려지지 않은 전류를 모니터하기 위해 설치되는 부품을 말한다. 테스트 미터나 멀티미터 같은 시험 장비는 포함되지 않는다.

변류기current transformer도 전류 측정에 사용할 수 있지만, 본 백과사전에서는 다루지 않는다.

관련 부품

· 전압 센서(31장 참조)

역할

전류 센서는 도선이나 장치의 전기 흐름을 측정하며, 육안으로 바로 해석할 수 있는 값 또는 마이크로컨트롤러가 암페어 단위로 읽을 수 있는 값을 출력한다.

응용

전류 감지는 산업 현장에서 매우 중요한데, 고전력high-powered 모터 제어 같은 분야에서 사용된다. 전류 감지는 인버터의 성능을 모니터링하는 데 사용될 수 있고, 가전제품의 전력 소모를 장기적으로 모니터링하는 용도로도 사용될 수 있다. 제품 개발 단계에서 전류 센서는 제품을 수정할 때마다 회로의 전력 소비량 변화를 확인하는 용도로도 사용된다.

이 장에서는 전류를 측정하는 방법을 전류계 ammeter, 직렬 저항, 그리고 홀 센서Hall sensor 세 가지로 설명한다. 다른 방법도 있지만 이런 내용은 본 백과사전의 범위를 벗어난다.

전류계

단일 장치로 판매되며, 회로 테스트용 단자가 달린 전류계는 보통 테스트 미터test meter라고 한다. 전류계의 기능은 일반적으로 멀티미터multimeter에 포함되어 있다. 테스트 미터와 멀티미터는 본 백과사전의 범위를 벗어난다.

장치 또는 시제품 내부에 영구 설치하는 용도의 전류계는 패널미터panel meter라고 하며, 다음 페이지 [그림 30-1]에 나와 있다. 이 전통 스타일의 아날로그 계측기는 현재 시중에 나와 있는 수많은 디지털 계측기보다 훨씬 저렴하다. 패널미터는 코일에 흐르는 전류가 생성하는 자기장을 이용해 스

그림 30-1 전통 스타일의 아날로그 전류계.

그림 30-2 패널에 장착할 수 있는 디지털 전류계. 9.99A까지 측정할 수 있다.

프링의 힘을 이기고 눈금판의 바늘을 잡아당긴다.

디지털 전류계는 더 넓은 범위의 값들을 편리하게 볼 수 있다. [그림 30-2]는 에이다프루트Adafruit 사의 디지털 전류계로, 측정 범위는 0~9.99A이며 전압 범위는 4.5~30VDC이다. 전류계는 측정하는 전류에 기생해 전원을 공급받거나 별도의 5VDC 전원 공급기를 사용한다.

회로 기호

회로도에서 전류계를 표현하는 기호는 [그림 30-3] 과 같이 원 안에 알파벳 A를 쓴 형태로 사용한다.

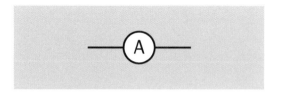

그림 30-3 회로도에서 전류계를 표현하는 기호.

전류계 연결

[그림 30-4]는 회로도에서 전류계를 사용하는 두 가지 방법을 제시한다. 그림에서 부하는 전기적 저항으로 작용하는 장비, 장치, 또는 부품을 가리킨다. 단순 회로에서는 모든 지점에서 전류의 크기가 같기 때문에, 측정하는 전류계를 통과하는 전류는 부하를 통과하는 전류와 같으며, 그 뒤에 붙는 부품들은 중요하지 않다.

그러나 전류계의 위치와는 상관없이 전류를 측정하는 과정 자체가 불가피하게 측정하는 전류의 값을 변화시킨다. 이유는 전류계 내부도 어느 정도의 내부 저항이 있기 때문이다. 전류계의 저항은 수 Ω 정도로 무시할 수 있는 낮은 수준이다.

> 전류계에 적은 값의 내부 저항이 있으므로, 절대로 전류계를 부하와 병렬로 연결해서는 안 된다. 전원을 가로질러 연결해서도 안 된다.

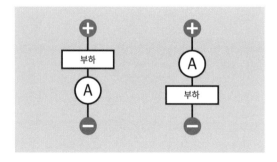

그림 30-4 회로에서 전류계의 위치에 대한 두 가지 옵션

아날로그 전류계와 디지털 전류계 모두 AC와 DC 사이에 호환이 불가능하다는 단점이 있다.

직렬 저항

부하를 통과해 흐르는 전류는 부하와 접지 사이에 삽입된 직렬 저항에 걸리는 전압을 측정해 계산할 수 있다. 이 개념은 [그림 30-5]에 나와 있다.

U를 전압 강하voltage drop, I를 전류, R을 저항값이라고 하면 옴의 법칙에 따라 다음의 식이 성립한다.

$$I = U / R$$

이 공식은 저항 R이 고정된 값일 경우 전류가 전압에 비례하다는 사실을 알려 준다. R은 알고 있는 값이므로, 전압을 측정하면 전류를 계산할 수 있다.

R 값이 매우 작아서 부하의 저항과 비교할 때 무시할 수 있는 수준이라고 가정하자. 결과적으로

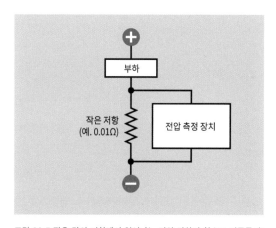

그림 30-5 작은 값의 저항에서 일어나는 전압 강하의 함수로 전류를 측정하는 기본 회로. 이 그림에서 부하는 상대적으로 저항이 큰 회로 또는 장치다. 전압 측정 장치는 마이크로컨트롤러나 아날로그-디지털 변환기가 될 수 있다.

[그림 30-5]의 전류는 주로 부하로 결정되며, R이 있거나 없거나 상관없이 전룃값은 거의 동일하다고 간주할 수 있다. 이때 저항에서 발생하는 전압 강하는 R이 작을수록 작아진다. 작은 전압 강하는 측정하기가 쉽지 않지만, 저항이 작으면 낭비되는 전력이 적다.

P를 전력이라 하면, 다음의 식이 성립한다.

$$P = R * I^2$$

이해하기 쉽게 예를 들어 설명해 보자. 저항값이 0.5Ω이라 하고, 저항에서 전압 강하는 1V로 측정되었다고 하자. 옴의 법칙에 따라 전류의 크기는 1 / 0.5 = 2A이다. 전력은 공식에 따라 P = 0.5 * 4 = 2W이다.

전력 손실을 줄이기 위해 저항값을 더 줄여야 한다. 0.01Ω의 저항을 사용한다고 가정하고 저항에서 전압 강하가 0.02V로 측정되었다고 하자. 전류는 0.02 / 0.01 = 2A로 앞의 예제와 동일하지만, 전력 손실은 0.01 * 4 = 0.04W밖에 되지 않는다. 이 정도는 무시할 수 있는 수준이다.

그러나 수 분의 1옴으로 측정되는 저항을 구할 수 있을까?

전류 검출 저항

전류 검출 저항current sense resistor은 여러 종이 출시되어 있으며, 저항값은 0.1Ω, 0.001Ω, 0.0001Ω, 그리고 그 사이에 수많은 값이 있다. 어떤 저항은 마이크로옴(μΩ) 단위로 측정되는 것도 있다. 그 예가 다음 페이지 [그림 30-6], [그림 30-7], [그림 30-8]에 나와 있다.

그림 30-6 KOA 스피어(KOA Speer) 사에서 제작한 전류 검출 저항. 왼쪽: 0.1Ω, 5W, 5%. 오른쪽: 1Ω, 5W, 5%. 배경 눈금의 간격은 1mm이다.

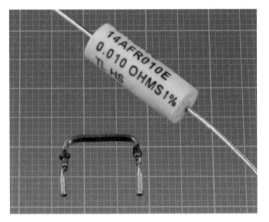

그림 30-7 규격이 0.01Ω인 전류 검출 저항. 왼쪽 아래: TT 일렉트로닉스 사의 플러그인 버전. 1W와 5% 규격이다. 위 오른쪽: 오마이트(Ohmite) 사 제품, 4W, 1%. 배경 눈금의 간격은 1mm이다.

그림 30-8 비셰이(Vishay)의 4포인트 표면 장착형 전류 검출 저항은 규격이 0.001Ω, 3W, 1%이다. 배경 눈금의 간격은 1mm이다.

미세한 전압 강하는 마이크로컨트롤러를 사용하면 쉽게 측정할 수 있다. 그러나 이때 마이크로컨트롤러는 저항에 최대한 가까이 붙여 연결하는데, 도선 또는 회로 기판 라인의 저항이 추가되는 것을 방지하기 위함이다. 이러한 이유로 전류 검출용 정밀 저항에는 네 개의 단자가 달려 있다. 넓은 단자 두 개는 전류의 흐름으로 연결되는 용도다. 좁은 단자 둘은 저항에 걸리는 전압을 측정하기 위한 것이다. 이 4-포인트 구조로 저항에서 전압 강하를 최대한 가까이에서 측정할 수 있도록 했다. [그림 30-8]의 0.001Ω 표면 장착형 저항은 4포인트 측정을 위해 설계된 것이다.

저항값이 대단히 낮고 높은 전류를 견디도록 설계된 저항 중에는 단순 금속 띠 형태로 되어 있는 부품도 있다. 이 띠에는 용접으로 납땜하는 핀을 붙여 놓았다. 이 유형의 부품은 간혹 개방형 저항open-air resistor라고도 한다(우리나라에서 개방형 저항이라는 표현은 간혹 눈에 띄는 정도며, 보통 제로옴 저항0-ohm resistor이라는 표현을 많이 쓴다 - 옮긴이). 이 부품은 보통 10A 이상의 전류를 측정하는 멀티미터에서 사용된다.

전압 측정

일부 칩은 전류 검출 저항에서 전압 강하를 증폭하도록 설계되었다. 텍사스 인스트루먼트Texas Instruments 사의 INA169가 그 예다.

일부 칩은 증폭기뿐만 아니라 아날로그-디지털 변환기도 함께 포함하고 있다. 텍사스 인스트루먼트의 INA219는 전류뿐만 아니라 전압도 측정하도록 설계되었는데, 회로의 '높은 쪽', 즉 전원 공급기의 양극과 회로의 전원 입력단 사이에서 측정한

다. 측정한 디지털 데이터는 I2C 버스로 읽을 수
있다.

I2C와 같은 프로토콜에 관한 상세한 내용은 부
록 A를 참고한다.

직렬 저항에 걸리는 전압 강하에서 전류를 측
정하면 측정이 단순하다는 장점이 있으며, AC 또
는 DC 모두 적용할 수 있고 비용도 저렴하다(저항
값이 극단적으로 낮은 저항은 상대적으로 비쌀 수
있다). 그러나 측정 회로가 측정할 전류가 흐르는
회로와 분리되지 않는다는 단점이 있다.

홀 효과 전류 감지

홀 효과 센서Hall-effect sensor의 원리는 물체 감지
센서object presence sensor 장의 '홀 효과 센서' 항목
을 참고한다. 일반적으로 홀 효과 센서는 외부의
영구자석으로 활성화되지만, 도선에 흐르는 전류
로 인해 유도되는 자기장에도 반응할 수 있다.

도선 주위에 생성되는 자기장은 전류에 비례하
므로, 선형 홀 효과 센서에서 출력하는 아날로그
전압 역시 전류에 비례할 수 있다.

전류 측정을 위한 홀 효과 센서는 8패드 표면
장착형 패키지로 출시되어 있다. 측정할 전류는
칩 안의 구리 도체를 통과해 흐른다. 일례로 알레
그로Allegro 사의 ACS712가 있으며, AC 또는 DC 전
류를 최대 30A까지 측정할 수 있다. 이 칩을 통과
하는 전류 경로의 내부 저항은 1.2mΩ이며, 경로
는 검출 회로와 분리되어 있다.

이 칩은 세 유형으로 출시되어 있으며, 전류 측
정 범위는 ±5A, 20A, 30A이다. 출력은 칩 종류에
따라 전류 경로에서 1A씩 증가할 때 66~185mV까
지 변한다. 전류 경로가 분리되어 있기 때문에 별

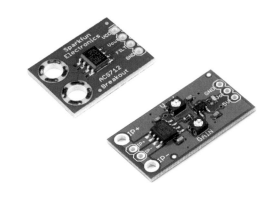

그림 30-9 AVS712 홀 효과 전류 센서를 사용하는 브레이크아웃 보드.
아래 오른쪽 보드에는 작은 신호를 증폭하는 op 앰프가 포함되어 있다.

도의 5VDC 전원이 필요하다.

AVS712의 5A 버전은 스파크펀Sparkfun 사의 브
레이크아웃 보드 형태로 구매할 수 있다. [그림
30-9]에서 위 왼쪽 보드에는 ACS712만 올라가 있
고, 아래 오른쪽 보드에는 감도 조정용 op 앰프가
추가되어 있어 미세한 전류를 측정할 때 전압 출
력을 증폭해 준다.

주의 사항

AC와 DC의 혼동

DC만 측정하도록 제작된 패널미터는 AC에서 사
용해서는 안 되며, 반대로 AC용 패널미터는 DC에
서 사용해서는 안 된다. 혼동할 경우 측정값에 오
류가 생기거나 측정계가 손상될 수 있다.

자기 간섭

홀 효과 전류 감지의 단점은 센서가 고스트 자기
장stray magnetic field에 영향받을 수 있다는 점이다.
홀 효과 칩은 매우 작은 자기 효과에도 반응하기

때문에 간섭에 취약하다. 회로 기판에서 칩의 정확한 위치를 잡기 위해 제조업체의 데이터시트를 주의 깊게 살펴야 한다.

측정계의 부정확한 연결

전류계를 정확히 연결하려면 부하와 직렬로 연결해야지 병렬로 연결해서는 안 된다. 이는 기초적인 실수 같아 보이지만, 전류계와 전압계의 외관이 굉장히 비슷하기 때문에 이 둘을 동시에 사용할 때는 쉽게 저지르는 실수다.

일부 패널미터는 퓨즈가 없기 때문에, 전류계를 전원 공급기에 직렬 저항 없이 직접 연결하면 곧바로 치명적인 손상을 입을 수 있다.

단자가 4개인 디지털 전류계를 부정확하게 연결하는 일도 발생할 수 있다. 4개의 단자 중 두 개는 전류 측정용이고 두 개는 별도의 전원 공급용이다. 이 문제는 높은 전류(1A 이상)를 측정할 때 특히 중요하다.

전류 측정 범위를 벗어남

전류계의 범위를 벗어나는 전류를 측정하면 전류계가 손상을 입거나, 퓨즈가 있다면 내부 퓨즈가 파손될 수 있다.

31장

전압 센서

이 장에서 다루는 전압 센서는 알려지지 않은 전압을 모니터하기 위해 설치되는 부품을 말한다. 테스트 미터나 멀티미터 같은 시험 장비는 포함되지 않는다.

관련 부품

- 전류 센서(30장 참조)

역할

전압 센서는 회로 두 지점 사이의 전위차 또는 전원에서 공급되는 전압을 측정하고, 볼트(V)나 작은 단위의 볼트로 데이터를 출력한다. 전압 센서를 아날로그-디지털 변환기analog-to-digital converter와 혼동해서는 안 된다. 변환기는 센서가 아닌 센서의 전압 출력 데이터를 디지털화하는 부품이다.

응용

전압 측정은 모든 유형의 전원 공급기에 대한 성능 검증에서 매우 중요하다. 전압계는 전압값을 출력하는 여러 아날로그 센서의 출력을 확인하는 데에도 사용될 수 있다. 오디오 장비에서는 신호 레벨이 전압에 비례하는데, 이를 확인하기 위해 그래픽 디스플레이를 사용하기도 한다.

전압계

단일 장치로 판매되며, 회로 테스트용 단자가 달린 전압계는 테스트 미터test meter라고 한다. 전압계의 기능은 일반적으로 멀티미터multimeter에 포함되어 있다.

장치 또는 시제품 내부에 영구 설치하도록 설계된 전압계는 패널미터panel meter이며, 이 장에서 설명한다.

다음 페이지 [그림 31-1]은 고풍스러운 디자인의 아날로그 패널미터다.

기기 뒷면에는 입력 단자가 있으며, 다이얼 위네 개의 눈금은 각각 입력 단자에 할당된다. 눈금 간격이 균일하지 않은 것은 계측기 내부의 기계적인 움직임에 대해 비선형적인 응답을 보상하기 위한 단순한 방법이다.

현대의 아날로그 전압계는 지금도 제작되며, 디지털 전압계보다 저렴하다. 그러나 디지털 전압계가 더 넓은 범위의 값을 보다 편리하게 보여 준다. [그림 31-2]의 전압계는 저가형 배터리 전압계로 판매되는 제품인데, 4~13VDC까지의 전압을 소수점 두 자리의 정확도로 측정한다. 별도의 전력 공급은 필요하지 않다.

간혹 전압계의 끝자리 수가 2분의 1로 끝나는 경우가 있다. 즉 3.5 또는 3-1/2 식이다. 이는 최상위(맨 왼쪽) 자리의 수가 1 또는 공백일 수 있다는 의미다. 이 추가적인 '반 자리half digit'는 별 것 아닌

그림 31-1 고풍스러운 아날로그 전압계

그림 31-2 패널 장착형 디지털 전압계

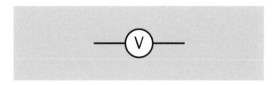

그림 31-3 회로도에서 전압계를 표시하는 기호.

것처럼 보여도 표시 가능한 값의 범위를 두 배로 늘려 준다. 예를 들어 두 자릿수 디스플레이는 0부터 99까지 백 개의 값만 보여 주지만, 2-1/2자릿수의 디스플레이는 0부터 199까지 200개의 값을 보여줄 수 있다.

회로 기호
회로도에서 전압계는 원 안의 알파벳 V 표시로 표현된다. [그림 31-3]을 참조한다.

전압계 연결
[그림 31-4]와 같이, 회로에서 전압계를 연결하는 방법은 두 가지다. 여기서 부하는 전기적 저항을 갖는 장치, 기기, 부품 등을 의미한다.

왼쪽 그림을 보면 전압계가 전원을 가로질러 직접 연결되어 있다. 이유는 전압계의 내부 저항이 매우 커서 전류가 거의 흐르지 않기 때문이다. 이 연결에서 전압계는 전원에 실질적으로 부하가

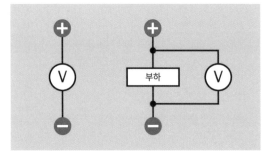

그림 31-4 전압계를 설치하는 두 가지 방법.

걸러 있지 않을 때의 전원 전압을 측정한다.

오른쪽의 전압계는 부하에서 일어나는 전압 강하를 측정하며, 부하의 일부로서 부품에 걸리는 전압을 측정할 수 있다. 아날로그 전압계와 디지털 전압계 모두 AC와 DC 사이에서 호환이 불가능하다.

작동 원리

일반적으로 아날로그 전압계 내부에는 큰 값의 고정 저항이 포함되며, 전류계가 이를 통과하는 저항을 측정한다. 전류계에서 감지된 전류는 이후 전압값으로 변환된다.

고정 저항값을 R이라 하고 저항의 전압 강하를 U, 저항을 통과하는 전류를 I라 하자. 그럼 옴의 법칙에 따라 다음의 식이 성립한다.

$$U = I * R$$

이 공식에서 저항이 고정되어 있을 경우, 전압은 전류에 비례해 변한다는 사실을 알 수 있다. 따라서 공식을 이용해 전압을 계산할 수 있다.

부하와 관련된 부정확성

전압계 내부의 저항과 비교할 때 저항이 큰 부하의 전압 강하를 측정할 경우, 전압계는 정확한 값을 측정하지 못하게 된다. [그림 31-5]에서는 이 문제를 그림으로 설명했다.

왼쪽 그림에서, 10M인 저항 두 개가 9VDC 전원과 음의 접지 사이에 직렬로 연결되어 있다. 저항값이 같기 때문에, 각각의 저항에서 동일한 4.5V의 전압 강하가 일어난다.

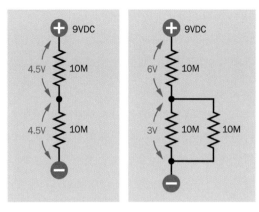

그림 31-5 전압계의 내부 저항보다 큰 저항에 걸리는 전압 강하를 측정한다면, 전압계는 정확한 값을 측정할 수 없게 된다. 자세한 내용은 본문 참조.

오른쪽 그림에서는, 아래의 저항에 10M 저항이 병렬로 추가되어 있다. 값이 R1과 R2인 저항 두 개가 병렬로 연결되어 있을 때, 총저항값 R을 구하는 공식은 이러하다.

$$1/R = (1 / R1) + (1 / R2)$$

따라서, 회로 아래쪽의 총저항은 10M가 아닌 5M이고, 위쪽 저항의 전압 강하는 아래쪽 두 저항 전압 강하의 두 배가 된다.

이제 새로 추가한 10M 저항이 전압계 내부의 고정 저항이라고 가정해 보자. 사실 대다수 전압계의 내부 저항이 대략 10M 안팎이다. 전압계가 아래쪽 회로의 저항을 반으로 줄이기 때문에, 여기에 걸리는 전압은 3V로 떨어진다. 만일 전압계가 무한한 저항을 갖는 이상적인 제품이라면 정확한 값인 4.5V를 읽을 것이다. 현실 세계에서 이는 불가능하다.

막대 그래프

때로 그래픽 디스플레이를 이용해 전압값을 표시하는 경우가 있다. 이때 막대 그래프bar graph 부품을 사용하는데, 주로 오디오 장비에서 사용된다.

막대 그래프는 길게 나열된 LED로 구성된다. 디스플레이용으로 설계될 경우, LED의 개수는 10개 안팎이다. 0V를 표현할 때는 모든 LED가 꺼진다. 전압이 증가하면 불이 켜지는 LED의 개수가 늘어난다.

막대 그래프는 LED로만 구성되기 때문에, 전압값으로 '증가하는 온도계' 효과를 보여 주도록 변환하려면 드라이버가 필요하다. 대표적인 제품으로 LM3914(선형), LM3915(로그 스케일, 1단계가 3dB), LM3916(오디오의 VU, 즉 음량 단위volume unit 사용) 등이 있다. 이 각각의 부품에는 10개의 LED 출력이 있으며, 저항 여러 개와 10개의 비교기가 있는 멀티탭 분압기 형태로 제작되었다.

드라이버로 하나의 LED를 해당 전류 또는 전압 레벨에 맞게 보여 주도록 설정하거나, 0부터 시작해 LED의 개수를 늘려가며 디스플레이하도록 할 수 있다(후자가 더 일반적이다). 막대 그래프 중에는 여러 색깔의 LED로 구성된 것도 있는데, 예를 들어 첫 7개는 초록색, 다음 2개는 노란색, 마지막 한 개는 빨간색으로 구성하는 식이다.

드라이버 칩 대신 아날로그-디지털 변환기가 포함된 마이크로컨트롤러로 막대 그래프 LED를 제어할 수 있다.

[그림 31-6]에 나온 막대 그래프는 아바고Avago사의 HDSP-4830 제품이다.

주의 사항

AC와 DC의 혼동

DC만 측정하도록 제작된 패널미터를 AC에서 사용해서는 안 되며, 반대로 AC용 패널미터는 DC에 사용해서는 안 된다. 혼동할 경우 측정값에 오류가 생기거나 측정계가 손상될 수 있다.

고전류 임피던스

전압계로 큰 저항에 걸리는 전압 강하를 측정할 때 값을 부정확하게 읽을 수 있다. 이유는 전압계로 상당히 큰 전류가 갈라져 흘러들기 때문이다.

측정 범위 초과

전압계의 측정 범위를 넘어서는 전압을 측정하려 하면 전압계가 손상되거나, 퓨즈가 파손될 수 있다. 전압계 측정 범위보다 매우 낮은 전압값을 측정할 때는 부정확한 값이 읽힐 수 있다.

접지에 상대적인 전압

전압계의 입력단이 접지와 연결되면, 전압계는 접지에 대해 상대적인 전압값만 측정할 수 있다.

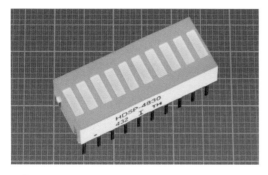

그림 31-6 막대 그래프 LED 디스플레이. 전압값을 표시하는 데 사용될 수 있다. 배경 눈금의 간격은 1mm이다.

센서 출력

부록 A에서는 센서 출력을 아홉 개 유형으로 분류해 기본 정보를 제공하고, 결과 처리 방식을 설명한다. 다른 방식으로 인코딩하는 출력도 있지만, 여기서는 가장 일반적인 내용을 다룬다.

[그림 A-1]은 개요를 보여 준다. 센서는 먼저 아날로그 출력을 생성하는데, 경우에 따라 이 값이 출력 핀으로 직접 연결되기도 한다. 예를 들어 서미스터와 포토레지스터에서는 부품의 내부 저항이 출력을 생성한다. 그러나 대다수 센서에서 감지 소자의 동작은 전압, 개방 컬렉터, 인코딩된 펄스 열, 전류 출력을 생성하기 위해 내부적으로 처리된다.

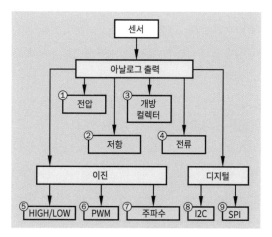

그림 A-1 센서 출력의 9가지 유형. 1차 분류는 초록색으로 표시했다.

칩 기반 센서라면, 내부적으로 아날로그 센서 응답을 처리해 이진 출력 또는 디지털 출력을 생성한다.

본 백과사전에서 '이진 출력binary output'이라는 말은 일반적으로 LOW와 HIGH, 즉 "두 가지 상태가 있는 출력"이라는 의미다. 이 두 상태는 출력 핀을 통해 읽거나 펄스 열을 생성하기 위해 내부적으로 처리될 수 있다. 이때 펄스 열은 HIGH와 LOW 상태를 오가며 아날로그 데이터를 펄스 폭 변조(PWM) 또는 주파수 변조로 인코딩한다. 다른 인코딩 방식도 가능하지만 일반적이지는 않다.

'디지털 출력digital output'이라는 말은 하나 또는 두 바이트로 구성된 데이터가 센서 칩 내의 레지스터(메모리 위치)에 저장됨을 뜻한다. 다른 방식의 출력이 '항상 켜져 있고' 출력 핀으로 언제든지 접근할 수 있는 반면, 디지털 출력은 대개 마이크로컨트롤러와 같은 외부 장치가 센서 칩에 데이터를 반환하라는 지시를 보내기 전까지는 사용할 수 없다. 이 양방향 통신은 일반적으로 I2C 또는 SPI 프로토콜을 통해 처리된다(다른 프로토콜도 있지만, 일반적이지는 않다).

1. 아날로그: 전압

가장 일반적인 형태의 아날로그 출력은 단연코 전압이다. 그 외 다른 형태의 아날로그 출력은 여기서 설명하는 단순한 기술을 이용하면, 쉽게 전압값으로 변환할 수 있다.

직접 연결: 아날로그-아날로그

아날로그 전압 출력은 범위가 호환되고 센서가 충분한 전류를 공급할 수 있다면, 아날로그 입력으로 직접 연결될 수 있다. 외부 아날로그 장치의 예로는 아날로그 전압계, 세기가 변하는 광원이나 음원, 시청각 목적으로 출력을 증폭하는 트랜지스터 또는 op 앰프가 있다.

센서의 전압 출력이 사용할 수 있는 범위를 넘으면, 저항 두 개를 직렬로 연결해 분압기를 형성한 다음 전압을 걸어 더 낮은 값으로 변환시킨다. 이는 [그림 A-2]에서 보여 주고 있다.

R1과 R2는 기본 공식으로 유도할 수 있다. V_{SEN}은 센서에서 출력하는 전압, V_{OUT}은 분압기voltage divider에서 나오는 출력이다.

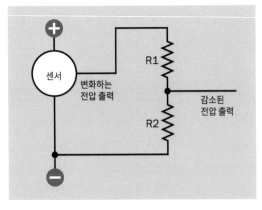

그림 A-2 분압기를 사용해 센서의 범위를 낮출 수 있다.

예: A-1

$$V_{OUT} = V_{SEN} * (R2 / (R1 + R2))$$

전압 감지 장치의 임피던스는 R1과 R2에 비해 상대적으로 높아야 한다. 센서에서 나오는 아날로그 전압이 감지 현상에 따라 선형적으로 변하면, 분압기가 이 관계를 방해할 가능성이 높다는 점에 주목하자.

아날로그-이진 변환

여기서 사용하는 '이진 출력'이라는 말은 출력이 두 상태, 즉 LOW 또는 HIGH 중 하나라는 의미다.

변하는 아날로그 전압 출력값은 신호를 이진 형태로 변환하는 부품에 통과시켜 단순화할 수 있다. 이 작업은 슈미트 트리거Schmitt trigger 입력, 제너 다이오드zener diode, 또는 비교기comparator가 있는 논리 칩을 이용하여 수행한다(비교기에 관한 설명은 2권의 내용을 참고한다). 비교기는 양의 피드백positive feedback으로 히스테리시스를 만드는 바람직한 기능이 있다. 예컨대 해질 무렵에 주위가 어두워지면 포토트랜지스터의 출력 신호가 서서히 변하는데, 이를 HIGH/LOW 출력으로 변환하면 특정 시점에 조명을 켜는 릴레이를 활성화할 수 있다.

아날로그-디지털 변환

센서의 아날로그 전압 출력은 외부 아날로그-디지털 변환기(ADC)를 이용해 디지털화할 수 있다. 이 작업은 ADC 칩이 내장된 마이크로컨트롤러 또는 별도의 ADC 칩으로 수행할 수 있다.

마이크로컨트롤러를 사용할 경우, 센서는 내부

적으로 ADC와 이어진 입력 핀에 직접 연결된다. 그러면 마이크로컨트롤러 프로그램은 ADC의 정수 출력을 확인해 조건문을 실행하거나 디지털 디스플레이 같은 다른 장치에 적합한 형식으로 데이터를 변환한다.

ADC 칩을 사용할 경우, 선택할 수 있는 제품은 다양하다. 몇 가지 기본적인 제품들을 소개한다.

- 플래시 변환기flash converter에는 여러 개의 비교기가 들어 있는데, 이 비교기들의 기준 전압은 값이 같은 여러 개의 저항에서 각각 생성된다. 비교기의 출력은 2진수를 출력하는 우선순위 인코더priority encoder로 들어간다. 이 시스템은 매우 빠르지만 분해능resolution은 제한적이다.
- 연속 근사 변환기successive approximation converter는 하나의 비교기를 사용하며, DAC(디지털 아날로그 변환기)의 입력 전압과 출력을 비교한다. DAC에 공급되는 2진수는 최상위 비트에서 최하위 비트까지 한 번에 한 비트씩 결정되는데, 비트가 0인지 1인지는 비교기의 결과로 결정한다. 이 비트들은 연속 근사 레지스터successive approximation register(SAR)에 저장된다. 변환 과정이 끝나면 SAR에는 입력 전압에 대한 2진수 표현이 들어 있게 된다. 이러한 ADC는 변환 속도는 느리지만 고분해능(비트 수가 많음)의 데이터를 얻을 수 있다.
- 이중 적분형 변환기dual slope converter에서, 커패시터는 입력 전압에 비례하는 속도로 일정 시간 동안 충전된 후 방전된다. 방전 속도는 사용자가 알고 있다. 방전되는 동안 클록 펄스를 세어 시간을 측정한다. 결과 카운트가 ADC 출력

이다. 이중 적분형 변환기라는 이름은 커패시터의 전압에서 따온 것이다.

- 주파수 대 전압 변환기voltage-to-frequency converter는 전압 제어 발진기voltage controlled oscillator를 사용해 입력 전압에 비례하는 주파수 펄스를 만든다. 고정 시간 간격 동안 펄스의 개수를 세면, 그 수는 신호 레벨에 비례한다.

ADC 출력에서 비트 수는 입력 전압의 범위를 원하는 정확도로 디지털화하기에 충분해야 한다. 전압 범위에는 예상치 못한 피크가 포함되기 때문에, 필요한 수보다 더 많은 비트를 사용하는 게 바람직한 전략이다. 그러나 이는 대부분의 가동 시간 동안 몇 개의 비트만으로 낮은 전압 범위의 값을 표현하여, 정확도에 문제가 생긴다는 의미다.

예를 들어 전압의 입력 범위가 대체로 0~2V 사이고, 가끔 가볍게 8V로 튀는 전압이 발생한다고 가정하자. 8비트 ADC로 입력 전압을 표현하면 256개의 디지털 값을 제공할 수 있다. 만일 전압값이 8V 입력 범위에 균일하게 분포하면, 최하위 비트는 1V의 1/32, 즉 약 31mV를 측정할 수 있다. 작은 전압 요동은 무시한다. 반면, 256개의 값으로 2V 범위를 측정하면, 최하위 비트는 1V의 1/128, 즉 8mV보다 약간 작은 값을 측정할 수 있다. 그러나 2V보다 큰 전압은 측정하지 못한다.

ADC는 기준 전압이 있어야 하고, 0V부터 기준 전압까지의 범위를 디지털 값으로 바꾼다. 기준 전압은 정확도와 범위를 염두에 두고 선택해야 한다.

마이크로컨트롤러 프로그래밍 언어에서는 프로그램 코드의 변수로 아날로그 입력값을 자동으

로 조정scaling해 범위 안에 맞추는 기능을 제공한다. 이 기능은 전원 공급기의 전압, 외부에서 공급하는 전압, 또는 기준으로 고정된 전압 등 선택할 수 있는 전압 레벨과 입력값을 비교한다. 마이크로컨트롤러 안의 ADC가 0V부터 칩의 공급 전압까지의 값을 디지털화하는 동안, 변환 루틴은 마이크로컨트롤러에게 전체 비트 수(흔히 10)를 이용해 0V부터 1V까지의 입력 범위를 디지털화하도록 지시한다.

샘플링 속도를 더 빠르게 하기 위해, ADC 칩은 I2C 또는 SPI 버스를 통해 마이크로컨트롤러와 연결될 수 있다.

2. 아날로그: 저항

저항-전압 변환

주위 환경에 따라 저항이 변하는 센서를 분압기voltage divider에 삽입해 아날로그 전압을 출력할 수 있다. 이는 [그림 A-3]에 나와 있다.

직렬 저항값을 선택하는 공식은 다음과 같다. R_{MIN}과 R_{MAX}가 센서 저항의 최솟값과 최댓값이라고 하면, 전압 변화 범위가 가장 넓은 직렬 저항의 적정값 R_S는 다음과 같이 구한다.

$$R_S = \sqrt{R_{MIN} * R_{MAX}}$$

이 저항값을 이용해 센서를 설정하면, 센서의 모든 아날로그 전압 출력과 동일한 방식으로 출력을 처리할 수 있다.

직렬 저항값이 과도한 전류로 센서를 손상시킬 가능성이 없는지 확인하기 위해 센서의 데이터시트를 꼭 살펴봐야 한다.

3. 아날로그: 개방 컬렉터

센서 패키지 또는 모듈 중에는 개방 컬렉터 open-collector 출력이 있는 양극성 트랜지스터가 포함된 제품이 많다(CMOS 트랜지스터가 사용되는 경우에는 오픈 드레인open drain). 내부 op 앰프op-amp(2권에서 설명)에는 트랜지스터가 들어 있을 수도, 없을 수도 있다. 어느 쪽이든 원리는 같다.

[그림 A-4]에서 짙은 파란색이 센서다. 센서 연결은 센서 전원의 양극과 음극 접지, 그리고 내부 트랜지스터의 컬렉터에 각각 연결되어 있다.

위 그림에서, 감지 소자는 내부 트랜지스터의 베이스에 전압을 가하지 않고, 트랜지스터는 아주 적은 양의 누설 전류만 통과시킨다. 외부 풀업 저항pullup resistor을 통해 트랜지스터에 걸리는 전원은 상당한 양이 음극 접지에 도달하지 못한다. 따라서 마이크로컨트롤러와 같은 고임피던스 장치에 입력 전압을 제공하거나, 상대적으로 적은 전류(20mA 이하)를 끌어당기는 LED 같은 부품에 전원을 공급할 수 있다.

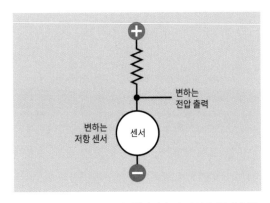

그림 A-3 가변 저항 센서를 고정 저항과 직렬로 놓아 분압기를 형성하는 기본 원리.

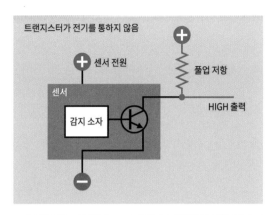

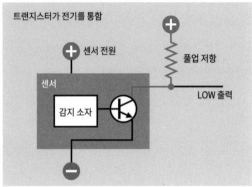

그림 A-4 내부 트랜지스터의 개방 컬렉터 출력을 이용하는 방법.

값은 센서가 신뢰성 있게 작동할 정도로 충분히 작아야 하고, 동시에 트랜지스터가 전도성을 띨 때 과도한 전류가 흐르는 것을 방지할 만큼 충분히 커야 한다(대체로 20mA가 적당하다).

개방 컬렉터의 전압은 센서의 아날로그 전압 출력과 동일한 방식으로 처리할 수 있다.

개방 컬렉터 출력은 여러 장치의 출력이 하나의 버스를 공유할 때 사용될 수 있다. 하나의 장치를 가동할 동안, 다른 장치가 버스의 전압을 HIGH로 고정하는 문제는 발생하지 않는다.

4. 아날로그: 전류

전류가 변하는 출력을 가진 센서는 비교적 많지 않다. 일부 반도체 온도 센서가 전류 출력을 제공한다. 출력 전류는 [그림 A-5]와 같이 고정된 직렬 저항을 통해 전압 출력으로 간단히 변환할 수 있다.

그림의 점 부분에서는 음극 접지에 대한 전압 값이 전류에 대해 선형적으로 변한다. 저항값은 센서의 데이터시트에 정의되어 있다.

이렇게 구한 전압은 일반 센서의 아날로그 전압 출력처럼 다룰 수 있다.

아래 그림에서, 이제 감지 소자는 트랜지스터의 베이스에 전압을 가해 유효 저항을 큰 폭으로 떨어뜨린다. 트랜지스터는 전류를 풀업 저항에서 접지로 흐르게 하는데, 출력은 낮아지는 것처럼 보인다.

감지 소자가 자극을 감지했을 때 트랜지스터가 전도성을 띠는지 아닌지는 감지 소자의 유형에 따라 결정된다.

풀업 저항값은 개방 컬렉터 출력에 부착되는 장치의 임피던스에 따라 결정된다. 마이크로컨트롤러처럼 임피던스가 매우 높은 장치에는 10K 저항이 적합하다. LED처럼 임피던스가 극단적으로 낮은 경우에는 330Ω 저항이 필요하다. 풀업 저항

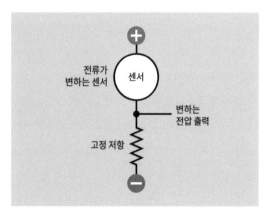

그림 A-5 센서의 전류 출력을 변환하는 방법.

5. 이진 출력: HIGH/LOW_____

이진 출력(즉 HIGH 또는 LOW인 출력)을 제공하는 센서는 전압 범위가 허용되면 마이크로컨트롤러에 직접 연결할 수 있다. 마이크로컨트롤러의 프로그램 코드가 핀 상태를 읽어 상탯값을 확인한다. 일부 마이크로컨트롤러는 3.3VDC 전원이 필요한 반면, 센서 칩은 5VDC를 이용한다는 점에 주목하자.

이진 출력은 반도체 릴레이를 제어할 때도 사용될 수 있으며, 트랜지스터로 증폭할 경우 전자 릴레이 제어에도 이용할 수 있다. 출력은 LED 인디케이터의 전원으로 사용하기에 충분한 수준이다.

6. 이진 출력: PWM_____

PWM은 펄스폭 변조pulse-width modulation의 약자다. 센서는 고정 주파수의 사각파 펄스 열을 내보내지만, 센서가 반응하는 외부 자극에 따라 각각의 펄스 폭은 변한다. 각각의 HIGH 펄스 폭은 한 펄스의 시작에서 다음 펄스의 시작 사이의 파장과 관계가 있는데, 이를 사용률duty cycle이라고 한다. 사용률이 0%라는 것은 펄스가 전혀 없다는 뜻이고, 100%라는 것은 펄스 사이에 간격이 전혀 없이 출력이 항상 HIGH 상태라는 뜻이다. 사용률이 50%일 때, 각 HIGH 펄스의 지속 시간은 펄스 간 간격의 지속 시간과 동일하다.

다양한 마이크로컨트롤러에서 PWM 펄스 열을 디코딩하는 여러 방법을 제공한다. 가장 기본적인 방법은 마이크로컨트롤러 프로그램으로 HIGH 상태가 감지될 때까지 입력 핀을 최대한 빠른 속도로 주기적으로 확인하는 일이다. 마이크로컨트롤러는 내부 클록 값을 변수에 복사한 다음, 펄스가 끝날 때까지 입력 핀을 주기적으로 계속 확인한다. 측정된 펄스의 지속 시간은 공식이나 참조표를 이용해 센서 값으로 변환할 수 있다.

그러나 이 시스템은 권장되지 않는다. 마이크로컨트롤러가 앞의 펄스 값을 변환하는 동안 뒤에 이어지는 다음 펄스를 놓칠 수 있기 때문이다. 이 문제를 해결하기 위해, 마이크로컨트롤러에는 펄스를 기다리는 동안 코드의 실행을 막는 기능이 있다. 아두이노의 pulseIn() 함수가 이런 기능의 예다. 그러나 그렇게 하면 마이크로프로세서는 대다수 작동 시간 동안 쓸모 있는 작업을 하지 못하고 마냥 펄스를 기다려야 한다.

더 나은 해결책으로 인터럽트 구동 방식inter-rupt-driven으로 프로그램을 짜는 방법이 있다.

PWM을 디코딩하는 또 다른 방법으로, 저대역 필터low-pass filter를 이용해 펄스 열을 아날로그 전압으로 변환하는 방법이 있다. 이 경우 약간의 리플ripple은 남는다.

마지막으로 PWM을 LED 또는 DC 모터의 전원으로 직접 사용하는 방법이 있다. 이 경우에는 트랜지스터 증폭이 필요하다. 모터의 속도 또는 LED 밝기는 사용률에 따라 달라진다.

7. 이진 출력: 주파수_____

파형이 사각파고 사용률을 아는 경우, 아두이노의 pulseIn() 함수를 사용할 수 있다.

8. 디지털: I2C

디지털 회로에서 버스bus는 부품 또는 장치 사이에서 데이터를 공유하는 공동의 경로다. I2C 버스I2C bus는 집적회로 간 버스inter-integrated circuit bus의 약어며, 1982년 필립스 사가 개발했다(필립스 사는 그 이후 NXP 세미컨덕터 사에 흡수 통합되었다). I2C의 정확한 표기는 I²C이며, 읽기는 '아이 스퀘어 씨'라 읽는다. 그러나 현재는 I2C라 쓰는 게 일반화되었다.

I2C 표준은 400kHz(약간의 예외 있음)로 제한된 데이터 공유 프로토콜을 정의하는데, 하나의 장치, 보통은 회로 기판에서 작동하도록 설계되었다. I2C는 가격이 저렴하고 디자인이 단순하다. 데이터는 두 개의 도선에서 일렬로 전송되며, 버스를 공유하는 장치들은 병렬로 연결된다.

버스에는 일반적으로 하나의 마스터master 장치와 여러 개의 슬레이브slave 장치가 있다. 마스터와 슬레이브는 둘 다 정보를 전송하지만, 통신을 시작하는 쪽은 주로 마스터다. 마스터는 또한 데이터의 동기화를 위해 클록 신호를 생성한다.

센서는 슬레이브에 해당하며, 마스터인 마이크로컨트롤러가 정보를 얻어 간다. 여러 개의 슬레이브 장치가 버스를 공유하기 때문에, 마이크로컨트롤러는 대화하고 싶은 슬레이브를 지정할 방법이 있어야 한다. 이를 위해 각각의 슬레이브에는 고유의 주소가 부여된다. 대개 슬레이브의 주소 중 마지막 두 자리는 사용자가 수정할 수 있어, 최대 4개의 동일한 장치가 버스를 공유할 수 있다.

대다수 마이크로컨트롤러는 I2C 프로토콜을 지원하는 코드 라이브러리를 제공하며, I2C를 이용해 센서와 통신할 때는 센서의 I2C 주소를 요구한다. 그러나, 센서의 데이터 레지스터는 상당히 정교하므로 제조업체의 데이터시트를 주의 깊게 살펴야 한다. 장치의 기능을 설정하기 위해 여러 절차가 필요할 수 있다(예: 가속도계의 감도 범위 또는 온도 경보 장치의 문턱값 설정). 또한 센서에서 데이터를 읽을 때도 여러 절차가 필요할 수 있다(예: 온도를 정의하는 두 바이트, GPS 모듈에서 위치와 시간을 읽을 때 쓰는 바이트들).

9. 디지털: SPI

SPI는 직렬 주변 장치 인터페이스serial peripherals interface의 약어다. SPI는 모토로라Motorola가 도입한 표준으로 앞에서 설명한 I2C 버스와 기능이 비슷하지만, 양방향 통신이 가능하며 데이터 전송 속도가 더 빠르다. 그러나 SPI 버스의 모든 장치를 공유하기 위해서는 최소 세 개의 도선이 필요하며, 추가적으로 각 슬레이브 장치를 선택하기 위한 장치 선택 라인이 필요하다. 추가 장치 라인의 장점은 장치를 선택해 지정하는 방식이 I2C 버스보다 쉽다는 점이다. I2C는 프로그램 명령문이 더 많이 필요하다. SPI 역시 I2C와 마찬가지로 마이크로컨트롤러 코드 라이브러리의 지원을 받을 수 있다. 그러나 SPI를 사용하면 마이크로컨트롤러의 핀 세 개를 할당해야 하고, 각 슬레이브 장치에 대한 추가 핀이 더 필요하다는 게 단점이다.

대다수 센서는 SPI보다는 I2C 기능이 있다. SPI의 속도가 잠재적으로 I2C보다 훨씬 빠르다.

SPI를 지원하는 센서는 대체로 I2C의 유사 버전을 이용할 수 있다. 최근에는 두 프로토콜을 모두 지원하는 칩 기반 센서가 점점 더 많아지고 있다.

용어 사전

여기서는 모든 용어를 포괄적으로 다루지 않으며, 이 책에서 센서의 특성과 관련해 자주 사용하는 기술 용어들만을 주로 다루었다.

ADC 아날로그-디지털 변환기analog-to-digital converter. 입력으로 다양한 신호(일반적으로 전압)를 받아들이고, 이를 2진수 형태의 디지털 값으로 변환한다. ADC의 최댓값은 대체로 10진수 255부터 10진수 65535 사이에 있다. 대다수 마이크로컨트롤러들은 자체적으로 ADC가 있으며, 이 ADC는 여러 핀의 입력을 확인하기 위해 다중 송신된다. 아두이노의 ADC는 0부터 1,023까지의 디지털 값을 생성한다.

아날로그 출력 센서가 어떤 현상을 측정했을 때, 연속적으로 변하는 전압 또는 저항을 출력하면 이를 아날로그 출력analog output이라 한다.

이진 출력 본 백과사전에서 '이진 출력binary output'은 일반적으로 LOW 또는 HIGH의 '두 가지 상태가 있는 출력'이라는 뜻이다. 이 용어는 일부 데이터시트에서도 사용되지만, 이진 출력이 아날로그 출력의 의미로 잘못 사용되는 경우도 있다.

브레이크아웃 보드 하나 이상의 집적회로 칩이 포함된 작은 인쇄 회로 기판. 칩은 보통 표면 장착형이다. 브레이크아웃 보드breakout board는 브레드보드breadboard를 편리하게 사용할 수 있도록 2.54mm(0.1″) 간격의 핀 또는 커넥터가 부착되어 있어, 칩 기능을 간편하게 이용할 수 있다. 전압 조정기 같은 추가 기능이 포함될 수도 있다.

칩 기반 센서 본 백과사전에서 칩 기반 센서chip-based sensor는 실리콘 칩에 식각된 센서를 설명하는 것으로, 일반적으로 신호 제어 부품과 회로가 내장되어 있다.

접점 반동 기계식 스위치의 접점에서 스위치가 열리거나 닫힐 때 일어나는 작고 빠른 진동. 스위치가 논리 칩 같은 디지털 장치에 연결되어 있을 때, 접촉이 안정될 때까지 시간을 허용하는 디바운싱 하드웨어debouncing hardware가 필요할 수 있다. 스위치를 마이크로컨트롤러에 연결할 경우에는 프로그램 코드에서 5~50ms가량의 지연 시간을 두는 게 좋다. 스위치 종류에 따라 안정에 필요한 시간은 다양하다.

데시벨 상대적인 힘이나 강도를 표현하는 단위이며, 보통 소리에 적용되지만 소리에만 쓰이는 단위는 아니다. 데시벨decibel은 벨bell의 1/10이며, 약어로 dB로 표현한다. 이때 B는 대문자로 쓰는데, 이유는 알렉산더 그레이엄 벨의 이름에서 따왔기 때문이다. dB는 로그 단위이기 때문에 이 스케일에는 0 원점이 없다. 그러나 0dB은 어떠한 강도에도 임의로 부여할 수 있는데, 이 경우 더 낮은 강도는 음수로 표현되기도 한다. 소리에서 3dB이 증가하면, 소리의 세기(어쿠스틱 에너지)가 두 배 증가하는 것에 해당한다. 그러나 인간은 귀로 소리를 감지하고 두뇌에서 평가할 때, 주관적인 소리의 세기가 10dB 만큼 증가해야 두 배로 느낀다.

유전체 커패시터에서 두 판 사이를 막는 절연층.

히스테리시스 출력의 ON/OFF를 스위칭하는 문턱값 사이의 차이. 센서에 히스테리시스hysteresis가 있으면 문턱값보다 살짝 크거나 작은 자극에 대해서는 반응이 없을 수 있다. 히스테리시스는 실내 온도계처럼 매우 작은 자극으로 인해 발생하는 무수한 반응을 제거할 때 유용하다.

I2C 집적회로 간 버스. 간혹 I²C로 쓰기도 하며, 읽을 때는 '아이 스퀘어 씨'라 읽는다. 회로 기판에서 마이크로컨트롤러와 다른 부품 간에 사용되는 통신 프로토콜이다. 자세한 내용은 부록의 '8. 디지털: I2C' 항목을 참조한다.

IMU 세 개의 가속도계와 세 개의 자이로스코프로 이루어진 관성 측정 장치로, 간혹 세 개의 자력계가 추가되기도 한다. 항로 탐색용 또는 게임 컨트롤러 같은 휴대용 입력 장치에 사용된다.

켈빈 온도 스케일. 흔히 알파벳 K로 쓴다. 켈빈 스케일에서 온도 간의 간격은 섭씨 온도와 동일하지만, 켈빈 스케일의 0도는 절대영도, 즉 모든 물질이 열에너지를 전혀 갖지 않는 온도이다. 섭씨 0도는 대략 273켈빈온도와 같다.

MEMS 미세전자기계 시스템microelectromechanical system. 움직이는 소형 부품을 포함하는 집적회로 칩을 말한다. 예를 들어 MEMS 가속도계는 가속력에 반응하는 미세한 스프링 주위에 설치된다.

뉴턴 힘의 단위. 아이작 뉴턴의 이름에서 따왔으며, 줄여서 알파벳 대문자 N으로 쓴다. 힘 1N은 1kg의 물체를 1초당 1미터씩 가속한다.

개방 컬렉터 출력 수많은 센서에는 개방 컬렉터 출력이 있거나 개방 컬렉터 출력이 있는 op 앰프를 포함한다. 출력 핀은 내부 트랜지스터의 컬렉터에 연결되고, 이 트랜지스터의 이미터는 음극 접지에 연결되어 있다. 양의 전압이 풀업 저항을 통해 개방 컬렉터에 걸리는데, 내부 트랜지스터에 전류가 흐르면 이 전압이 접지로 연결된다. 트랜지스터가 꺼지면 양의 전압은 다른 장치들이 사용할 수 있다. 부록 A의 '3. 아날로그: 개방 컬렉터' 항목을 참고한다.

직교 90도 각도. 직교하는 세 개의 소자는 서로 90도 각도를 이룬다.

파스칼 압력 단위. 1제곱미터에 가해지는 1뉴턴의 힘과 같다.

PIR 수동형 적외선 센서passive infrared sensor. 4장 참조.

풀업 저항 신호가 없을 때 출력 또는 입력 전압을 끌어당기는pull up 저항. 개방 컬렉터 출력과 함께 사용된다.

쿼드러처 한 쌍의 센서에서 나오는 출력을 인코딩하는 시스템. 두 센서를 A와 B라고 하면 출력 조합은 네 가지가 가능하다. 즉, A-HIGH B-LOW, A-HIGH B-HIGH, A-LOW B-HIGH, A-LOW B-LOW이다. 센서 쌍을 지나는 자석의 방향이나 광학 패턴을 표현할 때 주로 응용된다.

기준 온도 온도 센서의 출력 신호가 측정되는 온도. 일반적으로 데이터시트에 기록되어 있다.

레지스터 메모리가 디지털 값을 저장하는 공간(대체로 센서 내부에서 1 또는 2바이트 정도가 할당된다).

대상 동작 센서, 근접 센서, 물체 감지 센서로 감지되는 물체.

온도 계수 단위 온도 변화(대부분 1℃)의 결과로 센서의 값이 증가하거나 감소하는 퍼센티지. 흔히 TC로 표기한다. 이 값은 센서의 종류에 따라 저항, 전압, 또는 전류가 될 수 있다. 온도가 증가할 때 센서의 값이 감소하면, 온도 계수temperature coefficient는 음수가 된다. 백만분율, 즉 ppm 값을 10,000으로 나눈 퍼센티지로 표현된다.

휘트스톤 브리지 네 개의 저항으로 이루어진 네트워크. 저항 중 최소한 하나는 모르는 값이고, 다른 것들은 정확히 알려진 기준값이 있다. 네트워크에서 알려지지 않은 값을 계산할 수 있다. [그림 12-2] 참조.

찾아보기

한글로 찾기

영어로 찾기